Konfiguration verteilter Large-Scale Metrology Systeme in rekonfigurierbaren Montageumgebungen

Configuration of Distributed Large-Scale Metrology Systems in Reconfigurable Assembly Environments

Von der Fakultät für Maschinenwesen
der Rheinisch-Westfälischen Technischen Hochschule Aachen
zur Erlangung des akademischen Grades eines
Doktors der Ingenieurwissenschaften
genehmigte Dissertation

vorgelegt von

Christoph Nicksch

Berichter/in:

Univ.-Prof. Dr.-Ing. Robert Heinrich Schmitt
Univ.-Prof. Dr.-Ing. Dr. h. c. (UPT) Burkhard Corves

Tag der mündlichen Prüfung: 15. Februar 2023

ERGEBNISSE AUS DER PRODUKTIONSTECHNIK

Christoph Nicksch

Konfiguration verteilter Large-Scale Metrology Systeme in rekonfigurierbaren Montageumgebungen

Herausgeber:
Prof. Dr.-Ing. T. Bergs
Prof. Dr.-Ing. Dipl.-Wirt. Ing. G. Schuh
Prof. Dr.-Ing. C. Brecher
Prof. Dr.-Ing. R. H. Schmitt

Band 11/2023

Bibliografische Information der Deutschen Nationalbibliothek
Die Deutsche Nationalbibliothek verzeichnet diese Publikation in der Deutschen Nationalbibliografie; detaillierte bibliografische Daten sind im Internet über https://portal.dnb.de abrufbar.

Christoph Nicksch:

Konfiguration verteilter Large-Scale Metrology Systeme in rekonfigurierbaren Montageumgebungen

1. Auflage, 2023

Gedruckt auf holz- und säurefreiem Papier, 100% chlorfrei gebleicht.

Apprimus Verlag, Aachen, 2023
Wissenschaftsverlag des Instituts für Industriekommunikation und Fachmedien an der RWTH Aachen
Steinbachstr. 25, 52074 Aachen
Internet: www.apprimus-verlag.de, E-Mail: info@apprimus-verlag.de

Druck: CPI Druckdienstleistungen GmbH
Ferdinand-Jühlke-Straße 7 | 99095 Erfurt

ISBN 978-3-98555-152-1

D 82 (Diss. RWTH Aachen University, 2023)

Danksagung

Die vorliegende Dissertation entstand während meiner Tätigkeit als wissenschaftlicher Mitarbeiter am Lehrstuhl für Fertigungsmesstechnik und Qualitätsmanagement des Werkzeugmaschinenlabors WZL der Rheinisch-Westfälischen Technischen Hochschule Aachen. Ein besonderer Dank gebührt Herrn Professor Robert H. Schmitt für die Möglichkeit, in diesem Umfeld lernen und meine Promotion durchführen zu dürfen. Seine Unterstützung und wissenschaftliche Expertise waren Grundlage und Antrieb für die Durchführung meiner Arbeit. Für die Übernahme des Korreferats möchte ich Herrn Professor Burkhard Corves danken. Herrn Professor Abel danke ich für die Übernahme des Prüfungsvorsitzes während der mündlichen Prüfung.

Ebenso möchte ich mich bei meinen Oberingenieuren Dr.-Ing. Amon Göppert, Dr.-Ing. Guido Hüttemann und Dr.-Ing. Walter Kimmelmann für ihre Betreuung während der Durchführung zahlreicher Projekte sowie für deren fachliche Unterstützung bedanken. Besonders möchte ich hierbei die wertvolle Unterstützung von Herrn Dr.-Ing. Guido Hüttemann hervorheben, dessen forscherischer Weitblick und zugleich praxisbezogene Denkweise maßgeblich zum Gelingen dieser Arbeit beigetragen haben.

Ein herzlicher Dank gilt auch den Kolleginnen und Kollegen am WZL für die konstruktive Zusammenarbeit und intensiven Gespräche. Über die freundliche und offene Arbeitsatmosphäre wurde aus der fordernden Zeit am Lehrstuhl zugleich auch eine schöne Zeit mit vielen positiven Erinnerungen. Für die freundschaftliche Zusammenarbeit danke ich in besonderem Maße meinen Kollegen Dominik Emonts, Kilian Geiger, Jonathan Greipel, Thomas Leipold, Dr.-Ing. Philipp Nienheysen, Jonas Rachner, Dr.-Ing. Markus Ohlenforst, Lennart Stohrer und Dominik Wolfschläger.

Zudem möchte ich mich für die gelungene und bereichernde Zusammenarbeit bei meinen Studenten bedanken. Die Abschlussarbeiten von Florian Eichhorn, Alexander Hüttner, Alexander Niklas und Mielad Sabzehi stellten wichtige Teilbeiträge zur Erstellung der Dissertation dar. Bei Gabriel Roson da Silva möchte ich mich für seine langjährige und treue Unterstützung als studentische Hilfskraft, insbesondere bei der finalen Durchführung der Validierungsversuche, bedanken.

Mein tiefster Dank gebührt meiner ganzen Familie, allen voran meinen Eltern Cornelia und Hermann Nicksch. Die bedingungslose Unterstützung meiner Eltern, die vermittelte Wertvorstellung und der liebevolle Rückhalt haben es mir überhaupt erst ermöglicht, diesen Weg zu gehen. Zuletzt möchte ich meiner Freundin Astrid Devriese von ganzem Herzen für ihren immerwährenden Zuspruch, die vielen gemeinsamen Momente der Erholung und unsere von Liebe erfüllte Partnerschaft danken.

Aachen, im Februar 2023

Christoph Nicksch

Kurzfassung

Die industrielle Montage von Großbauteilen stellt eine produktionstechnische Herausforderung dar. Neben der aufwendigen Handhabung großer und sperriger Bauteile sind für hohe Qualitätsansprüche Montagetoleranzen im Submillimeterbereich einzuhalten. Um eine flexible und hochpräzise Montage von Großbauteilen zu ermöglichen, wurde der Ansatz der linienlosen mobilen Montagesysteme (LMAS) entworfen. LMAS basiert auf mobilen Montageressourcen, die eine effiziente Rekonfiguration der Montageumgebung zur Anpassung an neue Prozesse automatisiert und flexibel durchführen können. Eine wichtige Voraussetzung für die Positionsregelung der Montageressourcen stellen hochpräzise Positionsdaten dar. Zur Erhebung der Positionsdaten eignen sich verteilte Messsysteme der Large-Scale Metrology (LSM), die optische Messungen über große Distanzen mit geringen Messunsicherheiten ermöglichen. Die Messunsicherheit dieser Systeme ist jedoch von der Konfiguration der Sender und Empfänger abhängig und variiert über den Montageprozess. Um die Prozessfähigkeit derartiger Messprozesse sicherzustellen, muss die Messunsicherheit während des Montageprozesses bekannt sein.

In dieser Arbeit wird eine Methodik entwickelt, die eine messunsicherheitsoptimierte Konfiguration verteilter LSM-Systeme für LMAS und eine inhärente a-priori-Bestimmung der Prozessfähigkeit von Messprozessen ermöglicht. Die Methodik setzt sich aus drei Teilmodellen zusammen: einem Messunsicherheitsmodell zur konfigurationsabhängigen Bestimmung der Messunsicherheit, einem Optimierungsmodell zur Minimierung der Messunsicherheit und einem Simulationsmodell zur Sichtstrahlensimulation verteilter LSM-Systeme in einem LMAS-Prozess.

Es wird zunächst ein Messunsicherheitsmodell für ein multiangulierendes LSM-System entwickelt, da diese Messsystemklasse simultane Messungen mehrerer Montageressourcen in LMAS ermöglicht. Abhängig von der Konfiguration der Sender kann die Messunsicherheit einer Positionsmessung für eine gegebene Empfängerposition bestimmt werden. Für die Gestaltung des Optimierungsmodells wird ein Partikelschwarmalgorithmus genutzt. Über eine spezifische Anpassung des Algorithmus an verteilte LSM-Systeme können diese hinsichtlich ihrer zulässigen Arbeitsbereiche und spezifischen Messunsicherheitsmodelle berücksichtigt werden. Das Simulationsmodell wird an das Optimierungsmodell gekoppelt und erhebt Daten zu den Sichtverbindungen und geometrischen Beziehungen zwischen Sendern und Empfängern. Diese Daten sind erforderlich, um die Messunsicherheit bestimmen zu können, die als Zielgröße des Optimierungsmodells dient. Die Verifizierung mittels eines Anwendungsfalls aus der Flugzeugendmontage zeigt, dass Lasertracker und ein iGPS als zwei Beispiele für verteilte LSM-Systeme konfiguriert und fähige Prozesse innerhalb der Simulation umgesetzt werden können. Die entwickelte Methodik zur Konfiguration verteilter LSM-Systeme wird abschließend in einem Demonstrator unter Verwendung des iGPS validiert. Hierbei wird ein LMAS-Prozess betrachtet und ein Lasertracker als Referenzmesssystem zur Untersuchung der Messunsicherheit verwendet. Die Ergebnisse der Versuche zeigen, dass die Optimierung der Konfiguration die Messunsicherheit und somit auch die minimal prüfbaren Montagetoleranzen um 25% reduziert, was den Mehrwert der entwickelten Methodik für die industrielle Praxis unterstreicht.

Abstract

The industrial assembly of large-scale products represents a challenge in terms of production technology. In addition to the complex handling of large and bulky components, assembly tolerances in the submillimeter range must be met for high quality requirements. To enable flexible and high-precision assembly of large components, the line-less mobile assembly systems (LMAS) approach is designed. LMAS is based on mobile assembly resources that can perform efficient reconfiguration of the assembly environment to adapt to new processes in an automated and flexible way. High-precision position data is an important prerequisite for the position control of the assembly resources. Distributed metrology systems of the large-scale metrology (LSM), which enable optical measurements over long distances with low measurement uncertainties, are suitable for collecting the position data. The measurement uncertainty of these systems depends on the configuration of the transmitters and receivers and varies over the assembly process. To ensure the process capability of such measurement processes, the measurement uncertainty must be known during the assembly process.

In this work, a methodology is developed to enable measurement uncertainty-optimized configuration of distributed LSM-systems for LMAS and inherent a priori determination of the process capability of measurement processes. The methodology is composed of three submodels: a measurement uncertainty model for configuration-dependent determination of the measurement uncertainty, an optimization model for minimizing the measurement uncertainty, and a simulation model for line-of-sight simulation of distributed LSM-systems in an LMAS process.

For this purpose, a measurement uncertainty model is developed for the class of multiangulation-based LSM-systems, since this measurement system class allows simultaneous measurements of several assembly resources in LMAS. Depending on the configuration of the transmitters, the measurement uncertainty of a position measurement can be determined for a given receiver position. For the design of the optimization model, a particle swarm algorithm is used. By modifying the standard algorithm, distributed LSM-systems can be used and considered with respect to their working ranges and specific measurement uncertainty models. The simulation model is coupled to the optimization model and collects data on line-of-sight and geometric relationships between transmitters and receivers. These data are required to determine the measurement uncertainty, which serves as the target value of the optimization model. Verification on an aircraft final assembly use case shows that laser trackers and an iGPS can be configured as two examples of distributed LSM-systems and capable processes can be realized within the simulation. The developed methodology for configuring distributed LSM-systems is finally validated in an experiment using the iGPS. Here, an LMAS process is mimicked and a laser tracker is used as a reference metrology system to investigate the measurement uncertainty. The results of the experiments show that the optimization of the configuration reduces the measurement uncertainty and thus also the minimum verifiable assembly tolerances by 25%, which underlines the added value of the developed methodology for industrial practice.

Inhaltsverzeichnis

Abbildungsverzeichnis

Tabellenverzeichnis

Formelverzeichnis

c_j		Strafterm in f_{RB}
$\mathrm{c}_{j,\max}$		Maximaler Wert von c_j
$\mathrm{c}_{j,\min}$		Minimaler Wert von c_j
D	m	Summe der Minimalabstände d
$\mathrm{D}_{\mathrm{ES,max}}$	m	Höchstabstand zwischen Empfänger und Sender
$\mathrm{D}_{\mathrm{ES,min}}$	m	Mindestabstand zwischen Empfänger und Sender
$\mathrm{D}_{\mathrm{SS,min}}$	m	Mindestabstand zwischen Sendern
d	m	Abstand zwischen einem Empfänger und einem Sender
Δd	m	Messabweichung auf Basis des euklidischen Abstands der Messwerte p_{LT} und p_{iGPS} sowie von $\mathrm{d}_{\mathrm{kal}}$
$\overline{\Delta d}$	m	Systematische Messabweichung in Bezug auf von Δd
$\mathrm{d}_{\mathrm{kal}}$	m	Kalibrierte Länge zwischen einem Retroreflektor eines Lasertrackers und einem Detektor an einem iGPS i5IS-Empfänger
$\mathrm{d}_{\mathrm{opt}}$	m	Messabweichung nach erfolgter Konfigurationsoptimierung
d_q	m	Minimalabstand zwischen q und l_{W}
d_{PS}	m	Minimale Distanz zwischen zwei Sichtvektoren l_{W}
d_{WC}	m	Messabweichung der Worst-Case-Konfiguration in der Validierung
E		Ebene zur Bestimmung von p_{PS}
$\mathrm{E}_{\mathrm{ES,max}}$	rad/ °	Maximaler Elevationswinkel
e		Empfängerposition
e_{LOS}		Vektor über alle $e_{\mathrm{LOS},i}$ zu einem Empfänger
$e_{\mathrm{LOS},i}$		Sichtstatus zwischen einem Sender und einem Empfänger
e_{S}		Euler-Pose eines Senders auf Basis von ${}^{\mathrm{W}}\mathrm{T}_{\mathrm{S}}$
e_{x}		x-Koordinate eines Empfängers
e_{y}		y-Koordinate eines Empfängers
e_{z}		z-Koordinate eines Empfängers
ex_{S}	rad/ °	Rotation um die x-Achse in Bezug auf e_{S}
ey_{S}	rad/ °	Rotation um die y-Achse in Bezug auf e_{S}
ez_{S}	rad/ °	Rotation um die z-Achse in Bezug auf e_{S}
F		Bewertungsfunktion zur Bestimmung von $gBest_j^k$ und $pBest_j^k$
f		Ausdruck für einen funktionalen Zusammenhang
f_{a}	s^{-1}	Abtastfrequenz
f_{PS}		Funktion zur Bestimmung von P_{PS}
f_{KNN}		Modell der Messung für das iGPS basierend auf KNN
f_{MDP}		Funktion zur Bestimmung von D
f_{MU}		Allgemeine Formulierung eines Messunsicherheitsmodells
$f_{\mathrm{MU,iGPS}}$		Funktion zur Bestimmung der Messunsicherheit des iGPS
$f_{\mathrm{MU,LT}}$		Funktion zur Bestimmung der Messunsicherheit eines Lasertrackers

f_{NUM}	Modell der Messung für das iGPS basierend auf numerischer Optimierung
f_{RB}	Straffunktion von F
f_{sim}	Prozesssimulation zur Bestimmung von e und e_{LOS}
$g_{j,t}$	Distanzmaß zur Berücksichtigung der j-ten Randbedingung
$gBest_j^k$	Beste erreichte Position eines Partikels in der Lösungsdimension j innerhalb von P
i	Laufvariable
j	Laufvariable
k	Erweiterungsfaktor zur Bestimmung von U
k	Iteration in Bezug auf S_i^k
$\mathrm{k_{max}}$	Maximale Iterationsanzahl
l	Index zur Bezeichnung von e
l_{S}	Sichtvektor eines Senders in Bezug zu $\{\mathrm{S}\}$
l_{W}	Sichtvektor eines Senders in Bezug zu $\{\mathrm{W}\}$
$lBest_{ij}^k$	Beste erreichte Position von S_{ij}^k innerhalb von $\mathrm{N}_{\mathrm{VN},i}$
m	Minimaltransversale der Einheitsvektoren r_{W}
m_2	Normalenvektor zur Bestimmung von
$\mathrm{m_{DoE,1}}$	Anzahl an Faktorstufenkombinationen in Versuchsreihe 1 zur Bestimmung von $\mathrm{n_{DoE,1}}$
$\mathrm{m_{DoE,2}}$	Anzahl an Faktorstufenkombinationen in Versuchsreihe 2 zur Bestimmung von $\mathrm{n_{DoE,2}}$
N	Anzahl an Eingangsgrößen zur Bestimmung von u_{c}
$\mathrm{N_{DoE}}$	Gesamtanzahl an Einzelversuchen nach statistischer Versuchsplanung (DoE)
$\mathrm{N_{LOS,min}}$	Minimal zulässige Anzahl an Sichtverbindungen
$\mathrm{N_{ref}}$	Anzahl an Wiederholmessungen zum Vergleich mit der Referenzmessung
$\mathrm{N_{RB}}$	Anzahl an Randbedingungen
$\mathrm{N}_{\mathrm{VN},i}$	Partikelnachbarschaft einer Von-Neumann-Topologie für S_i^k
n	Anzahl an Wiederholungen
$\mathrm{n_{col}}$	Anzahl an Spalten einer Von-Neumann-Topologie
$\mathrm{n_{dim}}$	Anzahl an Lösungsraumdimensionen von S_i^k
$\mathrm{n_{DoE,1}}$	Anzahl an Wiederholmessungen je Faktorstufenkombination für Versuchsreihe 1
$\mathrm{n_{DoE,2}}$	Anzahl an Wiederholmessungen je Faktorstufenkombination für Versuchsreihe 2
n_e	Anzahl an Empfängern
$n_{\mathrm{LOS},t}$	Anzahl an Sichtverbindungen zum Zeitpunkt t
$\mathrm{n_p}$	Anzahl an Partikeln in P
$\mathrm{n_{row}}$	Anzahl an Reihen einer Von-Neumann-Topologie
$\mathrm{n_S}$	Anzahl an Sendern innerhalb einer Konfiguration
P	Partikelschwarm

P_{PS}		Vektor mit allen p_{PS}
p		Messwerte (kartesische Position) einer iGPS-Messung
p_{ideal}		Messwert unter idealen Bedingungen in Bezug zu p
p_{iGPS}		Messpunkt einer iGPS-Messung
p_{Lot}		Lotfußpunkt eines Sichtvektors l_{W} zur Bestimmung von p_{PS}
p_{LT}		Messpunkt eines Lasertrackers
p_{MDP}		Minimaldistanzpunkt zwischen zwei Geraden
p_{PS}		Pseudoschnittpunkt
$pBest_{ij}^{k}$		Beste erreichte Position von S_{ij}^{k}
$\tilde{p}$		Schätzwert des Modells der Messung in Bezug zu p
$\tilde{p}_{\mathrm{KNN}}$		Wert von $\tilde{p}$ nach Berechnung über KNN
$\tilde{p}_{\mathrm{NUM}}$		Wert von $\tilde{p}$ nach Berechnung über numerische Optimierung
Q	m	Güte in Bezug auf die Modelle der Messung f_{KNN} und f_{NUM}
$\mathrm{Q}_{\mathrm{max}}$		Eignungsfaktor zur Bestimmung von TOL_{min}
q		Punkt im kartesischen Raum zur Bestimmung von p_{MDP}
R		Rotationsmatrix aus ${}^{\mathrm{W}}\mathrm{T}_{\mathrm{S}}$
r_{S}		Einheitsvektor von l_{S}
$r_{\mathrm{S,x}}$	m	x-Koordinate von r_{S}
$r_{\mathrm{S,y}}$	m	y-Koordinate von r_{S}
$r_{\mathrm{S,z}}$	m	z-Koordinate von r_{S}
r_{W}		Einheitsvektor von l_{W}
S		Konfiguration von Sendern
S_{i}^{k}		Partikel aus P
S_{ij}^{k}	m	Wert für eine Lösungsdimension von S_{i}^{k}
$S_{i,s,j}^{k}$	m	Position von Sender j in S_{i}^{k}
$S_{\mathrm{links},i}^{k}$		Linker Partikel aus $\mathrm{N}_{\mathrm{VN},i}$ nach der Von-Neumann-Topologie
$\mathrm{S}_{\mathrm{opt}}$		Optimale Konfiguration von Sendern
$S_{\mathrm{rechts},i}^{k}$		Rechter Partikel aus $\mathrm{N}_{\mathrm{VN},i}$ nach der Von-Neumann-Topologie
$S_{\mathrm{oben},i}^{k}$		Oberer Partikel aus $\mathrm{N}_{\mathrm{VN},i}$ nach der Von-Neumann-Topologie
$S_{\mathrm{unten},i}^{k}$		Unterer Partikel aus $\mathrm{N}_{\mathrm{VN},i}$ nach der Von-Neumann-Topologie
$\mathrm{S}_{\mathrm{max},j}$		Maximaler Wert innerhalb des Suchraumes für Lösungsdimension j
$\mathrm{S}_{\mathrm{min},j}$		Minimaler Wert innerhalb des Suchraumes für Lösungsdimension j
$\{\mathrm{S}\}$		Sender-Koordinatensystem eines verteilten Messsystems
s		Position eines Senders zur Beschreibung von S
s_{ij}		Eintrag in Matrix von ${}^{\mathrm{W}}\mathrm{T}_{\mathrm{S}}$
s_{x}	m	x-Koordinate von s
s_{y}	m	y-Koordinate von s
s_{z}	m	z-Koordinate von s
T		Anzahl diskretisierter Zeitpunkte
T_{P}	s	Prozesszeit zur Bestimmung von T

TOL_{min}	m	Minimal prüfbare Toleranz
$\mathrm{TOL}_{\mathrm{min,opt}}$	m	Minimal prüfbare Toleranz nach der Konfigurationsoptimierung
$\mathrm{TOL}_{\mathrm{min,WC}}$	m	Minimal prüfbare Toleranz in einer Worst-Case-Konfiguration
${}^{\mathrm{W}}\mathrm{T}_{\mathrm{S}}$		Homogene Transformation von $\{\mathrm{W}\}$ nach $\{\mathrm{S}\}$
t		Zeitpunkt innerhalb einer Messung der Dauer T
U	m	Erweiterte Messunsicherheit
$U(0,1)$		Zufallszahl zwischen null und eins
u		Standardunsicherheit eines Messsystems
Δu	m	Differenz der Größen u_{iGPS} und u_{real}
u_{c}		Kombinierte Messunsicherheit
$\mathrm{u}_{\mathrm{d,kal}}$	m	Standardunsicherheit des Messsystems zur Bestimmung von $\mathrm{d}_{\mathrm{kal}}$
$\mathrm{u}_{\mathrm{gesamt}}$	m	Standardunsicherheit des Messsystems auf Basis von Versuchsdaten
u_{iGPS}	m	Messunsicherheit des iGPS
u_{LT}	m	Betrag über die Messunsicherheitsbeiträge $u_{\mathrm{LT,x}}, u_{\mathrm{LT,y}}, u_{\mathrm{LT,z}}$
$u_{\mathrm{LT,x}}$	m	Messunsicherheit eines Lasertrackers in x-Richtung
$u_{\mathrm{LT,y}}$	m	Messunsicherheit eines Lasertrackers in y-Richtung
$u_{\mathrm{LT,z}}$	m	Messunsicherheit eines Lasertrackers in z-Richtung
$\mathrm{u}_{\mathrm{max},j}$	m	Annahme für die maximal auftretende Messunsicherheit eines Messsystems
$\mathrm{u}_{\mathrm{min}}$	m	Minimale Messunsicherheit bei $\mathrm{S}_{\mathrm{opt}}$
u_{real}	m	Standardunsicherheit des iGPS auf Basis der Referenzmessung
$\mathrm{u}_{\mathrm{LT,ref}}$	m	Messunsicherheit des Lasertrackers in der Referenzmessung
u_{T}	m	Mittelwert von u_t über T
u_t	m	Mittelwert von $f_{\mathrm{MU},j}$ über alle Empfänger zu einem Zeitpunkt
v_{ij}^{k+1}		Update-Term von S_{ij}^k
$\mathrm{v}_{\mathrm{max},j}$		Geschwindigkeitsbegrenzung für S_{ij}^k
$\mathrm{v}_{\mathrm{rel}}$		Relativer Geschwindigkeitsbegrenzungsfaktor
$\{\mathrm{W}\}$		Welt-Koordinatensystem eines verteilten Messsystems
x		Eingangsgröße zur Bestimmung von u_{c}
α		Signifikanzniveau
α_1^k		Kognitiver Faktor zur Bestimmung von v_{ij}^{k+1}
$\alpha_{1,\mathrm{max}}$		Startwert von α_1^k
$\alpha_{1,\mathrm{min}}$		Faktor zur Einstellung des Endwerts von α_1^k
α_2^k		Globaler sozialer Faktor zur Bestimmung von v_{ij}^{k+1}
$\alpha_{2,\mathrm{max}}$		Startwert von α_2^k
$\alpha_{2,\mathrm{min}}$		Faktor zur Einstellung des Endwerts von α_2^k
α_3^k		Lokaler sozialer Faktor zur Bestimmung von v_{ij}^{k+1}
$\alpha_{3,\mathrm{max}}$		Startwert von α_3^k
$\alpha_{3,\mathrm{min}}$		Faktor zur Einstellung des Endwerts von α_3^k
β^k		Trägheitsfaktor zur Bestimmung von v_{ij}^{k+1}

β_{max}		Startwert von β^k
β_{min}		Faktor zur Einstellung des Endwerts von β^k
θ	rad/ °	Öffnungswinkel zwischen Sender und Empfänger
λ_j		Gewichtungsfaktor von c_j
λ_S		Skalierungsfaktor von l_S
λ_W		Skalierungsfaktor von l_W
$\Delta\mu$	m	Prozessrelevantes Inkrement zur Bestimmung von N_{DoE}
σ		Sigmaniveau
σ_{DoE}	m	Annahme zur Standardabweichung (Streuung) der Versuchsergebnisse zur Bestimmung von N_{DoE}
$\sigma_{\Delta d}$	m	Zufällige Messabweichungen in Bezug auf Δd
φ	rad/ °	Elevationswinkel zwischen Sender und Empfänger
Ω_x	m	Suchraumgrenze in x-Richtung
Ω_y	m	Suchraumgrenze in y-Richtung
Ω_z	m	Suchraumgrenze in z-Richtung

Abkürzungsverzeichnis

A	Anforderung
AGV	Automated Guided Vehicle
AS	Ausgabeschicht eines KNN
CaaS	Coordinates as a Service
CFK	Carbonfaserverstärkter Kunststoff
DoE	Design of Experiments
DOP	Dilution of Precision
E	Empfänger
EG	Erfüllungsgrad
ES	Eingabeschicht eines KNN
FEM	Finite-Elemente-Methode
FTF	Fahrerloses Transportfahrzeug
Gl.	Gleichung
GA	Genetischer Algorithmus
GRS	Globales Referenzsystem
GUM	Guide to the Expression of Uncertainty in Measurement
iGPS	Indoor Global Positioning System
Jg.	Jahrgang
i5IS	i5 Integrated Sensor (Empfängertyp des iGPS)
KMG	Koordinatenmessgerät
KNN	Künstliches neuronales Netz
L	Lineare Aktivierungsfunktion eines KNN
LMAS	Line-less Mobile Assembly Systems
LOS	Line-of-Sight
LSM	Large-Scale Metrology
MS	Mustersuche
MSE	Mean Squared Error
MTGM	Messtechnisch-gestützte Montage
MU	Messunsicherheit
NP	Nichtdeterministisch polynomiell
P	Prämisse
PPS	Produktionsplanung und -steuerung
PSO	Partikelschwarmoptimierung
RB	Randbedingung
RMS	Rekonfigurierbares Montagesystem
S	Sender
SMR	Spherical Mounted Retroreflector
URDF	Unified Robot Description Format
VDI	Verein Deutscher Ingenieure

VDE	Verband der Elektrotechnik, Elektronik und Informationstechnik
VS	Verborgene Schicht eines KNN
wMPS	Workspace Measurement Positioning System
WZL	Werkzeugmaschinenlabor der RWTH Aachen

1 Hochpräzise Positionsdaten zur Befähigung einer flexiblen Großbauteilmontage

Spätestens seit der Entwicklung des GPS im Jahr 1985 ist die Bedeutung von terrestrischen Positionsdaten für öffentliche Navigations- und Ortungsdienste allgegenwärtig. Auch bei der Entwicklung flexibler automatisierter Montagesysteme wird der Service, zu einem beliebigen Zeitpunkt an einem beliebigen Ort Positionsdaten von einem Objekt bereitzustellen, zunehmend relevant. Neue Begriffe zur Nutzung von Positionsdaten innerhalb von Montagesystemen wie „Coordinates as a Service" belegen diesen Trend [MONT21, S. 4–7]. Die Positionsdaten werden innerhalb der Montage dazu genutzt, um Lagetoleranzen nach dem Fügeprozess eines Produktes zu prüfen oder diesen zu regeln. Zusätzlich lässt sich ein weiterer Trend erkennen: Moderne Montagesysteme verfügen über eine zunehmende Anzahl an mobilen Ressourcen (z.B. fahrerlose Transportfahrzeuge oder mobile Roboter), deren Positionen kontinuierlich überwacht werden müssen, um Prozesse in den Dimensionen Raum und Zeit zu synchronisieren. [KÜHN18, KUKA22, MEIß20, S. 481f., STIL20, S. 248f.]

Auslöser für diese Entwicklung ist die geforderte Steigerung der Flexibilität von Produktionssystemen, um auf globale Megatrends zu reagieren [WIEN07, S. 783]. Hierzu zählen die zunehmende Produktvariantenvielfalt, kürzer werdende Produktlebenszyklen bei schwankenden Absatzzahlen und internationale Lieferengpässe als Resultat von pandemischen Lagen. Da die industrielle Montage bis zu 70% der Gesamtproduktionskosten verursacht, wurden zahlreiche Ansätze entwickelt, um wandlungsfähige und flexiblere Montageorganisationen für eine höhere Wirtschaftlichkeit umzusetzen [ELMA09, S. 127, HUET16, S. 112]: Rekonfigurierbare Montagesysteme (RMS) können physische Anpassungen wie das Hinzufügen oder Entfernen einzelner Montagestationen bis hin zum Ersatz ganzer Montagelinien durchführen [ELMA09, S. 4, KORE10, S. 139]. Frei verkettete Montagesysteme setzen eine Mobilität des Produktes voraus, um eine dynamische Routenführung entlang definierter Montagestationen zu ermöglichen und so auf aktuelle Anforderungen reagieren zu können. [HÜTT17, GRUN19, S. 23–33].

In der Umsetzung der genannten Montageorganisationsformen besteht eine besondere Herausforderung bei der Montage von Großbauteilen, z. B. in der Luft- und Raumfahrttechnik, im Schiffsbau sowie im Bau von Windkraftanlagen [CORV11, S. 1016]. Aufgrund der großen Bauteildimensionen (> 15 m) werden die Montagesysteme nahe technischer, organisatorischer und wirtschaftlicher Grenzen ausgelegt [BEHR14, S. 153–164, SCHM16, S. 643–665]. Das Konzept der linienlosen mobilen Montagesysteme (engl. Line-less Mobile Assembly Systems) adressiert diese Herausforderung und ermöglicht eine flexible Anpassung einer Montagestation an das Produkt. Mobile Montageressourcen ordnen sich hierbei abhängig vom geforderten Prozess innerhalb der Montagestation um das Produkt an, sodass Handhabungsaufgaben für anschließende Fügeprozesse durchgeführt werden können. [HÜTT19, S. 724–729] Zur Anordnung mobiler Montageressourcen um große Bauteile sind hochpräzise Positionsdaten erforderlich, um die Ressourcen im Submillimeterbereich zu lokalisieren und zu navigieren. Demnach ist die Bereitstellung von Positionsdaten im gesamten

Montagebereich ein zentrales Infrastrukturelement zur Flexibilisierung der Großbauteilmontage. [MONT17, S. 1]

1.1 Herausforderungen bei der Positionsmessung mobiler Objekte

Aufgrund der Vielzahl an mobilen Montageressourcen innerhalb linienloser mobiler Montagesysteme (LMAS) unterliegt die Umgebung einer Positionsmessung dynamischen Einflüssen. Abbildung 1.1 zeigt den skizzenhaften Aufbau eines LMAS-Prozesses am Beispiel einer Schienenfahrzeugmontage: Einzelne Produktteile (Wagons) werden über die Nutzung fahrerloser Transportfahrzeuge (FTF) mobilisiert und in die jeweiligen Montagepositionen überführt. Mobile Roboter bearbeiten mit ihren Werkzeugen das Produkt und führen den Fügeprozess (z.B. mittels Nieten oder Schrauben) aus. Durch das Auflösen räumlicher Fixpunkte, wie beispielsweise ortsfester Vorrichtungen zur Ausrichtung der Bauteile, können sich die Montageressourcen frei anordnen. Zur Kompensation der Vorrichtungen werden Messsysteme eingesetzt, die eine räumliche und zeitliche Synchronisation der Montagressourcen ermöglichen. Zu messende Prüfmerkmale sind bspw. Positionen und Orientierungen (sog. Posen) von Produkten, FTF oder robotergeführten Werkzeugen. Die hierbei geltenden Montagetoleranzen, die bei Großbauteilen im Submillimeterbereich liegen können, stellen eine besondere Herausforderung für die Eignung eines Messsystems dar.

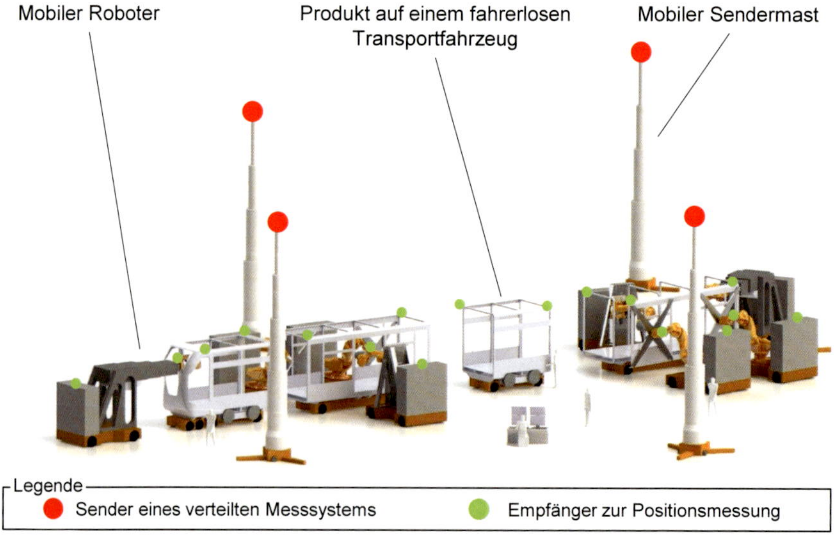

Abbildung 1.1: Sender und Empfänger eines verteilten Messsystems zur Positionsmessung innerhalb der linienlosen mobilen Montage (in Anlehnung an [SCHM17a, S. 339–368])

Verteilte großvolumige Messsysteme aus der Klasse der Large-Scale Metrology (LSM) eignen sich für diesen Einsatz, da sie über große Messdistanzen geringe Messunsicherheiten induzieren [SCHM16, S. 644]. Verteilte LSM-Systeme können aus einer Vielzahl an Sendern und Empfängern bestehen, die über optische Signale (i.d.R. mittels Laserstrahlen) verbunden werden. Die Empfänger werden den genannten Prüfmerkmalen zur Erhebung der relevanten Positionsdaten zugeordnet. Positionsdaten (ausgedrückt über das kartesische Koordinatensystem mit Positionen in x-, y- und z-Richtung) werden in diesem Kontext als relevante Messgrößen betrachtet. Dies ist für einen Montageprozess ausreichend, da anhand mehrerer Positionsmessungen an einem Bauteil die Bauteilorientierung und somit die Bauteilpose erfasst werden kann. Über die Bauteilpose kann ein Bauteil eindeutig räumlich referenziert werden, was für die Durchführung der Montage und Prüfung der Toleranzen gefordert ist.

Die Platzierung der Sender kann im Gegensatz zu den Empfängern frei innerhalb der Montagestation erfolgen und wird in dieser Arbeit als Konfiguration bezeichnet. Abbildung 1.1 zeigt eine mögliche Konfiguration der Sender im beschriebenen LMAS-Prozess. Die Unsicherheit einer Positionsmessung, die eine Eignung für eine Toleranzprüfung bzw. das Messen eines Prüfmerkmals bedingt, hängt bei dieser Klasse von Messsystemen von Umgebungseinflüssen ab [QUIN17, S. 144–153]. Neben erforderlichen Sichtverbindungen beeinflussen die Arbeitsbereiche, wie z.B. Messdistanzen oder Winkel zwischen Sendern und Empfängern, die Messunsicherheit maßgeblich [FLYN21, S. 22]. Aufgrund der Dynamik der Montageressourcen innerhalb der Montagestation ändern sich diese Einflüsse kontinuierlich, woraus eine Schwankung der Messunsicherheit und der damit verbundenen Prozessfähigkeit im Hinblick auf eine Toleranzprüfung resultiert.

Eine zentrale Herausforderung stellt daher die Konfiguration von Sendern eines verteilten LSM-Systems innerhalb von LMAS dar, um Schwankungen der Messunsicherheit über die Prozessdauer zu beherrschen und zulässige Maximalwerte nicht zu überschreiten. Zu konservative Konfigurationen würden hierbei den Kostenaufwand bei den hohen Anschaffungskosten verteilter LSM-Systeme erheblich erhöhen und somit die Gesamteffizienz des Montagesystems reduzieren.

Für die Rekonfiguration, Neugestaltung und Inbetriebnahme von Montagesystemen existieren eine Vielzahl von softwarebasierten Werkzeugen zur Abbildung der realen Welt innerhalb digitaler Modelle (wie z.B. folgende Programme [ABB22, KUKA22, SIEM22, SIMP22, VISU20]). Diese Programme legen ihren Fokus auf Materialflussanalysen und die Offline-Programmierung von Industrierobotern. Messsysteme werden funktional nicht explizit berücksichtigt, was ihrer Bedeutung als Infrastrukturelement zur Bereitstellung von Positionsdaten in fixpunktlosen, rekonfigurierbaren Montageumgebungen nicht gerecht wird. Für die Berücksichtigung von Messsystemen während der Planungsphase stehen spezielle Simulationsprogramme zur Verfügung (wie z.B. [NEW22, DUWE22]). Eine ganzheitliche Beschreibung eines neu zu entwickelnden Montagesystems geht mit einer hohen Komplexität für die Modellierung einher. Daher wird diese Komplexität gekapselt und innerhalb spezialisierter Programme durchgeführt. Folglich muss eine Vielzahl von Schnittstellen zwischen den einzelnen Simulationsumgebungen geschaffen werden, um Messsysteme innerhalb eines Montagesystems in der Planungsphase zu berücksichtigen.

Das Ziel dieser Arbeit ist daher die Entwicklung eines Planungswerkzeugs, das die bedarfsgerechte Konfiguration eines verteilten LSM-Systems im Hinblick auf die Einflüsse eines Montageprozesses auf die Messunsicherheit optimiert, um messtechnisch-gestützte Montageprozesse durch Abgleich mit der geforderten Toleranz a-priori absichern zu können. Im Rahmen der Arbeit wird hierbei die Montageorganisationsform LMAS betrachtet, da sie industrielle Relevanz für die Anwendung von LSM-Systemen (im Folgenden vereinfacht als verteilte Messsysteme bezeichnet) besitzt und auf rekonfigurierbare Montageprozesse mit geringeren dynamischen Einflüssen anwendbar ist [HÜTT19, BUCK19b].

1.2 Forschungsdesign und Aufbau der Arbeit

Die Motivation der vorliegenden Arbeit basiert auf Problemen in der industriellen Praxis und dem industriellen Bedarf neuer Lösungen zur messunsicherheitsoptimierten Inbetriebnahme metrologischer Infrastruktur für die rekonfigurierbare Montage von Großbauteilen. Daher orientiert sich der Forschungsprozess an dem explorativen, empirischen Forschungsansatz nach KUBICEK [KUBI77, S. 12–17]. Übergeordnetes Ziel ist es, Wissen in Bezug auf das zugrundeliegende Problem zu gewinnen und die Problemlösung in der Praxis zu unterstützen. Das Verwenden von Forschungsfragen unterstützt hierbei, das Problem zu strukturieren und den Erkenntnisgewinn kritisch zu prüfen. Hierfür werden Forschungsfragen nach einer Evaluierung des Standes der Technik in Kapitel 3 aufgestellt. Auf Basis der beschriebenen Forschungsmethodik wird diese Arbeit nach der „Strategie angewandter Forschung" von ULRICH, wie in Abbildung 1.2 dargestellt, gegliedert [ULRI81, S. 19–21].

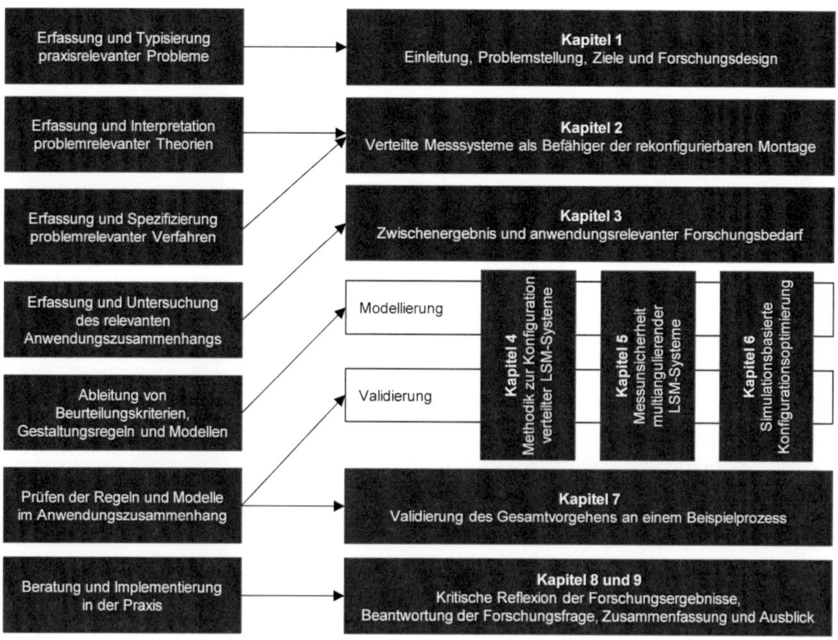

Abbildung 1.2: Aufbau der Arbeit nach Ulrich

In Kapitel 1 wird die Thematik von verteilten Messsystemen als essenzielles Infrastrukturelement für rekonfigurierbare Montagesysteme von Großbauteilen, im Speziellen für LMAS, dargestellt.

Kapitel 2 beschreibt die industrielle Motivation in Anwendungsfällen und schafft ein Verständnis für den zentralen Begriff der Konfiguration verteilter Messsysteme. Hierbei werden aktuelle Ansätze zur Konfiguration erläutert und deren Defizite für eine Anwendung im industriellen Umfeld rekonfigurierbarer Montagesysteme herausgestellt.

Kapitel 3 resümiert die erkannten Defizite bestehender Ansätze zur Konfiguration verteilter LSM-Systeme, um den Forschungsbedarf und korrelierende Forschungsfragen dieser Arbeit abzuleiten. Im Detail wird hierbei beschrieben, wie die Inhalte zur Beantwortung der forschungsleitenden Fragen erarbeitet und bestehende Ansätze weiterentwickelt werden.

In Kapitel 4 wird zunächst ein Beschreibungsmodell entwickelt, das die Wirkzusammenhänge zwischen einem LMAS-Prozess und der Konfiguration verteilter LSM-Systeme wiedergibt. Das Modell wird hierbei aus industriellen Anwendungsfällen abgeleitet. Die erkannten Wirkzusammenhänge werden anschließend für den Entwurf einer Methodik zur Konfiguration verteilter LSM-Systeme genutzt, die sich an dem Ansatz der simulationsbasierten Optimierung orientiert.

In Kapitel 5 wird ein Messunsicherheitsmodell für das iGPS, stellvertretend für die Klasse der verteilten und multiangulierenden LSM-Systeme, in Abhängigkeit von der Konfiguration entwickelt. Ziel ist es, eine quantifizierte Aussage zur Messunsicherheit für Absolutwerte unter variabler Anordnung der iGPS-Sender zu treffen. Hierfür wird ein Modell der Messung erstellt, welches experimentell validiert und anschließend für eine Messunsicherheitsbestimmung verwendet wird.

Basierend auf einer Literaturrecherche wird in Kapitel 6 ein geeigneter globaler Optimierungsalgorithmus ausgewählt und weiterentwickelt, der die Randbedingungen für eine umsetzbare Konfiguration sowie das Messunsicherheitsmodell als Zielfunktion berücksichtigen kann. Zur Abbildung der dynamischen räumlichen Restriktionen und der Sichtverbindungen eines verteilten Messsystems wird eine Simulation entwickelt und in den Optimierungsalgorithmus integriert sowie simulativ am Beispiel des Einsatzes von iGPS und Lasertrackern verifiziert.

In Kapitel 7 wird anhand eines experimentellen Aufbaus die Validität und der Mehrwert des Gesamtvorgehens untersucht. Hierfür wird eine Konfiguration des iGPS innerhalb eines LMAS-Prozesses betrachtet.

In Kapitel 8 werden die Forschungsergebnisse kritisch reflektiert, um die übergeordnete Forschungsfrage zu beantworten. Abschließend wird in Kapitel 9 Auskunft über den praxisrelevanten Nutzen sowie zukünftige Forschungsthemen gegeben.

1.3 Heuristischer Bezugsrahmen

Der heuristische Bezugsrahmen nach KUBICEK ist in Abbildung 1.3 für die vorliegende Arbeit [KUBI77, S. 17–21] dargestellt. Die gekennzeichneten Wirkzusammenhänge zwischen den Begrifflichkeiten sollen zum Vorverständnis des Lesers beitragen und die Perspektive zur Problemdefinition verdeutlichen.

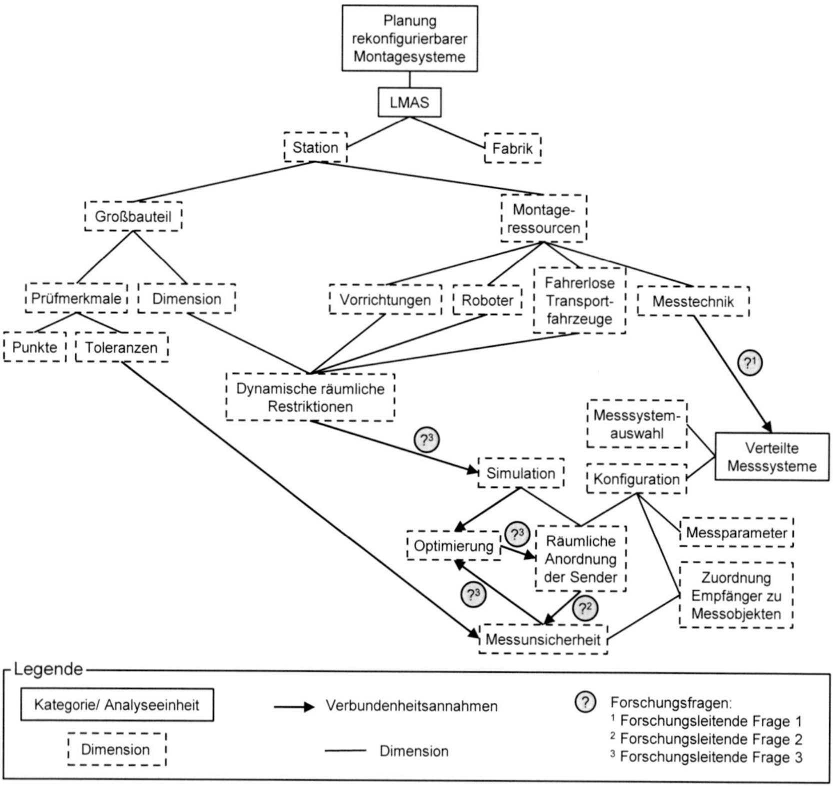

Abbildung 1.3: Heuristischer Bezugsrahmen zur Explizierung der Problemperspektive

Innerhalb der Arbeit wird die *Konfiguration verteilter Messsysteme* als metrologische Infrastruktur für *rekonfigurierbare Montagesysteme*, im Speziellen LMAS, in der *Planungsphase* betrachtet. Relevante Wirkzusammenhänge zwischen LMAS und verteilten LSM-Systemen werden hierzu analysisert. Hierbei findet eine Eingrenzung auf die Ebene einer (Montage-)*Station* statt, für die eine toleranzgerechte und umsetzbare Konfiguration ermittelt werden muss. Jeder Station wird ein Produkt, im Falle dieser Arbeit ein zu montierendes *Großbauteil*, zugeordnet. Die (Montage-)*Toleranzen* werden über einzelne *Prüfmerkmale* geprüft. Hierbei wird angenommen, dass sich ein Prüfmerkmal (z.B. Bohrungsmittelpunkte, Langlochmittelpunkte oder Flächen) über Messungen einzelner *Punkte* prüfen lässt. Die Toleranzen stehen in direktem Zusammenhang mit der Höchstgrenze für die *Messunsicherheit*

(Messunsicherheit < 10-30% der zu prüfenden Toleranz) [DIET17, S. 6–8]. Der Einfluss unterschiedlicher *Konfigurationen* in Form von verschiedenen *räumlichen Anordnungen der Sender* wird hierbei untersucht. Die *Optimierung* soll sowohl die Messunsicherheit als Zielgröße als auch die durch den Montageprozess vorgegebenen dynamischen räumlichen Restriktionen berücksichtigen. Eine *Simulation* soll hierbei die Wirkzusammenhänge der räumlichen Restriktionen abbilden und relevante Informationen für die Optimierung generieren. Die Optimierung soll diese Information nutzen, um Randbedingungen für eine zulässige und umsetzbare Konfiguration zu berücksichtigen. Der heuristische Bezugsrahmen illustriert zur Vervollständigung der Übersicht ebenfalls die forschungsleitenden Fragen dieser Arbeit, welche in Kapitel 3 vorgestellt werden.

2 Verteilte Messsysteme in rekonfigurierbaren Montageumgebungen

Das folgende Kapitel befasst sich mit dem Stand der Technik und dem Stand der Forschung zur Konfiguration verteilter LSM-Systeme innerhalb von Montagesystemen. Hierbei wird zunächst auf die Entwicklung rekonfigurierbarer Montagesysteme (Abschnitt 2.1) und anschließend auf den Einsatz verteilter LSM-Systeme im industriellen Umfeld eingegangen (Abschnitt 2.2). Abschließend wird die Komplexität zur Konfiguration verteilter LSM-Systeme untersucht, wofür bestehende Ansätze aus der Forschung diskutiert und bewertet werden (Abschnitt 2.3).

2.1 Messtechnisch-gestützte Montage von Großbauteilen

Die Montage von Großbauteilen charakterisiert sich über ihr besonderes Verhältnis von Montagetoleranzen zu Bauteilabmessungen. Während die Allgemeintoleranzen nach ISO 2768 mit dem Nennmaß proportional ansteigen und beispielsweise bei einem Nennmaß von 2000 mm bereits ±2 mm (bei einer mittleren Toleranzklasse) betragen, müssen bei Großbauteilen deutlich geringere Toleranzen eingehalten werden [DEUT91]. Schmitt et al. führen daher die Klassifizierung eines Großbauteils über sein Verhältnis von Toleranz zu Nennmaß ein (siehe Abbildung 2.1). In der Großbauteilproduktion gelten beispielsweise bei Bauteilabmessungen von z.B. 15 m Toleranzen im Bereich von 0,3 mm, woraus sich ein Verhältnis von 1:50.000 ergibt. [SCHM14b, S. 407] Dementsprechend ist die Montage von Großbauteilen durch hohe Aufwände hinsichtlich der Logistik und Einrichtprozesse sowie durch lange Bearbeitungszeiten charakterisiert. Das resultiert in einer hohen Wertschöpfungstiefe, was wiederum eine Montage nach dem „First-Time-Right"-Ansatz erfordert. Ausschuss würde hierbei hohe Kosten verursachen und wird daher selten akzeptiert. [SCHM16, S. 643–665]

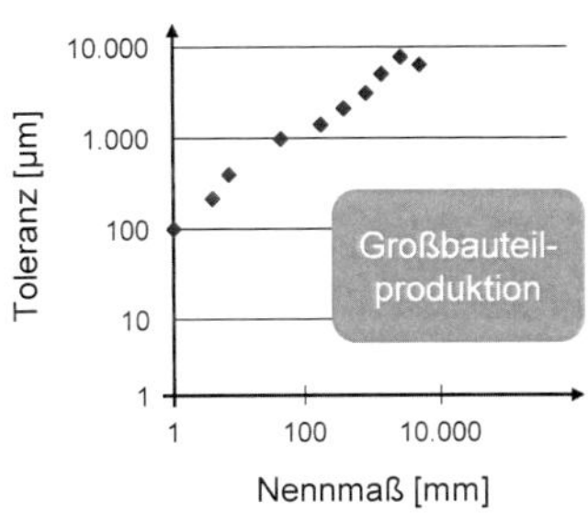

Abbildung 2.1: Klassifizierung von Großbauteilen in Anlehnung an [SCHM14b, S. 407]

Neben der Beachtung enger Montagetoleranzen stellen schwankende Losgrößen eine Herausforderung für eine kosteneffiziente Großbauteilmontage dar. Abbildung 2.2 verdeutlicht die Problematik am Beispiel aktueller Zahlen aus der zivilen Luftfahrt. Die obere Darstellung zeigt die deutlichen Schwankungen der weltweiten Auslieferungen von Flugzeugen über den Zeitraum von 1995 bis 2019. Die untere Abbildung zeigt das zukünftige Absatzpotenzial bis ins Jahr 2039 geordnet nach Regionen. Beide Abbildungen deuten darauf hin, dass zukünftig sowohl die Skalierung von Produktionssystemen (bzw. Montagesystemen) eine wichtige Rolle einnehmen als auch der Markt aus Sicht der Flugzeughersteller attraktiv bleiben wird.

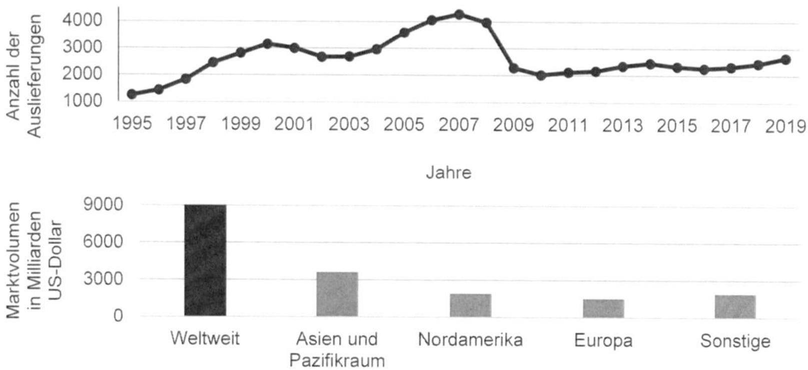

Abbildung 2.2: Weltweite Flugzeugauslieferungen 1995-2019 und weltweit prognostiziertes Marktvolumen bis 2039 [GAMA20, S. 9, BOEI20, S. 3]

Im Hinblick auf eine Flexibilisierung und Automatisierung der Großbauteilmontage definiert MAROPOULOS den Begriff der messtechnisch-gestützten Montage (MTGM). Dieser beschreibt einen Paradigmenwechsel in der Montage hochwertiger und komplexer Produkte und umfasst die Entwicklung und Anwendung neuartiger Messsysteme zur ganzheitlichen Integration und Leistungssteigerung von Montageprozessen [MARO14, S. 621f.]. MUELANER bezeichnet MTGM als langfristigen Befähiger von flexibler Automatisierung, prozessintegrierter Qualitätssicherung sowie genauerer Montage (bzgl. Toleranzen) aerodynamischer Bauteile [MUEL14, S. 169f.]. Als geeignete Messsysteme für MTGM von Großbauteilen bestimmt MUELANER laserbasierte Systeme (wie z.B. Lasertracker, Laserscanner oder das iGPS), da sie über große Messdistanzen geringe Messunsicherheiten besitzen [MUEL14, S. 170].

CORVES ET AL. entwickeln in ihrer Arbeit ein rekonfigurierbares Montagesystem für die Schalenmontage von Flugzeugen und stellen fest, dass durch die Nutzung von kooperierenden, in die Montagestation integrierten Robotern flexible Montagelösungen realisiert werden können. Die Ausrichtung der kooperierenden Roboter zur Flugzeugschale wird durch die Integration von Messtechnik in den Montageprozess nach dem Prinzip der MTGM ermöglicht. Hierdurch werden Fehlereinflüsse wie z.B. bei der Bahnplanung des Roboters messtechnisch identifiziert und regelungstechnisch kompensiert. [CORV11, S. 1018]

QUINDERS befasst sich in seiner Arbeit mit der Konfiguration des iGPS für MTGM-Prozesse [QUIN17, S. 7–9]. Unter Verwendung eines Messunsicherheitsmodells und einer Montagesimulation entwirft er eine Methodik zur Minimierung der Messunsicherheit und a-priori-Absicherung der Prozessfähigkeit für MTGM-Prozesse [QUIN17, S. 110–113].

Beispiele für erfolgreiche Implementierungen von MTGM-Prozessen liefern die Arbeiten von [DROU18, MARG03, NICK19] und Anwendungen in der industriellen Luftfahrt [BRIE19, BOEI14, ADAM14].

2.1.1 Paradigmenwechsel zur linienlosen mobilen Montage für Großbauteile

Neben dem zuletzt genannten Ansatz der MTGM legen jüngste Ansätze aus Industrie und Forschung ihren Fokus auf produktindividuelle Jobrouten, um die Flexibilität des Montagesystems zu erhöhen. Eine Jobroute bezeichnet hierbei die Zuordnung eines zu fertigenden Produkts zu definierten. Montageressourcen. Diese können beliebige Arbeitsstationen darstellen, die während der Montage durchlaufen werden. [SCHM17a, S. 348–356, GRUN19, S. 23–33] Mittels dieser Organisationsform können bspw. Skalierungen oder alternative Jobrouten bei Störungen umgesetzt werden und erhöhen somit die Flexibilität. Ansätze, die sich dieser Idee zuordnen lassen, sind die Matrixproduktion und die frei verkettete Montage (engl. Dynamically Interconnected Assembly Systems) [SCHÖ15, GRES17, GRUN19].

Die bisher genannten Ansätze basieren größtenteils auf Fixpunkten, also räumlich fest verorteten Arbeitsstationen bzw. Vorrichtungen. Im Hinblick auf Großbauteile untersucht LJASENKO die Vorteile des Einsatzes mobiler Roboter zum Ersatz von Fixpunkten. In einer Simulationsstudie belegt er, dass Fixpunkte wie Vorrichtungen oder fest verortete Transportsysteme die Effizienz in Bezug auf maximale Montageressourcenausnutzung bei der Großbauteilmontage im Vergleich zum Einsatz mobiler Roboter reduzieren. Als Nachteil des Einsatzes mobiler Roboter nennt er die hohen Anforderungen an die Positioniergenauigkeit, die während der Montage zu berücksichtigen sind. [LJAS20, S. 36f.]

Ähnlich zu dieser Idee entwickelt HÜTTEMANN den bereits vorgestellten Ansatz LMAS [HÜTT19, BUCK19b, HÜTT21, S. 53–71]. Hierbei werden alle physischen Entitäten aus den Bereichen der Montage, Logistik und der Qualitätssicherung den Montageressourcen zugeordnet. Dies beinhaltet u.a. Montageroboter, Werkzeuge und Werkzeugwechsler, Vorrichtungen, Messsysteme, Logistikroboter und Anlagenbediener. [HÜTT19, S. 728]

Das Ziel dieses Paradigmenwechsels ist ein fixpunktentlasteter Montageprozess, d.h. alle Bestandteile der Montage können sich omnidirektional bewegen und es werden keine lokal fixierten Montageressourcen eingesetzt. Um die Kapazität optimal auszulasten und die Fähigkeit zur Rekonfigurierbarkeit zu verbessern, müssen die Montageressourcen nach Bedarf eingesetzt und transportiert werden. Deshalb sind autonome Transportsysteme eine notwendige Voraussetzung zur Realisierung von LMAS. Zusammenfassend basiert LMAS auf drei Grundprinzipen [HÜTT19, S. 725]:

- Produktionsfläche mit möglichst wenig physischen Hindernissen (fixpunktlose Montageumgebung bzw. Freifläche)
- Mobilisierung aller Montageressourcen
- Flexible Anordnung und Zuordnung von Ressourcen zu Produktionsaufträgen

Erforderliche Planungsaufgaben innerhalb von LMAS

Zur Reduktion der Komplexität der Planungsaufgabe wird grundlegend zwischen einer Fabrik- und einer Stationskonfiguration unterschieden. Die Fabrikkonfiguration beschreibt den zur Verfügung stehenden Bereich der Montage und berücksichtigt hierbei bspw. vorzuhaltende Flächen für Transportvorgänge. Innerhalb dieses Bereiches werden (Montage-)Stationen rechteckig dimensioniert und nach einem Matrixmuster verteilt. Stationskonfigurationen umfassen die Zuordnung von Montageressourcen zu Stationen, um geforderte Prozesse abzubilden. Hierbei gilt die Annahme, dass jeweils ein Montageprozess einer Station zugeordnet wird. Die Planungsaufgabe des Operations Planning befasst sich damit, welche Montageressourcen den Stationen zugeordnet werden und wie die Stationen innerhalb der Fabrik verteilt und durchlaufen werden. [HÜTT19, S. 728] Abbildung 2.3 zeigt hierzu skizzenhaft, wie Stationen für ein LMAS-Montagesystem konfiguriert werden.

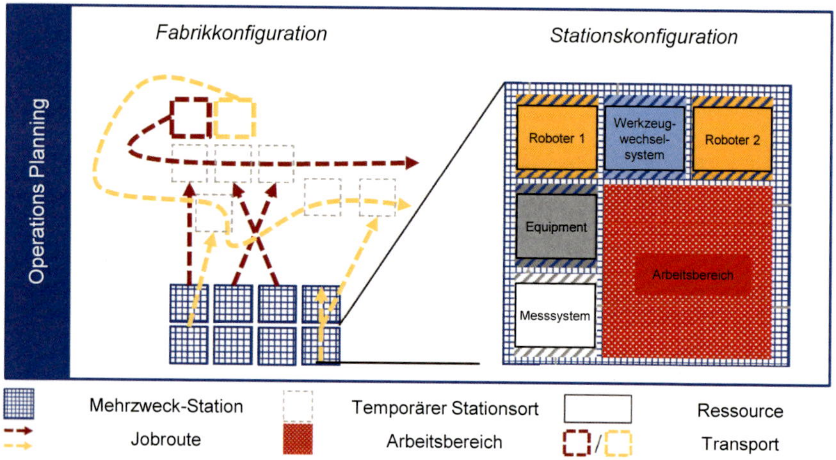

Abbildung 2.3: Operations Planning zur Stationskonfiguration von LMAS in Anlehnung an [BUCK19b, S. 229]

Zur Umsetzung des Operations Planning innerhalb von LMAS entwickelte BUCKHORST einen dreistufigen Optimierungsalgorithmus. Als Zielgröße werden die Gesamtbetriebskosten zur Herstellung einer vorgegebenen Anzahl an Produkten (mit der Losgröße 1) verwendet. Im ersten Schritt werden die verfügbaren Montageressourcen den einzelnen Prozessen zugeordnet. Im zweiten Schritt werden die Stationen und somit die Orte, an denen die Prozesse stattfinden, festgelegt. Zuletzt erfolgt im dritten Schritt die Zeitplanung (engl. Scheduling), in der die Reihenfolge der zu durchlaufenden Prozesse festgelegt wird. [BUCK19b, S. 231–234] Unberücksichtigt bleibt hierbei die Feinplanung der Montageressourcen innerhalb der Stationskonfiguration [HÜTT19, S. 728]. Hierzu zählen u.a. die Bewegungsabläufe der mobilen Einheiten, die genauen Aufstellorte von stationären Montageressourcen sowie die Konfiguration von Messsystemen.

2.1.2 Einsatz verteilter LSM-Systeme als räumliche Absolutreferenz

Da LMAS-Prozesse auf Fixpunkte verzichten, muss die räumliche Referenzierung während einer Rekonfiguration einer Station (siehe Abbildung 2.3) und während des Montageprozesses messtechnisch-gestützt erfolgen. Hierzu gehören u.a. Prozesse wie das hochpräzise Positionieren von mobilen Plattformen und das Bewegen robotergeführter Werkzeuge bei hohen Bahngenauigkeiten [LJAS20, S. 38f.]. Nach SCHMITT eignen sich insbesondere LSM-Systeme für diese Aufgaben. Hiernach können LSM-Systeme eine schnelle Rekonfiguration befähigen und durch Verkürzung von Toleranzketten Prozesse mit Montagetoleranzen im Submillimeterbereich realisieren. [SCHM12, SCHM14a, S. 1]

PUTTOCK definierte 1978 den Begriff „Large-Scale Metrology" als Messtechnik für große Maschinen und Strukturen [PUTT78, S. 351–356]. FRANCESCINI ET AL. spezifizierten, dass bei LSM-Anwendungen Messobjekte mit Dimensionen von 10 bis 1000 m bei Genauigkeiten von 0,1 mm bis 10 cm betrachtet werden [FRAN11, S. 4]. Nach MAISANO können LSM-Systeme anhand ihrer Systemtopologie in *zentralisierte* und *verteilte* Systeme differenziert werden. [MAIS08, S. 511–521] Ein zentralisiertes System ist eine alleinstehende Einheit, die unabhängig Koordinaten eines Punktes an einem Objekt messen kann. Ein verteiltes System hingegen besteht aus mehreren, separaten Einheiten, deren einzelne Messungen zusammengeführt werden müssen, um die Koordinaten eines Punktes zu bestimmen. [CARL10, S. 487–499, FRAN11, S. 7f.] Verteilte Systeme können auch aus mehreren zentralisierten Messsystemen bestehen (z.B. Multistationssysteme bei der Verwendung mehrerer Lasertracker). [ISEN19, S. 13].

Es wird zudem zwischen Systemen mit seriellen Kinematiken und optischen Systemen unterschieden. Zur Gruppe der seriellen Kinematiken gehören beispielsweise Koordinatenmessgeräte (KMG), die für hochpräzise, taktile Messungen bei Messvolumen bis zu 5 m × 11 m × 3,5 m eingesetzt werden. [SCHM16, S. 646]

Optische Systeme sind z.B. Lasertracker, Laserradare oder das iGPS, die u.a. über eine Auswertung eines oder mehrerer Lasersignale Koordinaten eines Punktes bestimmen können. Optische Systeme werden für berührungslose Messungen bei Messdistanzen bis zu 100 m eingesetzt. Innerhalb der optischen Systeme kann eine weitere Klassifizierung anhand des Koordinatensystems und der Auswertemethode durchgeführt werden. Das iGPS und das sog. Workspace Measurement Positioning System (wMPS) berechnen die Position eines Empfängers über die Messung mehrerer horizontaler und vertikaler Winkel zwischen Sendern und Empfänger (sog. Multiangulation) [HEDG01, S. 2–26, XION12, S. 94–96]. Abbildung 2.4 zeigt die Klassifizierung von LSM-Systemen abhängig vom jeweiligen Messverfahren und dem prinzipiellen Aufbau. Der Aufbau kann hierbei entweder zentralisiert sein, wenn ein einzelnes System an einem Ort genutzt wird, oder verteilt sein, wenn das System aus mehreren räumlich verteilten Komponenten (z.B. mehreren Sendern und Empfängern) besteht.

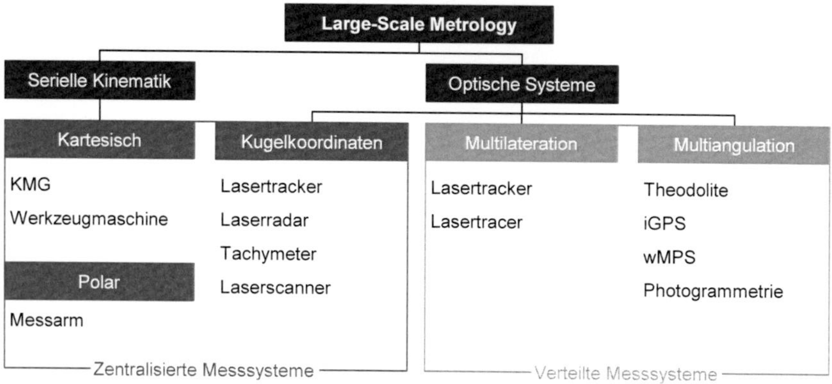

Abbildung 2.4: Klassifikation von Large-Scale Metrology in Anlehnung an Schmitt [SCHM16, S. 646]

Eine detaillierte Übersicht zu den Messverfahren und LSM-Systemen geben SCHMITT ET AL. [SCHM16]. Bei Multistationssystemen kann die Positionsbestimmung eines Retroreflektors (im Folgenden allgemein als Empfänger bezeichnet) über die Bestimmung der einzelnen Distanzen von bekannten Lasertracker-Positionen erfolgen (sog. Multilateration) [FORB16, S. 1848–1853]. Wird der Lasertracker als einzelnes System eingesetzt, erfolgt die Positionsmessung in Kugelkoordinaten über eine Winkelberechnung mittels Encoder und einer Distanzmessung mittels Interferometrie [HUGH11, S. 2–4]. Je nach Konfiguration kann der Lasertracker daher als zentralisiertes oder verteiltes Messsystem betrachtet werden.

MENDOZA-SILVA ET AL. vergleichen aktuelle Indoor-Lokalisierungssysteme und fassen zusammen, dass optische Systeme zurzeit die einzige Möglichkeit darstellen, Messunsicherheiten unter einem Millimeter zu erzielen [MEND19, S. 15f.]. Dies unterstreicht die Bedeutung von LSM-Systemen für die Großbauteilmontage mit Toleranzanforderungen im Submillimeterbereich.

Im Rahmen dieser Arbeit werden Lasertracker und das iGPS für die Konfiguration betrachtet. Beide Systeme erlauben eine Konfiguration aufgrund portabler Stative der Sender. Weiterhin decken diese beiden Systeme Funktionsweisen weiterer LSM-Systeme ab (z.B. über Ähnlichkeiten im kinematischen Aufbau von Lasertracker und Laserradar oder iGPS und wMPS), was eine Übertragung der Methodik zur Konfiguration auf weitere LSM-Systeme begünstigt. Da im späteren Verlauf der Arbeit die Messunsicherheit des iGPS im Detail betrachtet wird, wird im Folgenden auf die Funktionsweise des Systems eingegangen.

iGPS als Messsystem für die rekonfigurierbare Montage

Das iGPS (Fa. 7D Kinematic Metrology) ist ein modulares System, das eine fabrikweite Positions- bzw. Posemessung (Messung von Position und Orientierung) mehrerer Objekte ermöglicht und sowohl in der Fertigung als auch in der Montage einsetzbar ist [7DK21]. Der Vorteil gegenüber anderen Messsystemen besteht darin, dass theoretisch unendlich viele Positionen gleichzeitig gemessen werden können [WANG11, S. 205]. Der Aufbau des

Systems ermöglicht weiterhin eine bedarfsgerechte Konfiguration, was zur Umsetzung des LMAS-Prinzips der freien Zuordnung von Montageressourcen beiträgt [BUCK19b, S. 229]. Zudem kann der Messprozess ohne zusätzliche Maßnahmen nach einer Unterbrechung eines Signals fortgeführt werden. [QUIN17, S. 41, FRAN11, S. 23, MUEL14, S. 172f.]

Die Systemkomponenten des iGPS umfassen ein Netzwerk von Sendern (sog. Transmitter), eine Reihe von Empfängern (sog. Detektoren) und ein Kontrollzentrum bzw. eine Verarbeitungseinheit. Ein Sender besteht zum einen aus einer LED-Strobe, die sich aus ringförmig angeordneten Infrarot-Leuchtdioden zusammensetzt. Zum anderen besitzt jeder Sender eine rotierende Einheit. Dieser rotierende Teil sendet zwei, jeweils in einer Ebene aufgefächerte Laserstrahlen aus. Um die Position eines iGPS-Empfängers zu erhalten, müssen die Sendeeinheiten identifiziert werden können. Hierfür besitzt der rotierende Teil der Sendeinheit eine eindeutige Rotationsfrequenz, die vom Empfänger in eine eindeutige Identifikationsnummer übersetzt wird. Die aufgefächerten Laserstrahlen werden senkrecht zur Rotationsachse emittiert und sind in einem Winkel von ±30° zur Rotationsachse symmetrisch ausgerichtet.

Ein Empfänger stellt das komplementäre Gegenstück zum Sender dar. Der Empfänger besteht aus mehreren Fotodioden, um die Strobe-Signale und Laserfächer der Sender zu detektieren. Beim Einsatz eines Empfängers und vorhandenen Sichtverbindungen zu mindestens drei Sendern kann eine Position in allen drei kartesischen Achsrichtungen bestimmt werden. Im Kontext der Montage ist auch die Bestimmung der Posen von Objekten in fünf oder sechs Freiheitsgraden nötig. Um dies zu ermöglichen, werden mehrere Empfänger an einem starren Körper montiert und zu einem sog. Frame zusammengeschaltet. Hiermit können alle sechs Freiheitsgrade (Position und Orientierung) erfasst werden. [FRAN11, S. 23–27]

Aus Sicht des Senders kann die Position des Empfängers gemäß eines Kugelkoordinatensystems über drei Informationen eindeutig bestimmt werden:

- Elevationswinkel φ
- Azimutwinkel θ
- Abstand d

Zur Berechnung der Transmitter-Winkel θ und φ werden die Zeitstempel des LED-Strobe-Signals und des Laserfächer-Signals ausgewertet. Ausführlichere Erläuterungen hierzu finden sich in den Quellen [FRAN11, S. 23–27, QUIN17, S. 43–46]. Die Positionsberechnung (Ermittlung von d) erfolgt mittels Multiangulation und kann in den Patenten der Erfinder in den Grundlagen nachvollzogen werden [HEDG01, BELI01]. Die ermittelte Position kann anschließend im kartesischen Welt-Koordinatensystem des Sender-Netzwerks, das zuvor kalibriert wurde, ausgedrückt werden. Abbildung 2.5 veranschaulicht die Konfiguration eines iGPS-Sendernetzwerks an einem Beispiel mit drei Sendern und einem Empfänger. Die räumliche Beziehung zwischen einem Sender und einem Empfänger ist hierbei eindeutig über den Elevationswinkel φ, den Azimutwinkel θ und die euklidische Distanz d zwischen Sender und Empfänger beschrieben.

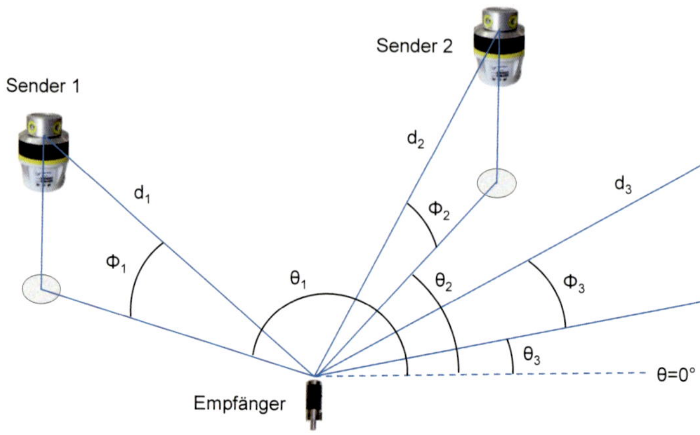

Abbildung 2.5: Parameter einer iGPS-Konfiguration nach [QUIN17, S. 130] mit drei Sendern und einem Empfänger

2.2 Industrielle Einsatzgebiete und Trends verteilter Messsysteme

Nach der Einführung in rekonfigurierbare Montagesysteme wird in diesem Abschnitt der industrielle Nutzen verteilter LSM-Systeme präsentiert. LSM-Systeme werden für vielfältige Zwecke in der Montage sowie in der Inspektion zur Wartung und Qualitätssicherung eingesetzt. Im Folgenden werden beispielhafte industrielle Anwendungen verteilter LSM-Systeme vorgestellt und hinsichtlich der Entwicklungen für zukünftige Einsätze analysiert.

2.2.1 Industrielle Anwendungsbeispiele zum Einsatz verteilter Messsysteme

Flugzeugendmontage

In der Flugzeugendmontage werden große Primärstrukturbauteile (aerodynamische Lastenträger) zueinander ausgerichtet und anschließend gefügt. Prozesse wie die Rumpf-, Flügel und Türmontage sind diesem Bereich der Montage zuzuordnen. [MÜLL11, S. 3] Hierbei gilt es bei Bauteildimensionen von über 15 m Toleranzen von ein bis zwei Millimetern einzuhalten. Eine besondere Herausforderung stellt die Messung einer Vielzahl von Positionen, verteilt über das gesamte Flugzeug, dar. Während der Rumpfmontage werden beispielsweise mindestens vier Positionen pro Rumpfteil (sog. Sektion) gemessen. Eine optische Messung aller Punkte aus einer Perspektive ist aufgrund der Bauteilgeometrie unmöglich, weshalb verteilte LSM-Systeme (i.d.R. mehrere Lasertracker) eingesetzt werden. Diese verteilten Systeme werden an fixen Orten in der Montageumgebung positioniert, sodass sie eine freie Sicht auf das Bauteil bzw. die zu messende Position haben. Die Empfänger (z.B. Retroreflektoren für Lasertracker) werden über Adapter an der Bauteiloberfläche befestigt. Die Messsysteme arbeiten in diesem Prozess an den Grenzen zulässiger Messunsicherheiten: Bei einer üblichen Toleranz von einem Millimeter darf eine maximale Unsicherheit von 0,1-0,3 mm für einen fähigen Messprozess nicht überschritten werden [PFEI10, S. 79, DIET17, S. 6–8]. Diese Unsicherheit wird beim Einsatz moderner Lasertracker und -scanner bei einer

Messdistanz von 15 m erreicht (siehe [HEXA22a]). Nach PFEIFER kann demnach die Messunsicherheit nicht mehr als vernachlässigbar klein gegenüber der Toleranz angenommen werden und sollte explizit im Prozess berücksichtigt werden [PFEI10, S. 79]. Eine exemplarische Konfiguration eines verteilten Messsystems kann dem Anhang entnommen werden (siehe Abbildung A.1). Weiterhin lassen sich u.a. zwei Trends in der Flugzeugendmontage erkennen: Zum einen setzen Flugzeughersteller für eine effiziente Rekonfiguration des Montagesystems vermehrt mobile Transportsysteme und Roboter ein [BRIE19, TYRR20, BOEI14]. Zum anderen besteht das Bestreben, neben Referenzpunkten auch Tragflächen ohne das Anbringen weiterer Adapter an der Flugzeugaußenhaut zu messen, um aerodynamische Eigenschaften genauer bestimmen und verbessern zu können. [NICK20, S. 91–93]

Automobilbau

In der automobilen Vorserie werden Karosserien in kleinen Stückzahlen produziert, um Prozesse vor dem Anlauf der Großserie abzusichern. Hierbei werden starre Vorrichtungen genutzt, um Karosseriebauteile für Fügeprozesse zueinander auszurichten. Die geringen Stückzahlen führen zu kurzen Nutzungsphasen der aufwendig aufgebauten und eingemessenen Vorrichtungen [HANS18, S. 995]. Der Ansatz der roboterbasierten vorrichtungslosen Montage (engl. Robotic Fixtureless Assembly) versucht, die Flexibilität für eine schnellere Anpassung unter geringeren Umrüstkosten zu erhöhen, indem Industrierobotik in Verbindung mit sensorgeführten Greifern eingesetzt werden [HOSK88, S. 49–54, BONE03, S. 79–87, SAEZ20]. GAMEROS ET AL. fassen hierzu den aktuellen Stand der Forschung zusammen und schlussfolgern, dass die Messtechnik im Regelkreis der Ausrichtung häufig nur beschränkt ist, indem sie nur bestimmte lokale geometrische Merkmale misst und sich auf die Fügestelle der Fügepartner konzentriert. Hier sei eine Erfassung aller relevanten Objekte (z.B. Greiferposen der Roboter und Lage der zu montierenden Bauteile) gefordert [GAME17]. Der Ansatz des Werkzeugmaschinenlabors (WZL) der RWTH Aachen in Zusammenarbeit mit dem Vorseriencenter der Volkswagen AG setzt bei diesem Defizit an und zeigt, dass mittels verteilter LSM-Systeme (Laserradar mit Reflektoren an Roboterendeffektoren) alle für den Montageprozess relevanten Messgrößen erfasst und eine durchschnittliche Abweichung von 1,4 mm erreicht werden kann. Die Konfiguration des Messsystems muss die Sichtverbindungen und zulässige Winkel zwischen Laserradar und den Reflektoren während der Bewegung beider Roboter berücksichtigen und wird aktuell manuell durchgeführt. [NICK19]

Ein weiterer Anwendungsfall aus dem Automobilbau stellt die LKW-Windschutzscheibenmontage unter Fließbedingungen dar. Aufgrund von hohen Toleranzanforderungen (< 1,5 mm) wird das Produkt aus der Linie ausgeschleust und unter stationären Bedingungen zu Kosten einer höheren Durchlaufzeit bearbeitet [REIN07]. NICKSCH ET AL. entwickeln für die Synchronisation von einem Industrieroboter und einem Objekt in Bewegung eine modellprädiktive Regelung. Die Vorteile eines iGPS werden hierbei genutzt, um die Toleranzketten im Prozess möglichst kurz zu halten. Die iGPS-Empfänger werden direkt am bewegten Objekt (LKW-Kabine) und dem Endeffektor des Roboters platziert und erfassen auf diese Weise simultan alle für die Montage relevanten Positionen. [NICK18] STORM ET AL.

erweitern diesen Ansatz für den Einsatz von zwei Robotern [STOR21]. Hierbei wird eine durchschnittliche Montageabweichung von 1,5 mm bei Prozessgeschwindigkeiten bis zu 400 mm/s erreicht. Analog zur Flugzeugendmontage müssen auch in diesem Fall die Sichtverbindungen zwischen iGPS-Sendern und -Empfängern vor dem Prozess abgesichert werden. Die Messunsicherheit von 0,3 mm (Herstellerangabe zur dynamischen Unsicherheit siehe [NIKO12]) kann ebenfalls nicht als vernachlässigbar klein im Vergleich zur geforderten Montagetoleranz von 1,5 mm angenommen werden.

Automatisierte Inspektion von Großbauteilen

Die Inspektion von Großbauteilen stellt ein weiteres Anwendungsfeld für verteilte, optische Messsysteme dar. Passagierflugzeuge müssen z.B. regelmäßig gewartet und u.a. auf Schäden auf den Oberflächen untersucht werden. Hiermit sind hohe Kosten verbunden. Eine Wartungseinheit über einen Tag verursacht schätzungsweise Kosten in Höhe von 900.000 €. Die Überprüfung der gesamten Oberfläche (z.B. 4.400 m² für einen Airbus A380) erfolgt manuell und kann bis zu 14 Stunden dauern. Daher wird aktuell daran geforscht, Drohnen für eine automatisierte Oberflächeninspektion einzusetzen. Nach dem Ansatz von BUCKHORST verwendet die Drohne hierfür eine Kamera und iGPS. Mithilfe der Kamera werden Schäden (z.B. in Folge von Blitzeinschlägen) erkannt. Mithilfe des iGPS werden Positionsdaten mit Messunsicherheiten im Submillimeterbereich erhoben, damit den Fotos für eine nachträgliche manuelle Reparatur genaue Orte am Flugzeug zugeordnet werden können (sog. Defect Map). [BUCK19a] Hinsichtlich der Konfiguration des iGPS ist hier die Messunsicherheit weniger kritisch, da der Folgebearbeitungsschritt manuell erfolgt und entsprechend nachgebessert werden kann. Eine Herausforderung stellt jedoch die Absicherung des Prozesses dar, da eine Kollision zwischen Drohne und Flugzeug hohe Zusatzkosten verursachen würde. Daher darf der Positionsdatenfluss zur Regelung der Drohne nicht unterbrochen werden. Folglich sollte vorher geprüft werden, dass die minimale Anzahl an Sichtverbindungen über die Prozessdauer gegeben ist.

Weitere Anwendungen für Inspektionen von Großbauteilen sind der Turbinen-, Windkraftanlagen- und Schiffsbau. SCHMITT ET AL. beschreiben diese und weitere Anwendungen detailliert und stellen größer dimensionierte Bauteile (z.B. Windraddurchmesser über 150 m) bei steigenden Qualitätsanforderungen als Hauptherausforderung für LSM-Systeme heraus. [SCHM16, S. 644f.]

2.2.2 Virtuelle Messprozesse zur bedarfsgerechten Konfiguration

Die hohe Genauigkeit und Skalierbarkeit zählen im Hinblick auf eine hohe Flexibilität des Messvolumens und hohe Reichweite nach FRANCESCHINI ET AL. zu den elementaren Eigenschaften verteilter LSM-Systeme und eignen sich daher insbesondere für die beschriebenen industriellen Anwendungsbeispiele aus dem vorherigen Abschnitt. Um diese Systeme wirtschaftlich betreiben zu können, setzen FRANCHESCINI ET AL. eine inhärente Intelligenz zur stetigen und automatisierten Anpassung verteilter LSM-Systeme an neue Anforderungen des Messobjekts voraus. [FRAN11, S. 4–18]

Anknüpfende Entwicklungen stellen sog. selbstoptimierende Montagesysteme zur Steigerung der Flexibilität und Rekonfigurierbarkeit von Montagesystemen in der Großbauteilproduktion dar. Die Notwendigkeit für die Selbstoptimierung als Steuerungsmethode von rekonfigurierbaren Montagesystemen für Großbauteile entsteht durch unbeabsichtigte individuelle Verformungen von Großbauteilen im Montageprozess. Selbstoptimierende Systeme sind unter anderem dadurch charakterisiert, dass sie die Fähigkeit besitzen, autonom und flexibel auf unbekannte Einflussgrößen reagieren zu können. Außerdem sind sie lernfähig und können ihr Verhalten auf eine Zielgröße hin selbstständig optimieren. Ein System zeigt selbstoptimierendes Verhalten, wenn die folgenden drei Aktionen wiederkehrend ausgeführt werden: [JANß15, S. 18–21, BERT19, S. 19]

1. Analyse der Ist-Situation
2. Bestimmung der (neuen) Systemziele
3. Anpassung des Systemverhaltens gemäß seines Zustandes

Während bei der selbstoptimierenden Montage das Messsystem als Werkzeug dient, legt LEACH den Fokus auf das Messsystem selbst, um einen effizienten und intelligenten Prozess zu realisieren. Er führt hierfür den Ansatz der „Information-rich Metrology“ ein. Dabei werden, neben Informationen über das Messobjekt, weitere Informationsquellen wie das physikalische Messprinzip und die Produktionsumgebung sowie historische Daten des Messobjekts berücksichtigt, um die Qualität der Messung zu steigern. Als gesteigerte Qualität definiert er eine Reduzierung von Messzeit und -unsicherheit sowie eine bedarfsgerechtere Abdeckung des Messvolumens. Die unterschiedlichen Informationsquellen werden als Eingangsgrößen für eine Modellbildung genutzt, um eine Optimierung der Messplanung durchzuführen. [LEAC19]

Analog zu der Idee von LEACH nennt SCHMITT virtuelle Messprozesse (oder auch „Messen am Modell“). Dazu wird zunächst ein digitales Modell des Bauteils messaufgabenunabhängig erfasst und digital gespeichert. An diesem Modell können dann nachträglich einzelne Merkmale extrahiert, gemessen und bewertet werden. Die Bauteilmodelle bestehen dabei nicht nur aus Punktewolken zur 3D-Geometrie, sondern enthalten zusätzlich Modelle zur Berücksichtigung der Umgebungsbedingungen. Für die automatisierte Angabe von Merkmalswerten inklusive Messunsicherheit ist die automatisierte Bestimmung der Messunsicherheit unter Einsatzbedingungen notwendig. Hierfür sind anwendungsspezifische Modelle der Messprozesse zur Kombination und Simulation der Einflüsse auf die Messung und den zugehörigen Unsicherheiten notwendig. Dies bezeichnet man als virtuellen Messprozess. Virtuelle Messprozesse bilden die Grundlage für eine zukünftige a-priori-Abschätzung der Messunsicherheit und damit die Grundlage für eine Optimierung der Messplanung und eine bedarfsgerechte Konfiguration. Liegt nun eine Anforderung an die benötigte Messunsicherheit vor, kann eine bedarfsgerechte Konfiguration mittels virtueller Messprozesse bestimmt werden. Die Messunsicherheit wird zur Stellgröße in der Produktionssteuerung. [SCHM17b, S. 297–306]

2.2.3 Positionsdaten als Service in der vernetzten Fabrik

Die Vernetzung digitalisierter Produkte und Produktionsmittel auf Basis cyber-physischer Systeme gilt als Kern des Konzepts der Industrie 4.0 [BAUE16, S. 6]. Die zentrale Anforderung an die Messtechnik stellt in diesem Kontext eine flexible und bedarfsgerechte Bereitstellung von Messdaten aus verteilten Messsystemen dar und beschreibt einen weiteren Trend. Als Lösungsmöglichkeit wurde das Konzept der Sensorinformation als Dienst (Sensor Information as a Service) entwickelt. Der Ansatz basiert auf der serviceorientierten Architektur in der Informatik, welche sich zunehmend auf Geschäftsprozesse überträgt, bei denen eine hohe Flexibilität und Kompatibilität in verteilten Prozessen hergestellt werden soll. [SCHM17b, S. 301–306]

Für das massive Erheben von Positionsdaten für den in dieser Arbeit betrachteten Anwendungsbereich von LMAS kann der Dienst „Coordinates as a Service“ (CaaS) angewendet werden [MONT17, S. 3, PFEI19, S. 506]. Dies beschreibt die fabrikweite Bereitstellung von Positionsdaten anhand heterogener, verteilter Messsysteme. Abhängig von der Anwendung (z.B. Montageprozess) können relevante Positionsdaten abgerufen und für eine Regelung in den Prozess zurückgeführt werden. CaaS basiert auf dem Prinzip eines globalen Referenzsystems (GRS). Hierbei sind die Messsysteme Teil der Infrastruktur eines Produktionssystems zur Bildung eines fabrikweiten Koordinatensystems mit dem Ziel der Aufnahme geometrischer und zeitlicher Beziehungen zwischen Komponenten des Produktionssystems (z.B. zwischen Endeffektoren von Robotern und Produkten) [DEME11, S. 7–9]. Unterschieden wird hierbei zwischen global und lokal messenden Systemen. Während globale Messsysteme selbstreferenzierend sind und das Welt- bzw. Fabrikkoordinatensystem definieren, werden lokale Messsysteme zum globalen Messsystem referenziert [SCHÖ17, S. 53]. Insbesondere das iGPS eignet sich aufgrund der Skalierung über große Messvolumina und der geringen Messunsicherheit als globales Messsystem [DEME11, S. 13f.]. Bei der Referenzierung zwischen lokalen und globalen Messsystemen spielt die Messunsicherheit eine besondere Rolle. Je nach Prozess liegen unterschiedliche Anforderungen an die Messunsicherheit vor. Deshalb muss die Messunsicherheit im gesamten Messvolumen einstellbar sein. Während der Produktion befinden sich die Komponenten einer Produktionsanlage darüber hinaus in ständiger Bewegung. Diese muss von den Referenzsystemen mit der geforderten Messunsicherheit erfasst werden, um Aussagen über den geometrischen und zeitlichen Zustand der Anlage zuzulassen, aus denen Verbesserungsmaßnahmen abgeleitet werden. [BERT19, S. 23]

Dennoch wird die Messunsicherheit als essenzielles Qualitätskriterium von Produktionsprozessen im Kontext von CaaS vereinfacht betrachtet (wie z.B. in [PFEI19, FORB11, GALE15, S. 484]). Obwohl in der Wissenschaft Kenntnis über teilweise konfigurationsabhängige Messunsicherheiten besteht (beispielsweise in [QUIN17, HUGH11]), werden diese für CaaS nicht genutzt, sondern als konstante Größe über Kovarianzmatrizen angenommen. Aktuelle Bestrebungen in der Luftfahrt zur Etablierung eines GRS in der Endmontage fordern wie in Abschnitt 2.2.1 dargelegt Messunsicherheiten unter 0,1 mm [NICK20]. Für auf dem Markt verfügbare LSM-Systeme stellt dies für große Messvolumina eine Herausforderung dar und hebt die Bedeutung der Messunsicherheit für zukünftige Anwendungen eines GRS hervor.

2.3 Grundlagen und Ansätze zur Konfiguration verteilter Messsysteme

Bevor die Komplexität und aktuelle Herausforderungen bei der Konfiguration verteilter Messsysteme adressiert werden, wird der Begriff der Konfiguration in diesem Abschnitt erläutert. Abschließend werden existierende Ansätze zur Konfiguration vorgestellt, deren Defizite zum Forschungsbedarf der vorliegenden Arbeit, der in Kapitel 3 dargestellt wird, führen.

2.3.1 Taxonomie zur Konfiguration verteilter Messsysteme

Um die vorliegende Arbeit begrifflich in den Stand der Forschung einzuordnen und eine klare Abgrenzung zu ermöglichen, wird in diesem Abschnitt eine Taxonomie zur Konfiguration verteilter Messsysteme erarbeitet. Abbildung 2.6 fasst die Klassifizierung für die Konfiguration verteilter Messsysteme anhand etablierter Begriffe aus der Literatur zusammen und grenzt die in dieser Arbeit betrachtete Konfiguration eines verteilten LSM-Systems ab. Im Folgenden wird auf die einzelnen Charakteristika einer Konfiguration auf Basis von Erkenntnissen aus der Literatur eingegangen.

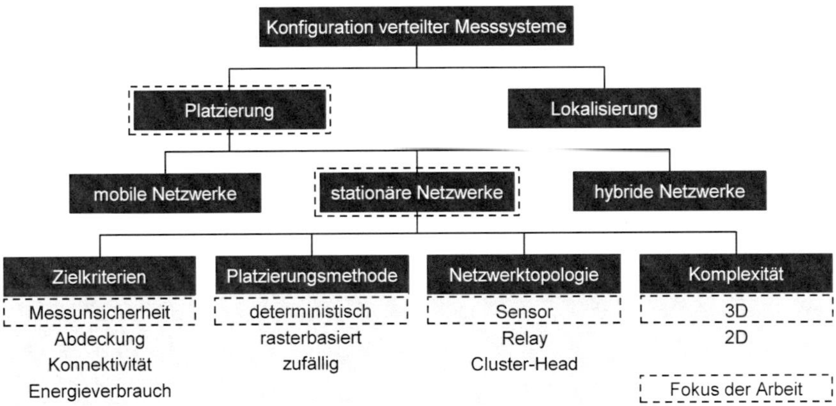

Abbildung 2.6: Taxonomie zur Konfiguration verteilter Messsysteme und Einordnung der Arbeit

Verteilte Messsysteme können als ein Netzwerk von Knoten betrachtet werden, in welchem ein Knoten einen Empfänger bzw. Sender repräsentiert (siehe Aufbau des iGPS in Abbildung 2.5) [FRAN11, S. 14–19, GALE10, S. 563]. In der Literatur kann im Kontext der Konfiguration von verteilten Messsystemen zunächst zwischen Platzierung und Lokalisierung von Sensoren unterschieden werden: Sensorplatzierung (engl. Sensor Placement/ Positioning) behandelt die Frage, an welchem Ort (bzgl. räumlicher Koordinaten und Orientierung) Sensoren aufgestellt werden sollen, wohingegen die Sensorlokalisierung Auswertemethoden zur Berechnung des

Messwertes beschreibt. [FRAN11, S. 85] In dieser Arbeit wird die Positionierung von iGPS-Sendern als Sensorplatzierung interpretiert und im Folgenden als Konfiguration bezeichnet.

Weiter differenzieren FRANCESCHINI ET AL. Netzwerke hinsichtlich der Dynamik in mobile (wie in [AKEW12] umgesetzt), stationäre und hybride Netzwerke [FRAN11, S. 86, AKEW12]. Mobile Netzwerke zeichnen sich dadurch aus, dass eine Menge von Sensorknoten sich bzgl. der Initialkonfiguration über einen Prozess ändern kann. Stationäre Netzwerke bestehen aus Knoten, die sich über einen Prozess nicht in ihrer Position ändern. Hybride Netzwerke umfassen Sensoren von beiden Typen. Ähnlich differenziert auch GALETTO sogenannte fixe und adaptive Strategien, um Ultraschallsender im Raum zu positionieren [GALE10, S. 563]. In dieser Arbeit wird angenommen, dass die Sender über die Zeit des betrachteten Montageprozesses statisch fix sind, weshalb im Folgenden die Annahme von stationären Netzwerken getroffen wird.

Die Komplexität eines Konfigurationsproblems hängt maßgeblich von der Umgebung und den Freiheitsgraden der Sensoren und somit von den Dimensionen des Suchraumes ab. Daher wird zwischen 2D- oder 3D-Problemen unterschieden. Zur Komplexitätsreduktion einer Konfiguration werden in der Literatur häufig 3D-Probleme auf 2D-Probleme reduziert, um eine einfachere Lösungsfindung zu ermöglichen. [FRAN11, S. 88]

In Arbeiten von YOUNIS, FRANCESCHINI und BIAGIONI wird ein Sensor nach seiner Funktion im Netzwerk klassifiziert: Ein Knoten kann in einem Netzwerk unterschiedliche Aufgaben und Funktionen, insbesondere hinsichtlich der Kommunikation/Interaktion mit den restlichen Knoten, übernehmen. Die Funktionen/ Rollen, die ein Knoten in einem Netzwerk annehmen kann, unterscheiden sich dabei in Sensoren (Empfänger-Sender-Netzwerke), Relays (Weitergabe der Daten), und Cluster-Heads (Datenaggregation). Die einzelnen Formen werden unter dem Begriff Netzwerktopologie zusammengefasst. [YOUN08, S. 623, FRAN11, S. 88, BIAG03] Da sich diese Arbeit am iGPS orientiert, wird ein Messsystem als Netzwerk von Sendern und Empfängern (Sensoren) interpretiert.

Die Verteilung von Sensoren kann grundsätzlich in eine nicht-deterministische/ zufällige und eine deterministische/ kontrollierte Verteilung unterteilt werden [DAMU12, S. 154]. Bei deterministischen Verfahren wird eine Analyse der Umgebung bzw. der möglichen Positionen unter Verwendung definierter Zielkriterien durchgeführt. Bei einer nicht-deterministischen Platzierung wird die Signalabdeckung und Verteilung der Knoten weniger kontrolliert [DAMU12, S. 154]. Die Wahl der Methode hängt maßgeblich davon ab, welcher Knotentyp verwendet wird, welchen Anwendungszweck das Netzwerk erfüllen soll und welcher Umgebung die Sensoren ausgesetzt sind. Die deterministische Sensorplatzierung wird in der Regel in geschlossenen, kontrollierbaren und voll zugänglichen Umgebungen durchgeführt. Einige Autoren klassifizieren weiter in raster- und musterbasierte Platzierungen [XU06, S. 1183, FRAN11, S. 93]. In dieser Arbeit werden die einzelnen Positionen der iGPS-Sender unter Berücksichtigung einer minimalen Messunsicherheit bestimmt und können deshalb als deterministisch platziert angesehen werden.

Der Großteil der Literatur fokussiert sich bzgl. der Optimierungsziele bei der Sensorplatzierung hauptsächlich auf die Abdeckung eines maximalen Bereichs, die Maximierung der

Konnektivität, die Reduzierung von Energieverbrauch und Kosten oder die Maximierung der Datentreue bei gleichzeitiger Minimierung der Ressourcen (z.B. Anzahl an Sensoren). Die Datentreue ist dabei eine Eigenschaft, die beschreibt wie gut der Informationsgehalt und die Granularität der Information aus der Messung ermittelt und wiedergegeben werden [GARG20, FRAN11, S. 89]. Eine höhere Datentreue impliziert eine geringere Messwertverzerrung und höhere Erkennungsfähigkeit [FRAN11, S. 89]. Nachfolgend wird unter der Datentreue auch die Messunsicherheit eingeordnet. Das Optimierungsziel dieser Arbeit ist die Minimierung der Messunsicherheit für einen Prozess innerhalb von LMAS. Nach der Vorstellung der Taxonomie wird im folgenden Abschnitt der Einfluss der rekonfigurierbaren Montage auf die Konfiguration betrachtet, um deren Bedeutung für zukünftige Montagesysteme hervorzuheben.

2.3.2 Einfluss der rekonfigurierbaren Montage auf die Konfiguration

Der Trend zu mobilen und selbstoptimierenden Montagesystemen bedingt eine zunehmende Vernetzung der Produktion und somit eine steigende Bedeutung der Messtechnik in der gesamten Produktion. Dies schließt auch den Einsatz verteilter LSM-Systeme ein. Insbesondere bei rekonfigurierbaren Montageumgebungen (z.B. LMAS) werden diese Systeme zum Erheben von Positionsdaten vielseitig in den Bereichen der Logistik, Montage und Inspektion eingesetzt [MONT17, S. 1f.]. Konfigurationen müssen demnach an neue Messaufgaben wirtschaftlich anpassbar sein und hierbei die stetige Änderung der Umgebung durch mobile bzw. rekonfigurierbare Einheiten berücksichtigen. Folgende Herausforderungen resultieren hieraus für die Konfiguration verteilter LSM-Systeme:

- **Hohes Expertenwissen**: Verteilte Messsysteme sind i.d.R. weniger benutzerfreundlich als zentralisierte Systeme. Expertenwissen wird daher häufig für eine Konfiguration vorausgesetzt. Beispielsweise müssen die Positionen mehrerer Sender und ihre Wechselwirkungen betrachtet werden. [FRAN11, S. 19, QUIN17, S. 97] Eine häufige Rekonfiguration durch Experten kann einen wirtschaftlichen Einsatz erschweren.
- **Erschwerte Absicherung von Sichtbedingungen**: Verteilte optische LSM-Systeme setzen eine Sichtverbindung zwischen Sendern und Empfängern voraus. Mit der zunehmenden Anzahl an zu überwachenden mobilen Einheiten in LMAS müssen zahlreiche Empfänger zeitgleich über einen Prozess betrachtet werden. Als kritischer Wert ist hierbei die Mindestanzahl an Sichtverbindungen für eine Positionsmessung zu sehen (z.B. mindestens drei Sichtverbindungen für das iGPS). Im Anwendungsbeispiel der LKW-Windschutzscheibenmontage aus Abschnitt 2.2.1 müssen beispielsweise acht Empfänger an den Roboterendeffektoren und vier Empfänger an der LKW-Kabine beim Einsatz von sechs Sendern betrachtet werden. Bei zunehmender Anzahl von Sendern und Empfängern ist das Prüfen von Sichtverbindungen durch eine Person nur unter hohem Zeitaufwand möglich [BEYE16, S. 4].
- **Berücksichtigung von räumlichen Restriktionen**: Zur konformen Aufstellung von Sendern müssen gesperrte Bereiche in der Montageumgebung berücksichtigt werden. In Bezug auf LMAS sind dies Arbeitsräume von (mobilen) Robotern und fahrerlosen Transportfahrzeugen sowie die Räume, die durch Vorrichtungen, Produkte und

Werkzeuge eingenommen werden. Neben den Montageressourcen müssen Restriktionen des Messsystems eingehalten werden (z.B. gültige Arbeitsbereiche).

- **Berücksichtigung komplexer Prüfprozesse**: Zielgröße für die Konfiguration verteilter LSM-Systeme stellt insbesondere die Messunsicherheit dar. Für das iGPS können auszuführende Prüfprozesse nach VDI/VDE-Richtlinie 2600 [VDI19, S. 3] als komplex eingestuft werden, da von einer Vielzahl an Einflussfaktoren und einer inhomogenen Messunsicherheit über den Parameterraum auszugehen ist [QUIN17, S. 53, SUN15, S. 178]. Eine Vereinfachung der Messunsicherheit während der Konfiguration birgt somit das Risiko, Prozesstoleranzen unwissentlich zu verletzen und die Prozessfähigkeit einzuschränken.

2.3.3 Bestehende Ansätze zur Konfiguration verteilter LSM-Systeme

Nach der Eingrenzung des Begriffs der Konfiguration verteilter LSM-Systeme werden im folgenden Abschnitt bestehende Ansätze vorgestellt und anschließend in Abschnitt 2.3.4. bewertet. Die vorgenommene Literaturrecherche schließt neben Ansätzen zur (teil-) automatisierten Konfigurationsoptimierung auch Ansätze zur Modellierung der Messunsicherheit verteilter LSM-Systeme ein, die für eine manuelle Konfiguration herangezogen werden können.

Allgemeine Ansätze zur Bestimmung der Messunsicherheit verteilter LSM-Systeme

FORBES entwickelt ein allgemeines Referenzmodell für sog. Multistationssysteme, die sich bspw. aus mehreren Lasertrackern zusammensetzen können. Sein Referenzmodell dient der Messunsicherheitsbestimmung und Berechnung von Positionsdaten von Empfängern. Es können eine beliebige Anzahl an Sendern betrachtet werden, die zeitgleich einen Empfänger messen. Für die Berechnung der Messunsicherheit nutzt er u.a. lineare Annahmen, dass Messunsicherheiten bezogen auf Winkel- und Distanzmessungen mit zunehmender Messdistanz linear ansteigen. Für den Messunsicherheitsbeitrag der Kalibrierung setzt er ortsfeste Empfänger mit bekannter Position voraus. Die Winkel- und Distanzmessungen der einzelnen Sender fusioniert er für eine Positionsberechnung anhand einer numerischen Optimierung. Als Nachteil seiner Methodik nennt er die Erforderlichkeit von Messdaten für die Berechnung der Position eines Empfängers. Das Referenzmodell kann im Kontext der Konfiguration dafür eingesetzt werden, unterschiedliche Anordnungen von Sendern und deren Einfluss auf die Messunsicherheit zu vergleichen. [FORB16, S. 1848–1853]

MÜLLER ET. AL. entwerfen eine Methode zur Messunsicherheitsbestimmung für komplexe Prüfprozesse (siehe [VDI19, S. 3]). Als Defizit stellen sie heraus, dass aktuelle Normen und Richtlinien wie z.B. die GUM (engl. Guide to the Expression of Uncertainty in Measurement) [JOIN08] oder die VDA5-Norm [VDA10] die Messunsicherheit vereinfacht betrachten, was zu invaliden Modellen bei komplexen Prüfprozessen führt. Ihre Methode besteht angelehnt an GUM aus zwei Hauptschritten: Der Modellierung der Messung und dem hiervon abgeleiteten Messunsicherheitsmodell nach GUM. Anhand eines mathematischen Beweises zeigen sie, dass mithilfe künstlicher neuronaler Netze (KNN) Modelle für Messungen mit einer Messgröße erzeugt werden können. In der Verifizierung verwenden sie künstlich erzeugte Messdaten für eine Messgröße und belegen die Validität des erzeugten Modells der Messung. [MUEL20, S. 498–514]

Ansätze zur Konfigurationsoptimierung von Lasertrackern

WANG wendet einen Genetischen Algorithmus an, um ein Netzwerk von Lasertrackern hinsichtlich einer möglichst geringen Messunsicherheit optimal für statische Messungen an Großbauteilen zu platzieren. Zur Bestimmung der Messunsicherheit nutzt er das NPL Lasertracker-Modell von HUGHES [HUGH10, S. 26–32]. Das Modell orientiert sich an dem kinematischen Aufbau eines Lasertrackers. Die Positionsbestimmung der Lasertracker erfolgt in einem 3D-Raum mit statischen Hindernissen. Die Prüfung der Sichtverbindungen zwischen Lasertrackern und Targets wurde mit dem sogenannten Octree-Collision-Detection-Verfahren durchgeführt. Am Beispiel eines komplexen Raumes (mit einer Grundfläche von 80 x 80 m^2) mit zahlreichen Hindernissen zeigt WANG, dass für 58 Lasertracker und 308 statische Targets eine Konfiguration bestimmt werden kann. Hierbei werden alle Messpunkte erreicht und die Messunsicherheit um 200 µm minimiert. Er resümiert, dass mithilfe seiner Konfigurationsoptimierung günstigere und ungenauere Messsysteme eingesetzt, die Anzahl an Messstationen und Zeit reduziert sowie komplexere Messungen geplant werden können. [WANG14a, S. 5–21]

ZHU entwirft ein Verfahren zur optimalen Platzierung eines Lasertrackers für mehrere statische Messpunkte. Hierfür verwendet er, ähnlich wie FORBES, ein lineares Messunsicherheitsmodell. Ein Partikelschwarmalgorithmus nutzt die Messunsicherheit als Zielgröße, um den Aufstellort mit der minimalen Messunsicherheit zu identifizieren. Vorbereitend muss eine diskrete Menge an Aufstellorten vorgegeben werden, die ausschließlich während der Optimierung berücksichtigt werden. ZHU zeigt an dem Beispiel von Messungen an einer Montagevorrichtung einer Flugzeugtür, dass der Aufstellort mit der minimalen Messunsicherheit ermittelt werden kann. Er berücksichtigt hierbei keine Hindernisse oder technischen Limitationen des Messsystems. [ZHU16, S. 261–266]

WANG ET AL. konzipieren einen Genetischen Algorithmus zur Bestimmung mehrerer Aufstellorte für sequenzielle Messungen eines Lasertrackers an einer Werkzeugmaschine für die Anwendung einer Kalibrierung. Der Algorithmus kann räumliche Restriktionen für die Aufstellorte wie maximale und minimale Radien um die Werkzeugmaschine sowie Grenzen entlang der kartesischen Achsrichtungen einbeziehen. Die Validierung belegt, dass die Messunsicherheit für einen Aufbau mit vier Aufstellorten um 57,5% reduziert werden kann. [WANG19, S. 1–12]

Ansätze zur Konfigurationsoptimierung des iGPS

SUN ET AL. thematisieren in ihrer Arbeit multiangulierende Messsysteme und entwickeln ein analytisches Messunsicherheitsmodell für das iGPS. Einzige Einflussgröße für das Modell stellt die Unsicherheit der Messung der Rotationswinkel der Transmitter (Sender) dar. Anhand des Modells können Unsicherheiten von Messungen mit beliebigen räumlichen Anordnungen von Transmittern simuliert werden. Die Simulationsergebnisse aus der Arbeit von SUN ET AL. zeigen eine für das iGPS charakteristische inhomogene Verteilung der Messunsicherheit (siehe [QUIN17, S. 50–54]) über den Messraum. Eine Referenzmessung mit einem Lasertracker bestärkt zwar die Annahme einer inhomogenen Messunsicherheitsverteilung, zeigt jedoch auch deutliche Abweichungen zur Modellannahme von bis zu 0,25 mm. [SUN15, S. 174–180] Analog zu der Arbeit von FORBES kann das Modell für eine a-priori-Abschätzung der Messunsicherheit während einer Konfiguration genutzt werden.

Die Arbeit von QUINDERS befasst sich mit der Konfigurationsoptimierung des iGPS und stellt eine wesentliche Vorarbeit zu dieser Arbeit dar. Er gibt einen ausführlichen Überblick über die Funktionsweise sowie Erkenntnisse aus der Literatur zur Messunsicherheitsbestimmung des iGPS. Nach einer Evaluierung der Literatur resümiert er, dass die Konfiguration der Sender einen wesentlichen Einfluss auf die Messunsicherheit des iGPS hat und daher bei Planungsaufgaben innerhalb von rekonfigurierbaren und messtechnisch-gestützten Montageprozessen berücksichtigt werden sollte. [QUIN17, S. 40–55] Hieran anknüpfend entwickelt QUINDERS auf Basis von Versuchen mit unterschiedlichen Konfigurationen ein Messunsicherheitsmodell für das iGPS. Abbildung 2.7 zeigt das Ishikawa-Diagramm mit allen von QUINDERS berücksichtigten Einflussgrößen auf die Messunsicherheit. [QUIN17, S. 129–142]

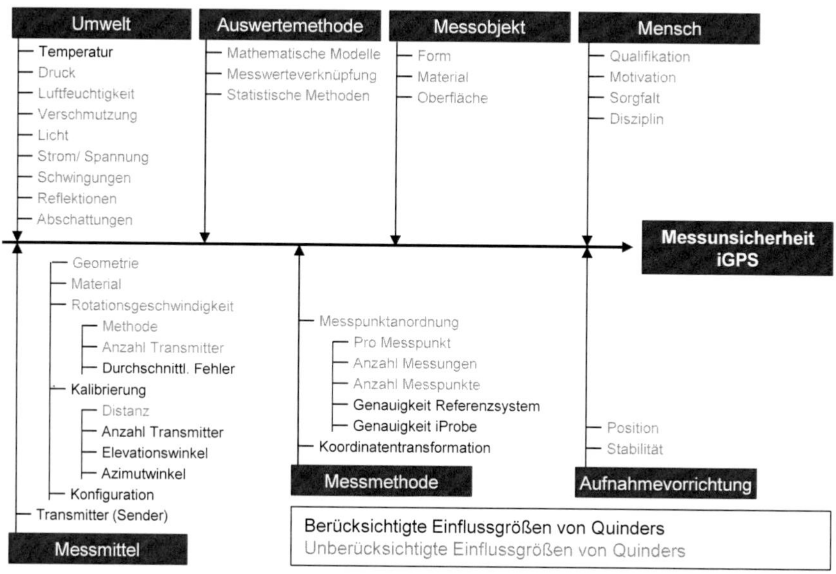

Abbildung 2.7: Einflussgrößen auf die Messunsicherheit des iGPS in Anlehnung an [QUIN17, S. 129]

Zur Minimierung der Messunsicherheit in dynamischen Montageprozessen verwendet QUINDERS eine Heuristik und folgt hierbei folgenden vier Hauptschritten [QUIN17, S. 110]:

1. Manuelle Identifikation möglicher Initialkonfigurationen/ Aufstellorte der Sender
2. Simulationsbasierte Evaluation der Sichtverbindungen unter manuell berücksichtigten räumlichen Restriktionen (Randbedingungen des Optimierungsproblems)
3. Evaluation der 20 besten Ergebnisse aus Schritt 2 mittels Messunsicherheitsmodell

4. Auswahl der besten Kombination mit der geringsten Messunsicherheit

In den Versuchen werden Elevations- und maximale Öffnungswinkel (maximaler Kreisbogenwinkel zwischen zwei Transmittern) sowie die Anzahl der Sichtverbindungen variiert, um den Einfluss der Konfiguration auf die Messunsicherheit zu untersuchen. Neben den konfigurationsabhängigen Unsicherheitsbeiträgen werden Beiträge durch Einflüsse der Temperatur, Kalibrierung, Referenzierung, Messwertstreuung, systematischen Abweichung und Auflösung nach der VDA5-Norm betrachtet. Für die Bestimmung der Messunsicherheit wird ein Normal verwendet, das sich auf den Abstand zwischen zwei Empfängern bezieht. Der Abstand zwischen den Empfängern beträgt über alle Versuche 110 mm. Anhand der Versuche erkennt QUINDERS, dass die Temperatur und die Auflösung als Unsicherheitsbeiträge vernachlässigt werden können. Weiterhin erkennt er folgende Tendenzen in Bezug auf den konfigurationsabhängigen Unsicherheitsbeitrag [QUIN17, S. 150]:

- Je höher die Anzahl der Sichtverbindungen ist, desto geringer ist der entsprechende Unsicherheitsbeitrag. Einen signifikanten Einfluss erkennt man nur zwischen drei und fünf Sichtverbindungen.
- Je höher der über alle Transmitter gemittelte Elevationswinkel ist, desto höher ist der Unsicherheitsbeitrag.
- Je größer der maximale Öffnungswinkel ist, desto höher ist der Unsicherheitsbeitrag.

Zur Validierung seiner Methode vergleicht QUINDERS eine Best-Case- mit einer Worst-Case-Konfiguration. In Bezug auf die Standardunsicherheit kann er hierbei eine relative Verbesserung von 10,3 µm erzielen, was einer Verbesserung der minimal prüfbaren Toleranz von 9,4% entspricht. [QUIN17, S. 152–154]

2.3.4 Bewertung bestehender Ansätze

Nach der Vorstellung bestehender Ansätze zur Konfigurationsoptimierung verteilter Messsysteme werden diese nachfolgend bewertet. Tabelle 2.1 führt die hierbei berücksichtigten Kriterien in Anlehnung an die genannten Herausforderungen aus Abschnitt 2.3.2 und ihre Erläuterungen auf.

Kriterium: Hoher Automatisierungsgrad

Sowohl SUN und FORBES als auch MÜLLER ET AL. konzentrieren sich in ihren Arbeiten auf die Bestimmung der Messunsicherheit ohne eine übergeordnete Optimierung. Ohne Erweiterungen sind ihre Arbeiten daher für eine Konfiguration nicht automatisierbar. Die Verfahren von ZHU und QUINDERS sind teilweise automatisiert. Die Initialkonfiguration (z.B. das Festlegen potenzieller Aufstellorte) muss durch Experten manuell erfolgen. Anschließend kann hierauf aufbauend die optimale Konfiguration automatisiert ermittelt werden. WANG ET AL. setzen eine manuelle Eingabe der Randbedingungen (räumliche Restriktionen) voraus, wonach die optimale Konfiguration bestimmt wird. Nur in der Arbeit von WANG genügt die räumliche Beschreibung der Umgebung anhand eines CAD-Modells, um die Konfigurationsoptimierung automatisiert zu durchlaufen.

Kriterium: Vollständiger Konfigurationsraum

In den Arbeiten von SUN und FORBES als auch in der von MÜLLER ET AL. erfolgt keine mathematische Optimierung. Bei einer Verwendung müssen einzelne, diskrete Aufstellorte zuvor manuell bestimmt werden. Daher kann nur ein geringer Teil des Konfigurationsraumes berücksichtigt werden. Die Arbeit von ZHU setzt ebenfalls eine manuelle Auswahl an potenziellen Aufstellorten voraus. Die Methodik von QUINDERS erfordert in der Initialkonfiguration das Festlegen von Teilbereichen für das Aufstellen der Transmitter, die anschließend über ein 3D-Gitternetz mit 1 m Abstand diskretisiert werden. QUINDERS stellt dies selbst als Schwachstelle seines Verfahrens heraus und konstituiert, dass auf diese Weise kein globales Optimum gefunden werden kann [QUIN17, S. 157]. WANG und WANG ET AL. führen ihre Konfigurationsoptimierung im kontinuierlichen Wertebereich im kartesischen Raum durch, womit der gesamte Konfigurationsraum erfasst werden kann.

Tabelle 2.1: Kriterien zur Bewertung bestehender Ansätze

Kriterium	Beschreibung
Hoher Automatisierungsgrad	Die Platzierung der Sendeeinheiten von verteilten Messsystemen wird ohne Expertenwissen oder manuelle Tätigkeiten durchgeführt.
Vollständiger Konfigurationsraum	Der Konfigurationsraum wird bei einer Optimierung nicht eingeschränkt (etwa durch Diskretisierung oder 2D-Betrachtung), sondern vollständig (in Form einer kontinuierlichen Werteskala) betrachtet.
Hohe Abbildungsgenauigkeit	Die Messumgebung wird nicht eingeschränkt (etwa durch Vernachlässigung von Hindernissen, Schattenwurf, statische Betrachtung, etc.), sodass Interaktionen zwischen verteilten Messsystemen und LMAS-Prozessen abgebildet werden können.
Messunsicherheit als Zielgröße	Die Messunsicherheit verteilter Messsysteme wird als Zielgröße für die Konfigurationsoptimierung verwendet. Hierbei ist die Angabe der Messunsicherheit in Absolutkoordinaten unter Berücksichtigung relevanter Einflussgrößen entscheidend, da ansonsten die Umsetzung eines GRS für LMAS-Prozesse nicht möglich ist.
Angemessener Gültigkeitsbereich	Die Parameterräume des verwendeten Messunsicherheitsmodells sollten so gewählt sein, dass sie auf LMAS-Anwendungsfälle aus industriellen Praxis übertragbar sind.
Anwendbar auf verteilte Messsysteme	Das Vorgehen ist auf unterschiedliche, für die industrielle Praxis relevante LSM-Systeme anwendbar.

Kriterium: Hohe Abbildungsgenauigkeit

FORBES und SUN wie auch MÜLLER ET AL. berücksichtigen keine Umgebungseinflüsse und bilden daher keine Wirkzusammenhänge zwischen Mess- und Montagesystem ab. QUINDERS erfasst zwar mittels einer Simulation Sichtbedingungen bzw. Sichthindernisse verteilter Messsysteme, verzichtet jedoch auf eine weiterführende Beschreibung des Montagesystems. Hierdurch können zeitliche und örtliche Wirkzusammenhänge zwischen LMAS-Montageressourcen nicht berücksichtigt werden. Eine Übertragbarkeit auf die industrielle Praxis entfällt daher. Analog hierzu berücksichtigt WANG zwar Sichthindernisse sowie technische Limitationen des Messsystems, entwickelt jedoch kein Modell für eine Anwendung auf Montageaufgaben. In den Arbeiten von ZHU und WANG ET AL. müssen die Sichtbedingungen manuell geprüft werden. Weiterhin werden nur einzelne statische Punkte für die Inspektion eines Großbauteils betrachtet.

Kriterium: Messunsicherheit als Zielgröße

In den Arbeiten von SUN, ZHU und WANG ET AL. werden nur die zufälligen Anteile der Messunsicherheit resultierend aus den Winkelmessungen der Sender betrachtet. Ihre Arbeiten sind jedoch nur auf das iGPS oder Lasertracker anwendbar. Die Ansätze von FORBES und WANG berücksichtigen zusätzlich systematische Einflüsse auf Winkel- und Distanzmessungen sowie den Einfluss der Kalibrierung. Aufgrund der eingeschränkten Auswahl an Einflussgrößen lässt sich das Verfahren jedoch nur für Lasertracker und nicht für ein iGPS anwenden. Die Methode von MÜLLER ET AL. ist hingegen nicht messsystemspezifisch und erlaubt eine Messunsicherheitsbestimmung für beliebige Messsysteme. Die Methode wurde für eine einfache Messung mit einem Messwert verifiziert. Ein valides Modell mit einer Vielzahl an Einflussgrößen und mehreren Messwerten wurde noch nicht erzeugt. Es bleibt daher offen, ob die Methode auf Systeme wie das iGPS in der Realität übertragbar ist. QUINDERS betrachtet bis auf die Distanz alle wesentlichen Einflussgrößen auf die Messunsicherheit des iGPS. Er bezieht sich in seiner Untersuchung jedoch auf relative Messwerte für einen Empfängerabstand von 110 mm. Eine Übertragung auf absolute Messwerte, die für eine räumliche Referenzierung innerhalb der Montage gefordert sind, ist somit nicht gegeben.

Kriterium: Angemessener Gültigkeitsbereich

Für eine Anwendung innerhalb von LMAS sollten die Messunsicherheitsmodelle hinsichtlich ihrer räumlichen Gültigkeitsgrenzen ausgelegt sein. Als maximaler Sender-Empfängerabstand wird hierbei in Anlehnung an eine Flugzeugmontage eine Distanz von 30 m angenommen. Die Arbeiten von FORBES, SUN, WANG ET AL., WANG und ZHU berufen sich auf Herstellerangaben zur Messunsicherheit (z.B. bei der Winkelmessung von Encodern). Daher kann grundsätzlich davon ausgegangen werden, dass sie für den gesamten Arbeitsraum des jeweiligen Messsystems nutzbar sind. Genauso kann dies für die Arbeit von MÜLLER ET AL. angenommen werden, da die Messunsicherheit nach GUM entweder über Versuche oder Herstellerangaben ermittelt werden kann und die Gültigkeitsgrenzen demnach flexibel zu gestalten sind. QUINDERS verwendet bei der Untersuchung der Messunsicherheit des iGPS einen konstanten Sender-Empfänger-Abstand von 2,75 m. Nach GUM kann sein Modell nicht für größere Arbeitsbereiche genutzt werden, da eine Extrapolation nicht zulässig ist.

Kriterium: Anwendbar auf verteilte Messsysteme

Die Arbeit von FORBES stellt zwar einen Ansatz dar, der messsystemunspezifisch ist, jedoch Erkenntnissen zur Messunsicherheit des iGPS widerspricht (z.B. steigt die Messunsicherheit beim iGPS teilweise mit geringerem Abstand zum Sender an). Daher ist sein Ansatz insbesondere für Multistationssysteme bestehend aus Lasertrackern geeignet. MÜLLER ET AL. können ihre Methode für die Klasse der verteilten LSM-Systeme einsetzen. Analog zur Messunsicherheit fehlt jedoch bisher eine Validierung ihrer Methode für komplexe Messungen. SUN und QUINDERS gehen in ihren Arbeiten ausschließlich auf das iGPS ein, genauso wie sich WANG nur mit Multistationssysteme von Lasertrackern befasst. ZHU und WANG ET AL.

berücksichtigen ebenfalls nur Lasertracker und beschränken sich auf die Konfigurationsoptimierung für ein einzelnes System. Tabelle 2.2 zeigt die Übersicht der vorgenommenen Bewertung.

Tabelle 2.2: Bewertung bestehender Ansätze zur Konfiguration verteilter Messsysteme

Quelle		Automatisierung	Konfiguration	Abbildungsgenauigkeit	Messunsicherheit	Gültigkeitsbereich	Verteilte LSM-Systeme
Allgm.	[FORB16]	○	◔	○	◑	●	◑
	[MUEL20]	○	◔	○	◕	●	◕
Lasertracker	[WANG14]	●	●	◑	◑	●	◑
	[WANG19]	◕	●	◔	◔	●	◔
	[ZHU16]	◑	◔	◔	◔	●	◔
iGPS	[SUN15]	○	◔	○	◔	●	◑
	[QUIN17]	◑	◑	◑	◔	◔	◑

Kriterium erfüllt ● Kriterium teilweise erfüllt (25-75%) ◔ ◑ ◕ Kriterium nicht erfüllt ○

3 Forschungsbedarf zur Konfiguration verteilter LSM-Systeme

Nach dem Herausstellen der Forschungsdefizite bestehender Ansätze werden in diesem Kapitel der Handlungsbedarf zur Weiterentwicklung der Konfiguration verteilter LSM-Systeme erläutert (Abschnitt 3.1) und hieraus resultierende Forschungsfragen formuliert (Abschnitt 3.2).

3.1 Handlungsbedarf zur Umsetzung fähiger Messprozesse

Die messunsicherheitsoptimierte Konfiguration verteilter LSM-Systeme innerhalb einer LMAS-Montagestation stellt eine zentrale Herausforderung dar. Die Konfiguration umfasst die räumliche Anordnung von Sendern eines verteilten LSM-Systems unter der Berücksichtigung geltender Restriktionen in Bezug auf zulässige Arbeitsbereiche des Messsystems und die Montageaufgabe sowie der konfigurationsabhängigen Messunsicherheit. In der industriellen Praxis erfolgt die Konfiguration solcher Systeme manuell und iterativ. Dies hat zur Folge, dass die Planungseffizienz des Montagesystems gehemmt wird und eine geringe Kenntnis über Messunsicherheit während der Montage – und somit über die Prozessfähigkeit und Produktqualität – vorliegt. Die bisherigen Vorarbeiten im Bereich der Konfiguration verteilter Messsysteme weisen unterschiedliche Defizite auf:

Es werden nur einzelne, spezifische Messsysteme betrachtet (z.B. nur Lasertracker oder nur das iGPS), jedoch keine allgemeine Vorgehensweise zur Konfiguration verteilter Messsysteme. Hierdurch entfällt die Möglichkeit, Systeme nach der Idee eines globalen Referenzsystems zu kombinieren oder alternative Lösungen mit anderen Systemen hinsichtlich eines bedarfsgerechten und wirtschaftlichen Einsatzes zu betrachten. Eine Automatisierung der Konfiguration gelingt nur unter starker Vereinfachung der Umgebung. Ansätze, die auf die Umgebung stärker eingehen, greifen auf Expertenwissen zur Initialkonfiguration zurück. Durch zu grobe Einschränkungen und Diskretisierung des Arbeitsbereichs entsteht das Risiko, kein globales Optimum für die Konfiguration zu finden und somit Potenziale nicht zu nutzen. Weiterhin werden Wirkzusammenhänge zwischen Montagesystem und verteiltem Messsystem bisher nicht ganzheitlich erfasst. Es fehlt eine generische Beschreibung, um Konfigurationen verteilter Messsysteme auf rekonfigurierbare Montageumgebungen wie bei LMAS zu übertragen. Insbesondere für multiangulierende LSM-Systeme wie das iGPS existieren aktuell keine Ansätze, die Arbeitsbereiche des Systems und relevante Einflussgrößen für eine Messunsicherheitsbestimmung in großen Arbeitsbereichen berücksichtigen.

Eine bedarfsgerechte Konfiguration kann daher aktuell für verteilte Messsysteme noch nicht erfolgen. Hieraus resultiert der Forschungsbedarf nach einem Planungswerkzeug, das virtuelle Messprozesse verteilter LSM-Systeme innerhalb von LMAS hinreichend genau abbildet, um eine Konfigurationsoptimierung zu ermöglichen und die Prozessfähigkeit zur Prüfung von Toleranzen abzusichern.

3.2 Forschungsfragen der Arbeit

Ausgehend von dem herausgestellten Forschungsbedarf formuliert sich das Ziel dieser Arbeit über die Beantwortung der übergeordneten Forschungsfrage, die im Folgenden erläutert wird:

Übergeordnete Forschungsfrage

Kann die Messunsicherheit von Positionsmessungen unter Veränderung der Konfiguration verteilter LSM-Systeme für rekonfigurierbare Montageprozesse mittels simulationsbasierter Optimierungsalgorithmen minimiert werden?

Gegenstand der Arbeit ist die Konfiguration verteilter LSM-Systeme im Kontext rekonfigurierbarer Montageprozesse von Großbauteilen. Als besonders dynamische Umgebung und Ausprägung von rekonfigurierbaren Montageprozessen wird hierbei die Montageorganisationsform LMAS betrachtet. Die Messunsicherheit stellt die Zielgröße für die Optimierung der Konfiguration dar, da sie die Prozessfähigkeit beeinflusst. Da die Messunsicherheit nicht analytisch bestimmt werden kann, erfolgt die Bestimmung über eine Simulation der Messung im dynamischen Montageprozess, um die Konfiguration hinsichtlich der Messunsicherheit bewerten zu können. Basierend auf der Simulation minimiert ein Optimierungsalgorithmus die Messunsicherheit über die Prozessdauer. Der Begriff der Minimierung wird in diesem Kontext als relative Reduktion der Messunsicherheit in Bezug auf eine Ausgangskonfiguration interpretiert und setzt das Bestimmen eines globalen Minimums nicht voraus. Der expertenunabhängige und vollautomatisierte Ablauf schließt somit die Lücke zwischen Montage- und Messsystemsimulation. Um die übergeordnete Forschungsfrage zu beantworten, werden drei forschungsleitende Fragen für untergeordnete Teilprobleme formuliert:

Erste forschungsleitende Frage

Welche Wirkzusammenhänge zwischen einem LMAS-Prozess und Eigenschaften verteilter LSM-Systeme sind für die Gestaltung eines simulationsbasierten Optimierungsalgorithmus zu berücksichtigen?

Um das Optimierungsproblem der Konfiguration verteilter Messsysteme formulieren zu können, müssen zuvor relevante Wirkzusammenhänge in Bezug auf die Messunsicherheit zwischen verteilten LSM-Systemen und einem LMAS-Prozess identifiziert und in Form eines Beschreibungsmodells erfasst werden. Hierbei gilt es die jeweiligen technischen Voraussetzungen der einzelnen LSM-Systeme für einen Einsatz im Montageprozess zu berücksichtigen. Als repräsentative Untermenge verteilter LSM-Systeme werden in dieser Arbeit Lasertracker und das Indoor-GPS (iGPS) betrachtet. Die technologischen Unterschiede in ihrer Funktionsweise ermöglichen Übertragungen auf weitere Systeme. Aus dem Beschreibungsmodell resultieren Randbedingungen sowie Eingangs-, Stell- und Zielgrößen des simulationsbasierten Optimierungsalgorithmus. Es bildet somit die Grundlage für die Entwicklung virtueller Messprozesse zur Bestimmung der Messunsicherheit während eines LMAS-Prozesses. Zur Integration der virtuellen Messprozesse in die Konfigurationsoptimierung wird die Methode der simulationsbasierten Optimierung angewendet. Existierende valide Messunsicherheitsmodelle werden modular als Teilkomponenten der zu entwickelnden Methodik betrachtet. Die Methodik dieser Arbeit kann somit Vorarbeiten zur Messunsicherheit berücksichtigen und als Weiterentwicklung ein Planungswerkzeug für die Konfiguration der gesamten Klasse der verteilten LSM-Systeme schaffen.

Zweite forschungsleitende Frage

Kann die Messunsicherheit für Absolutwerte eines iGPS als Beispiel für ein multiangulierendes Messsystem aus der Klasse der LSM-Systeme konfigurationsabhängig bestimmt werden?

Aufgrund vieler Einflussgrößen auf die Messungen eines multiangulierenden Messsystems und einer inhomogenen Verteilung der Messunsicherheit über den Messraum kann die Messung eines multiangulierenden Messsystems als komplexer Prüfprozess bezeichnet werden. Vorarbeiten befassen sich bereits mit der konfigurationsabhängigen Messunsicherheit eines iGPS aus der Klasse der multiangulierenden LSM-Systeme. Bisher resultiert hieraus jedoch kein Messunsicherheitsmodell, das sich auf Absolutwerte für Anwendungen in LMAS-Prozessen anwenden lässt. Absolute Messwerte spielen im Kontext von LMAS eine wichtige Rolle, da die Posen einzelner Montageressourcen auf ein gemeinsames Referenzkoordinatensystem bezogen werden, um eine räumliche Synchronisierung zu ermöglichen. Aufgrund von kostenintensiven Investitionen, aufwendiger Inbetriebnahme und fehlender Kenntnis über die Prozessfähigkeit (in Abhängigkeit von der Messunsicherheit) werden multiangulierende LSM-Systeme in der industriellen Praxis wenig eingesetzt. Daher bedarf es eines Modells für multiangulierende Messsysteme, das konfigurationsabhängig und abhängig vom Montageprozess die Messunsicherheit bestimmen kann. Für die Entwicklung eines solchen Modells wird aus Vorarbeiten die Kenntnis über relevante Einflussgrößen genutzt, um ein Modell der Messung nach GUM zu erstellen. Mithilfe des vom Modell der Messung abgeleiteten Messunsicherheitsmodells können damit konfigurationsabhängige Messunsicherheiten für Absolutpositionen unter Berücksichtigung bekannter relevanter Einflussgrößen bestimmt werden. Auf diese Weise kann eine Übertragbarkeit auf andere industrielle Anwendungsfelder ermöglicht werden.

Dritte forschungsleitende Frage

Kann ein simulationsbasierter Optimierungsalgorithmus Restriktionen eines LMAS-Prozesses berücksichtigen und die Messunsicherheit eines verteilten LSM-Systems unter Veränderung der Konfiguration minimieren?

Die konfigurationsabhängige Messunsicherheit eines verteilten LSM-Systems dient als Zielgröße für die Optimierung der Konfiguration. Ziel der Optimierung ist es, die Messunsicherheit zu minimieren, sodass eine toleranzabhängig geforderte minimale Messunsicherheit über einen dynamischen Montageprozess eingehalten werden kann. Hierbei gilt es messsystemspezifische Unsicherheitsmodelle als modularen Bestandteil der Zielfunktion zu berücksichtigen, um den Einsatz unterschiedlicher LSM-Systeme und somit eine breite Nutzung in der industriellen Praxis zu ermöglichen. Geometrische

Konfigurationsparameter eines verteilten LSM-Systems verändern sich im Laufe eines dynamischen Montageprozesses durch die relative Bewegung zwischen Sendern und Empfängern. So müssen z.B. Sichtverbindungen zwischen Sendern und Empfängern kontinuierlich im Prozess geprüft werden, da sie einen wesentlichen Einfluss auf die Messunsicherheit ausüben. Zur kontinuierlichen Erhebung der Konfigurationsparameter wird daher eine Simulation in den Optimierungsalgorithmus integriert. Der Algorithmus kann basierend auf dem Wert der Messunsicherheit die Güte einer Konfiguration bewerten und diese iterativ verbessern.

4 Methodik zur Konfiguration verteilter LSM-Systeme

Ausgehend von dem dargelegten Forschungsbedarf in Kapitel 3 wird in diesem Kapitel die erste forschungsleitende Frage adressiert, die relevante Wirkzusammenhänge zwischen der Konfiguration verteilter LSM-Systeme und LMAS betrachtet. Dies stellt die Grundlage für die Entwicklung einer Methodik zur Konfigurationsoptimierung dar, die sich auf die gesamte Klasse verteilter LSM-Systeme anwenden lässt. Auf Basis von Anwendungsfällen in Abschnitt 4.1 werden Anforderungen an das zu entwickelnde Planungswerkzeug zur Konfiguration verteilter LSM-Systeme definiert (Abschnitt 4.2). Eine anschließende Systemanalyse (Abschnitt 4.3) skizziert die relevanten Wirkzusammenhänge zwischen verteilten LSM-Systemen und einer LMAS-Umgebung, um ein Vorgehensmodell für die Konfigurationsoptimierung abzuleiten (Abschnitt 4.4). Abschließend wird die erste forschungsleitende Frage beantwortet (Abschnitt 4.5).

4.1 Anwendungsfälle verteilter LSM-Systeme in der Montage

Die folgenden Anwendungsbeschreibungen verteilter LSM-Systeme im Kontext der industriellen Montage resultieren sowohl aus der Literatur, Wissen des Autors aus Vorarbeiten (u.a. [NICK19, NICK20]) sowie aus Experteninterviews, die im Rahmen von Forschungsprojekten geführt wurden. In diesem Abschnitt werden zwei Anwendungsfälle aus dem Flugzeug- und Automobilbau betrachtet.

4.1.1 Flugzeugbau: Linienlose mobile Rumpfmontage

Der Anwendungsfall aus dem Flugzeugbau adressiert den Prozess der linienlosen und mobilen Rumpfmontage, indem zwei Rumpfhälften (sog. vordere und hintere Rumpfsektion) zueinander ausgerichtet und gefügt werden. Beim Ausrichten der Rumpfsektionen werden sowohl die Position als auch die Orientierung (zusammengefasst als Pose) angepasst, bis die vorgegebene Montageposition und -orientierung erreicht sind.

Zur Handhabung der einzelnen Rumpfsektionen, die Dimensionen bis zu 20 x 6 x 6 m^3 umfassen, werden fahrerlose Transportfahrzeuge (FTF) als mobile Montageressourcen eingesetzt. Die FTF können sowohl die Position als auch die Orientierung der Rumpfsektionen über integrierte Aktoren manipulieren. Zwei Lasertracker (ein Lasertracker je Rumpfseite) referenzieren die zwei Rumpfsektionen räumlich zueinander, sodass entsprechende Stellgrößen für die Aktoren der FTF zum Erreichen der Montagepose bestimmt werden können. FTF und Lasertracker können hierbei innerhalb einer Freifläche von 50 x 50 m^2 (bis auf zwei stationäre Arbeitsbühnen fixpunktlos) positioniert werden. Zum Fügen der Rumpfsektionen befindet sich auf jeder Rumpfseite ein in die Arbeitsbühne integrierter Knickarmroboter, der sowohl Nietbohrungen als auch den Nietprozess durchführen kann (siehe Abbildung 4.1).

Der Montageprozess beginnt damit, dass zunächst die hintere Rumpfsektion über das FTF zwischen den beiden Nietrobotern platziert wird. Die hintere Rumpfsektion verweilt in dieser Position über den gesamten Montageprozess. Anschließend wird die vordere Rumpfsektion über das zweite FTF mit einem Abstand von ca. 10 cm zur hinteren Rumpfsektion vorpositioniert. Anschließend beginnt die Regelung der vorderen Rumpfsektion in die Montagepose. Sequenziell und manuell werden dazu Referenzpunkte (vier je Rumpfsektion) mittels Lasertracker gemessen, um die Pose der Rumpfsektionen zu bestimmen. Über Referenzpunkte am FTF werden die zwei Lasertracker zueinander referenziert. Anschließend werden die Aktoren manuell eingestellt, um Abweichungen zur Montagepose zu kompensieren. Nach Erreichen des zulässigen Toleranzfeldes der Montagepose beginnt der Fügeprozess. Die beiden Endeffektoren der Nietroboter werden zunächst manuell an der Fügestelle zwischen vorderer und hinterer Rumpfsektion vorpositioniert. Anschließend erfolgt automatisiert ein kamerabasierter Bohr- und Nietprozess. Nach Beenden des Fügeprozesses verlässt der gesamte Rumpf mittels FTF die Montagestation.

Abbildung 4.1: Ausrichtung von Rumpfsektionen (links) und roboterbasiertes Bohren und Nieten zum Fügen der Rumpfsektionen (rechts, beide Fotos entnommen aus [AIRB18])

Ausgehend von dem dargelegten Prozess der Flugzeugrumpfmontage sind in Tabelle 4.1 die technischen Randbedingungen für einen Einsatz von verteilten LSM-Systemen zusammengefasst. Die einzelnen Kategorien in Tabelle 4.1 (geeignetes Messvolumen, räumliche Restriktionen, Montagetoleranzen, simultane Messungen, dynamische Messungen und Sichtverbindungen) basieren auf den in Abschnitt 2.3.2 identifizierten Herausforderungen verteilter LSM-Systeme in rekonfigurierbaren Montageumgebungen und werden ebenso für den zweiten Anwendungsfall verwendet.

Tabelle 4.1: Randbedingungen für den Einsatz verteilter LSM-Systeme in der Flugzeugrumpfmontage

Randbedingung	Erläuterung
Geeignetes Messvolumen	Die Prüfmerkmale am Flugzeugrumpf spannen ein Volumen von 30 x 6 x 6 m^3 auf.
Räumliche Restriktionen	Bei der Einrichtung von Messsystemen müssen Flächen für FTF sowie für Arbeitsbühnen vorgehalten werden.
Montagetoleranzen	Abhängig vom Prüfmerkmal liegen Toleranzen von 1-3 mm vor.
Simultane Messungen	Simultane Messungen mehrerer Prüfmerkmale erfolgen im Stand der Technik noch nicht. Prototypische Anlagen von Flugzeugherstellern zeigen jedoch einen vermehrten Einsatz von mobilen und roboterbasierten Systemen, wodurch sequentielle Messungen zunehmend ineffizienter werden.
Dynamische Messungen	Durch dynamische Messungen können Regelungen zur Ausrichtung des Nietroboters am Rumpf sowie der Rumpfteile zueinander effizienter gestaltet werden, da die Sicht zwischen Messsystem und Empfänger nicht manuell wiederhergestellt werden muss und somit manuelle Unterbrechungen vermieden werden können.
Sichtverbindungen	Über den Prozess veränderliche Sichtverbindungen sind für den Menschen schwierig zu prüfen, da Bewegungen von Robotern und FTF antizipiert und gesperrte Bereiche (Fahrtwege von FTF oder Arbeitsbühnen) berücksichtigt werden müssen.

4.1.2 Automobilbau: Vorrichtungslose Montage von Karosseriebauteilen

Der zweite Anwendungsfall adressiert die vorrichtungslose Montage von PKW-Karosseriebauteilen innerhalb der Vorserie, deren Motivation bereits in Abschnitt 2.2.1 erläutert wurde. Bei diesem Prozess werden zwei Karosseriebauteile in Position und Orientierung zueinander ausgerichtet und anschließend gefügt.

Das Montagesystem besteht aus zwei Knickarmrobotern, deren Arbeitsbereiche sich überschneiden. Beide Roboter sind mit baugleichen Greifern zur Aufnahme der Karosseriebauteile (Fügepartner) ausgestattet. Ein Laserradar führt 3D-Oberflächenscans der Bauteile als auch Referenzpunktmessungen an Reflektoren an den Greifern durch. Im Verlauf des Montageprozesses richten die Roboter die Bauteile zueinander aus, was die Sichtverhältnisse zwischen Laserradar und Messpunkten erschwert. Daher müssen für diese Messaufgabe teilweise mehrere Laserradare oder alternative verteilte Messsysteme wie z.B. der Leica T-Scan eingesetzt werden [HEXA22b]. Über die Messungen können die relative Lage der Bauteile zueinander und Kompensationsbewegungen der Roboter zum Erreichen der Montageposition bestimmt werden. Abbildung 4.2 zeigt das Montagesystem und seine Komponenten.

Bevor der Prozess beginnt, werden Referenzpunkte an den Robotersockeln gemessen, um die relative Lage der Roboter zueinander zu bestimmen. Anschließend beginnt der Prozess mit der Aufnahme der Fügepartner aus vordefinierten Positionen. Beide Roboter richten die Fügepartner so aus, dass auf der einen Seite relevante Merkmale am Bauteil gescannt und auf der anderen Seite die Referenzpunkte am Greifer gemessen werden können. Auf diese Weise wird die relative Lage zwischen Bauteil und Greifer bestimmt. Nach der Referenzierung fährt ein Roboter (der sog. Halteroboter) in eine für die Montage vorgegebene Position, in der er über den Prozess verweilt. Der zweite Roboter (sog. Positionierroboter) richtet den zweiten Fügepartner gemäß der Montageposition zu dem anderen Fügepartner aus. Zur Regelung des Positionierrobters auf die Montageposition werden mehrere Iterationen benötigt, in denen pro Iteration die Referenzpunkte am Greifer des Positionierroboters gemessen werden müssen. Nach Erreichen des Toleranzfeldes der Montageposition werden die Karosseriebauteile mittels Widerstandspunktschweißen gefügt. Ausgehend von dem dargelegten Prozess der vorrichtungslosen Montage von Karosseriebauteilen sind in Tabelle 4.2 die technischen Voraussetzungen für einen Einsatz von verteilten LSM-Systemen zusammengefasst.

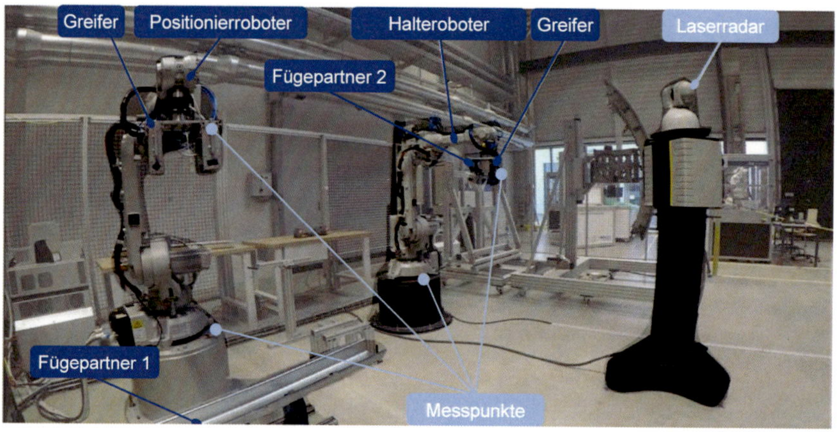

Abbildung 4.2: Vorrichtungslose Montage von Karosseriebauteilen mittels Laserradar

Tabelle 4.2: Randbedingungen für den Einsatz verteilter LSM-Systeme in der vorrichtungslosen Montage

Randbedingung	Erläuterung
Geeignetes Messvolumen	Die Messungen der Bauteile sowie die Referenzpunkte an den Greifern und Robotersockeln spannen ein Volumen von 6 x 6 x 3 m^3 auf.
Räumliche Restriktionen	Bei der Einrichtung von Messsystemen müssen die Arbeitsräume der Roboter sowie Flächen zur Aufnahme und Ablage der Bauteile berücksichtigt werden.
Montagetoleranzen	Im Karosseriebau sind Toleranzen von minimal 0,5 mm gefordert.
Dynamische Messungen	Dynamische Messungen der Greiferpose würden den Einsatz geschwindigkeitsbezogener Regelungen in die Montageposition ermöglichen, die in ihrer Regelgüte nicht durch die Wiederholgenauigkeit des Roboters begrenzt sind.
Sichtverbindungen	Sichtverbindungen sind vor dem Prozess abzusichern, um zu verhindern, dass Prüfmerkmale am Bauteil sowie Referenzpunkte am Roboterendeffektor durch ungünstige Bauteil- und Roboterposen verdeckt werden. Diese Posen werden aktuell abhängig vom Aufstellort des Laserradars in mehreren Iterationen ausgerichtet.

4.2 Anforderungen und Prämissen zur Konfigurationsoptimierung

Die Anforderungen (A) an das zu entwickelnde Planungswerkzeug resultieren aus den drei betrachteten Teilbereichen der Montageumgebung (Abschnitt 2.1.1), der verteilten LSM-Systeme (Abschnitt 2.1.2) und der Ansprüche an die Konfigurationsoptimierung (Abschnitt 2.3.4). Hinsichtlich der Montageumgebung wird in dieser Arbeit der Fokus auf LMAS und die hierbei inbegriffene Montage von Großbauteilen gelegt [HÜTT19, S. 724–729]. Die thematische Verflechtung dieser Anforderungsgruppen sowie die industrielle Relevanz wird durch die Anwendungsfälle in Abschnitt 4.1 verdeutlicht. Tabelle 4.3 beinhaltet die Anforderungen an das zu entwickelnde Planungswerkzeug.

Das Planungswerkzeug erhebt den Anspruch, beliebige LMAS-Prozesse auf Stationsebene modellieren und hinsichtlich der Konfiguration verteilter LSM-Systeme optimieren zu können (A1-A3). Da in den industriellen Prozessen sowohl multiangulations- als auch multilaterationsbasierte LSM-Systeme eingesetzt werden, sollen beide Gruppen mit ihren spezifischen Arbeitsräumen berücksichtigt werden können (A4-A5). Die Systeme sollen skalierbar sein (siehe Abschnitt 2.2.3) sowie in den Anwendungsfällen in Abschnitt 4.1 gefordert für statische und dynamische Messungen eingesetzt werden können (A6-A7). Die Konfigurationsoptimierung muss die Messunsicherheit als Zielgröße verwenden mit dem Ziel, die Prozessfähigkeit absichern zu können (A8). Die Optimierung soll vollständig automatisiert, ohne gröbere Vereinfachungen durch räumliche Diskretisierung sowie zum globalen (auf den Raum einer LMAS-Station bezogen) Optimum konvergierend durchlaufen werden (A9-A11). Zuletzt muss eine signifikante Reduktion der Messunsicherheit über die Konfigurationsoptimierung erreicht werden, damit ein Mehrwert aus der Verwendung des Planungswerkzeugs resultiert (A12).

Tabelle 4.3: Anforderungen an das zu entwickelnde Planungswerkzeug

	ID	Anforderung
LMAS-Konzept	A1	Einbeziehung logischer, zeitlicher sowie räumlicher Abhängigkeiten zwischen Montageressourcen
	A2	Berücksichtigung von Stationskonfigurationen mit Einschränkungen (z.B. Sperrflächen oder spezieller Grundflächen)
	A3	Berücksichtigung aller physischer Montageressourcen nach LMAS-Definition
Verteilte LSM-Systeme	A4	Berücksichtigung unterschiedlicher, verteilter LSM-Systeme (z.B. iGPS und Lasertracker)
	A5	Berücksichtigung der messsystemspezifischen Arbeitsbereiche
	A6	Planung statischer sowie dynamischer Messungen
	A7	Freie Skalierung des Messequipments (Anzahl der Sender und Empfänger)
Konfigurations-optimierung	A8	Verwendung der Messunsicherheit als Zielgröße
	A9	Automatisierte Konfiguration ohne Benutzervorgaben (Einbeziehen von Experten)
	A10	Keine Vereinfachung des Lösungsraumes (z.B. durch räumliche Diskretisierung)
	A11	Konvergenz zum globalen Optimum (Minimum) in aufeinander folgenden, unabhängigen Versuchen
	A12	Signifikante Reduktion der Messunsicherheit durch die Optimierung

Für die nachfolgende Konzeption und Implementierung des Planungswerkzeugs gelten die Prämissen (P) in Tabelle 4.4.

Tabelle 4.4: Prämissen zur Entwicklung des Planungswerkzeugs

ID	Prämisse
P1	Montageressourcen und Produkte werden in der Simulation als konvexe Hüllkörper modelliert, um recheneffiziente Kollisionsprüfverfahren anwenden zu können.
P2	Als Stationsfläche werden rechteckige Grundformen angenommen.
P3	Die Trajektorien (mit Orts- und Zeitinformation) der Montageressourcen sowie räumliche Beziehungen zu befestigten Produkten und Empfängern werden als bekannt vorausgesetzt.
P4	Trajektorien (zeitabhängige Posen von Montageressourcen und Produkten) werden als Zusammensetzung linearer Teiltrajektorien mit gleichmäßiger Geschwindigkeit betrachtet.
P5	Dynamische Messungen werden als Reihe statischer Messungen betrachtet. Demnach werden dynamische Einflüsse auf die Messunsicherheit in der Arbeit vernachlässigt. Aufgrund zeitdiskreter Messungen gilt allgemein: Je höher die Geschwindigkeit eines Empfängers, desto höher die Messunsicherheit der Positionsmessung. Der dynamische Messunsicherheitsbeitrag muss messsystemspezifisch bestimmt werden und ist nicht Gegenstand dieser Arbeit.
P6	Lasertracker (multilaterationsbasiertes Verfahren) und iGPS (multiangulationsbasiertes Verfahren) werden als repräsentative Untermenge verteilter LSM-Systeme betrachtet.
P7	In der Konfigurationsoptimierung wird die Rotation der Sender nicht berücksichtigt, da sie die Messunsicherheit von Lasertracker und iGPS nicht signifikant beeinflusst.
P8	Die Konfiguration des Messsystems wird über die Zeit des Montageprozesses nicht verändert.

4.3 Analyse relevanter Einflussgrößen auf die Konfiguration

Dieser Abschnitt befasst sich mit der Systemanalyse zur Konfiguration verteilter LSM-Systeme. Da die Konfiguration sich dem Werkzeug der virtuellen Messung bedient, beinhaltet das Planungswerkzeug einen Simulationsteil. Nach VDI-Richtlinie 3633 beeinflusst die Systemanalyse den Erfolg einer Simulation wesentlich, da sie vorgibt, welche Systemeigenschaften relevant und welche vernachlässigbar sind. Die Norm schlägt folgendes methodisches Vorgehen vor, an dem sich diese Arbeit ebenfalls orientiert: [VDI14, S. 22–28]

1. *Festlegung des Systems*: Definition von Systemgrenzen und Schnittstellen
2. *Festlegung der Aufbaustruktur des Systems*: Hierarchische Untergliederung des Systems in Elemente und Definition von Relationen
3. *Festlegung der Ablaufstruktur des Systems*: Definition der logischen Bedingungen, Entscheidungsregeln und Aktionen

Aus diesen drei Teilschritten resultiert ein Grobmodell, welches die Grundlage für Detaillierung und Implementierung des Vorhabens darstellt.

Zunächst wird an dieser Stelle das System festgelegt, indem Systemgrenzen und Schnittstellen definiert werden. Abbildung 4.3 zeigt das Planungswerkzeug für die Konfiguration verteilter LSM-Systeme als zu entwickelndes System sowie hieran angrenzende

Systeme. Die Produktionsplanung und -steuerung (PPS) für LMAS unterteilt sich nach HÜTTEMANN [HÜTT21, S. 84–88] in eine Fabrik- und Stationskonfiguration. Die Fabrikkonfiguration gibt Aufteilung der Montagefläche in einzelne Stationen sowie weitere räumliche Restriktionen (z.B. gesperrte Flächen für Transportvorgänge) vor. Für die Konfiguration verteilter LSM-Systeme definiert sie also den globalen und zulässigen Suchraum für eine optimale Lösung (Konfiguration) innerhalb einer Station. Die Stationskonfiguration ordnet Montageressourcen einem Montageprozess innerhalb einer Station zu. Hierbei wird vorausgesetzt, dass pro Station nur ein Prozess und somit nur die Bearbeitung eines Produktes stattfindet.

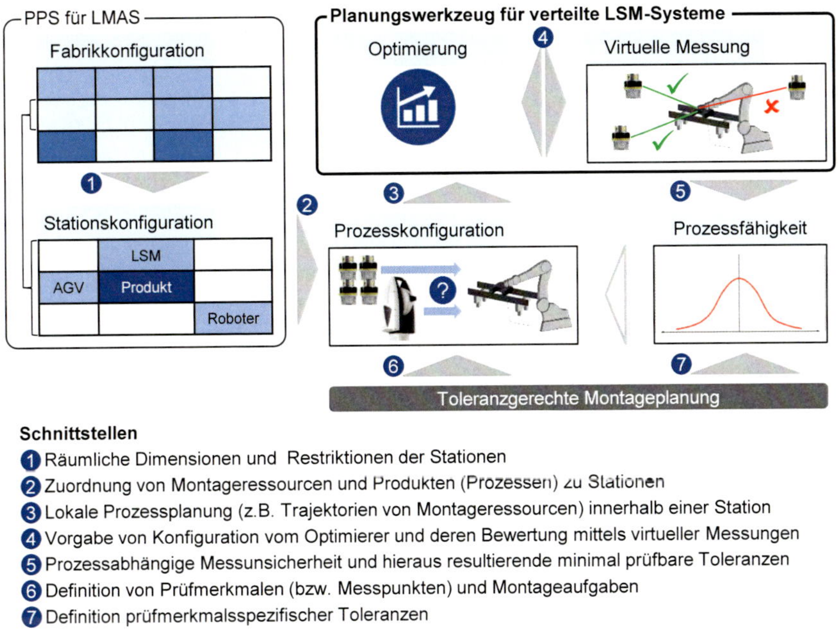

Abbildung 4.3: Systemgrenzen und Schnittstellen der Konfiguration verteilter LSM-Systeme

Die Festlegung der Montageressourcen bildet die Grundlage für die anschließende Prozesskonfiguration, die über einen lokalen Planer innerhalb der Station erfolgt. Innerhalb der Prozesskonfiguration werden u.a. Aufstellorte und Trajektorien (Informationen über Ort und Zeit eines mobilen, physischen Objektes) definiert. Hierzu zählen z.B. Bewegungen von FTF oder Roboterendeffektoren (bzw. robotergeführten Werkzeugen). In diesem Schritt werden ebenfalls die Positionen der Empfänger verteilter LSM-Systeme definiert und einzelnen Produktteilen und Montageressourcen zugeordnet. In dieser Arbeit wird angenommen, dass nach der Prozesskonfiguration eine vollständige Beschreibung aller physischen Komponenten der Station – exklusive der Sender des verteilten LSM-Systems – vorliegt. Diese Beschreibung umfasst die Geometrie der physischen Objekte sowie die Information zur zeitabhängigen Pose des Objektes während des Montageprozesses. Es wird weiterhin angenommen, dass im Vorhinein ein bestimmtes verteiltes LSM-System (z.B. Lasertracker oder iGPS) mit einer definierten Anzahl an Sendern ausgewählt wird. Diese Entscheidung kann mittels existierender Methoden zur Auswahl geeigneter Messsysteme (wie z.B. in [MUEL10, S. 853–868, KRAP15, S. 48–51, NICK20, S. 89–94]) erfolgen.

Das Planungswerkzeug interpretiert die geometrische Beschreibung der Montageumgebung als Randbedingung für die Konfigurationsoptimierung. Das Optimierungsmodell definiert neue Konfigurationen, die mithilfe der virtuellen Messung – einer Simulation der Messung über die Montageprozessdauer – bewertet werden können. Zielgröße der Optimierung stellt die Messunsicherheit der Empfänger über die Prozessdauer dar. Nach Abschluss der Optimierung wird die finale Konfiguration mit den korrelierenden Messunsicherheiten für alle im Prozess befindlichen Empfänger ausgegeben und kann weiterführend für eine Absicherung der Prozessfähigkeit herangezogen werden.

Eine Bewertung der Prozessfähigkeit kann über einen Vergleich der minimal prüfbaren Toleranz und der geforderten Toleranz aus der toleranzgerechten Montageplanung erfolgen. Eine toleranzgerechte Montageplanung beschreibt QUINDERS als das Zusammenführen von Form- und Lagetoleranzen aus der Konstruktion nach DIN EN ISO 1101 und der Prozessbeschreibung der Montage- und Handhabungstechnik nach VDI-Richtlinie 2860 [QUIN17, S. 73, DIN17, VDI90]. Gl. (4.2) beschreibt den Zusammenhang der minimal prüfbaren Toleranz $TOL_{\min}$ auf Basis der erweiterten Messunsicherheit U, die sich anhand der Standardunsicherheit eines Messsystems u und eines Erweiterungsfaktors k (z.B. $\mathrm{k} = 2$ für ein statistisches Vertrauensniveau von 95,45%) bestimmen lässt:

$$U = \mathrm{k} \cdot u \tag{4.1}$$

$$TOL_{\min} = \frac{U}{\mathrm{Q}_{\max}} \cdot 100\% \tag{4.2}$$

Die Eignungskenngröße $\mathrm{Q}_{\max}$ beschreibt das vom Anwender geforderte Verhältnis zwischen der Messunsicherheit u und der zu prüfenden Toleranz. In vielen Richtlinien ist ein Messsystem mit $\mathrm{Q}_{\max}$ kleiner 10% als fähig zu bewerten und Messsysteme mit $\mathrm{Q}_{\max}$ zwischen 10% und 30% als bedingt fähig. Dementsprechend sind Messsysteme mit $\mathrm{Q}_{\max}$ größer oder gleich 30% als nicht fähig einzustufen und dürfen für die angedachte Messaufgabe nicht eingesetzt werden. [DIET17, S. 6–8] Überschreitet $TOL_{\min}$ den Wert der geforderten Toleranz, kann das Planungswerkzeug keine prozessfähige Konfiguration ermitteln. In diesem Fall müssten Änderungen in der Prozesskonfiguration vorgenommen werden (z.B. Anpassen einzelner Trajektorien, der Anzahl der eingesetzten Sender oder ein Austausch des gesamten Messsystems). Diese Schritte würden ein hohes Maß an Expertise erfordern und werden aus Gründen der Komplexitätsreduktion in dieser Arbeit nicht berücksichtigt.

4.3.1 Einsatzbedingungen verteilter LSM-Systeme

Die Messsysteme Lasertracker und iGPS stellen in dieser Arbeit die repräsentative Untermenge verteilter LSM-Systeme dar. Um diese Systeme funktionsgerecht in der Konfigurationsoptimierung zu berücksichtigen, adressiert dieser Abschnitt die zugrundeliegenden Auswerteverfahren und korrelierenden Arbeitsbereiche. Lasertracker nutzen den reflektierten Laserstrahl zur Bestimmung der Distanz mittels Interferometrie und mittels Winkelmessung über Encoder zur Bestimmung des Azimut- und Elevationswinkels. Das iGPS bestimmt die Distanz über Multiangulation bzw. Triangulation zwischen mehreren Sendern. Azimut- und Elevationswinkel werden je Sender anhand der am Empfänger erhaltenen zeitlichen Versatze der Impulse bestimmt. Trotz der Unterschiede im Messverfahren können die Restriktionen hinsichtlich der zulässigen Messbereiche verallgemeinert werden: Für beide Systemklassen gelten Beschränkungen in Bezug auf die Messung von Azimut- und Elevationswinkel sowie der Messdistanz. Abbildung 4.4 verdeutlicht die relevanten Größen der Arbeitsbereiche anhand einer Prinzipskizze für LSM-Systeme, deren Messverfahren auf Winkelmessung und Interferometrie (z.B. Lasertracker) sowie der Multiangulation (z.B. iGPS) basieren.

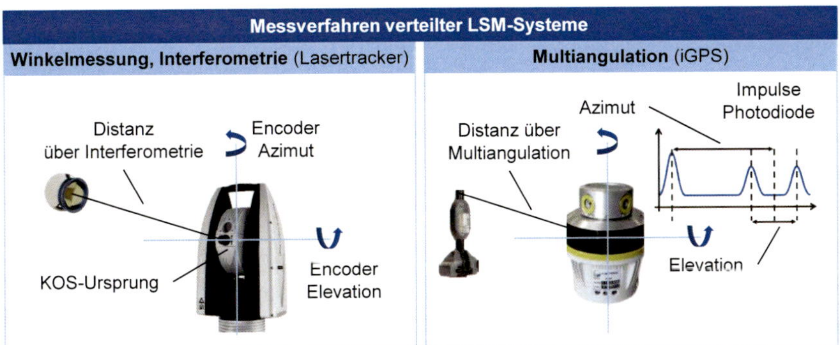

Abbildung 4.4: Auswerteverfahren verteilter LSM-Systeme auf Basis von Winkelmessung und Interferometrie (z.B. Lasertracker) sowie auf Basis von Multiangulation (z.B. iGPS)

Die Arbeitsbereiche der einzelnen Systeme werden in eine tabellarische Übersicht überführt (siehe Tabelle 4.5), um Gemeinsamkeiten hinsichtlich der Restriktionen für eine valide Messung offenzulegen.

Tabelle 4.5: Arbeitsbereiche von Lasertracker und iGPS

Restriktion für eine valide Messung	Lasertracker	iGPS
Mindestdistanz Sender-Empfänger	2 m	2 m
Höchstdistanz Sender-Empfänger	80 m	30 m
Minimaler/ maximaler Elevationswinkel	+/- 55°	+/- 30°
Minimale Anzahl erforderlicher Sichtverbindungen	1	3
Mindestdistanz Sender-Sender	-	2 m

Die Messbereiche sind aus den Datenblättern der Hersteller entnommen (siehe Datenblätter von Leica Absolute Tracker AT960 [HEXA22a, S. 12f.] und Nikon iGPS [NIKO16, S. 144f.]). Demnach gelten sowohl für den Lasertracker als auch für das iGPS ähnliche Restriktionen hinsichtlich der Bezugsgrößen (Sender-Empfänger-Abstände, Elevationswinkel und Anzahl Sichtverbindungen). Lediglich die Mindestdistanz zwischen Sendern stellt eine gesonderte Restriktion des iGPS dar.

Messungen können unter statischen und dynamischen Bedingungen bezogen auf die Bewegung des Empfängers durchgeführt werden. Im Kontext von LMAS stellt in dieser Arbeit eine statische Messung eine Messung einer Empfängerposition dar, die sich über die Prozessdauer nicht verändert. Dementsprechend erfolgt die Klassifizierung einer dynamischen Messung, wenn sich ein Empfänger über die Prozessdauer in seiner Position verändert. Zur Berücksichtigung dynamischer Messungen in der Simulation werden diese zeitlich mit einer definierten Abtastzeit diskretisiert und in statische Messungen überführt. Als Beispiel für eine Unterscheidung statischer und dynamischer Messungen kann der Anwendungsfall der Flugzeugrumpfmontage betrachtet werden (siehe Abschnitt 4.1.1): Die hintere Rumpfsektion verharrt nach dem initialen Betreten der Montagestation in ihrer Position (statische Messung von Empfängern), wonach die vordere Rumpfsektion in die Montageposition bewegt wird (dynamische Messung von Empfängern).

Da für statische Messungen angenommen wird, dass Empfänger ihre Position über den Prozess nicht verändern, genügt eine einmalige Messung zu Beginn der Montage. Hierfür müssen die Messbereiche in Tabelle 4.5 des jeweiligen verteilten LSM-Systems eingehalten werden.

Bei dynamischen Messungen gilt es für Lasertracker zu beachten, dass im Falle einer Sichtunterbrechung kein Ersatz durch einen weiteren Lasertracker mit Sichtverbindung zum selben Empfänger erfolgen kann. Dieses Vorgehen findet im Stand der Technik keinen Einsatz und wird auch vom Hersteller nicht vorgesehen, weshalb in dieser Arbeit ebenfalls davon abgesehen wird. Hingegen erlaubt die Funktionsweise des iGPS, während einer dynamischen Messung variierende Sender zu berücksichtigen, da lediglich senderspezifische Impulse softwareseitig ausgewertet werden.

4.3.2 Wirkzusammenhänge zwischen Messsystem und Montageumgebung

Nach der Vorstellung der für diese Arbeit relevanten Montageorganisationsform LMAS (siehe Abschnitt 2.1.1) und der geeigneten Messsystemklasse der verteilten LSM-Systeme (siehe Abschnitte 2.1.2 und 4.3.1) werden in diesem Abschnitt die Wirkzusammenhänge zwischen Messsystem und Montageumgebung beschrieben. Das Beschreibungsmodell umfasst eine LMAS-Stationskonfiguration, die sich, angelehnt an das Ressourcenmodell von HÜTTEMANN ET AL. [HÜTT19, S. 728], in mobile und stationäre Montageressourcen, das Produkt und ein verteiltes Messsystem bestehend aus Sendern und Empfängern unterteilt. Die Wirkzusammenhänge werden im Nachfolgenden beschrieben und sind in Abbildung 4.5 in Form eines Klassendiagramms dargestellt.

Zur Übertragung eines optischen Signals ist mindestens eine Sichtverbindung zwischen Sendern und einem Empfänger erforderlich. Die Empfänger können zur Erfassung relevanter Positionsdaten an dem Produkt sowie mobilen Montageressourcen, die sich aus Montagerobotern (in dieser Arbeit Knickarmroboter) und FTF zusammensetzen, befestigt werden. Sperrflächen und Vorrichtungen, die sich während eines Prozesses in ihrer Position nicht verändern, werden den stationären Montageressourcen zugeordnet. Sperrflächen werden als rechteckige Flächen betrachtet, auf denen keine Sender platziert werden dürfen, da sie ansonsten Fahrtwege von FTF oder Bewegungen von Montagerobotern blockieren würden. Zu Vorrichtungen zählen Werkzeughalter für Montageroboter, Arbeitsbühnen und Haltevorrichtungen für Produktteile.

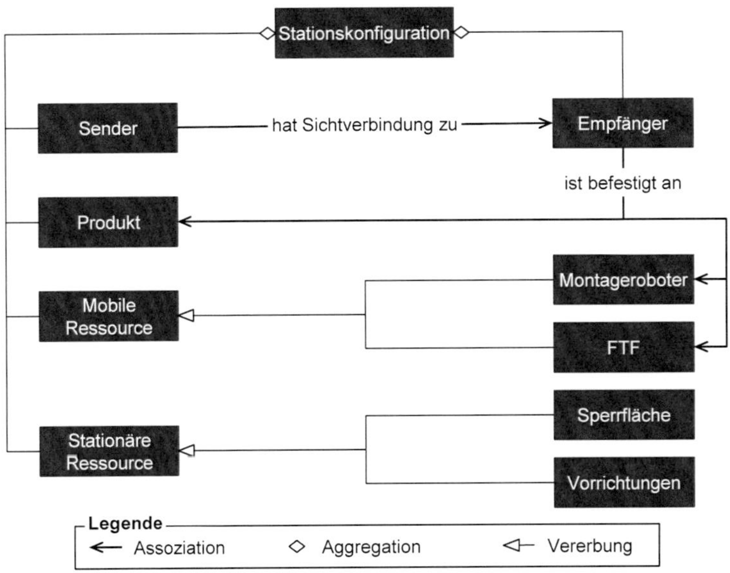

Abbildung 4.5: Klassendiagramm zur Darstellung von Wirkzusammenhängen zwischen verteiltem LSM-System und Montageumgebung

4.4 Modellierung der Konfigurationsoptimierung

Das zu entwickelnde Planungswerkzeug adressiert die Konfiguration verteilter LSM-Systeme in LMAS-Umgebungen. Hierbei wird die Methode der virtuellen Messung (siehe Abschnitt 2.2.2) im Rahmen einer simulationsbasierten Optimierung eingesetzt. Der Simulationsteil ist erforderlich, um in einer Planungsphase die Möglichkeit zu bieten, real noch nicht existierende Messsystemkonfigurationen hinsichtlich der Messunsicherheit bewerten und die Prozessfähigkeit a-priori absichern zu können. Der Optimierungsteil ermöglicht eine automatisierte sowie zeitlich effiziente Bestimmung von Messsystemkonfigurationen mit minimierter Messunsicherheit.

4.4.1 Definition relevanter Modellgrößen

Nach MÄRZ ET AL. [MÄRZ11, S. 10] werden die relevanten Modellgrößen einer simulationsbasierten Optimierung in Ziel-, Eingangs- und Stellgrößen unterteilt, die im Folgenden mit Bezug auf die vorliegende Thematik definiert und erläutert werden.

Zielgröße

Wie in Abschnitt 2.2.2 herausgestellt, stellt die Messunsicherheit die relevante Zielgröße dar, um einen fähigen und bedarfsgerechten Messprozess zu implementieren. Die Messunsicherheit gilt es sowohl über alle im Prozess befindlichen Empfänger als auch über die gesamte Dauer des Montageprozesses zu berücksichtigen. Ein Gütekriterium für die gesamte Prozessdauer eines Empfängers erhält man, wenn die Messunsicherheiten der einzelnen Zeitschritte gemittelt werden. Nach einer zweiten Mittelung über alle Empfänger erhält man eine übergeordnete Messunsicherheit für den gesamten Prozess, die im Rahmen dieser Arbeit als Zielgröße verwendet wird. Das arithmetische Mittel wird in diesem Zusammenhang angewendet, um eine möglichst feine Differenzierung des Gütekriteriumswertes zu ermöglichen.

Eingangsgrößen

Gemäß der skizzierten Systemgrenzen des Planungswerkzeugs in Abbildung 4.3 werden vorbereitend die Schritte der Fabrik-, Stations- und Prozesskonfiguration durchlaufen. Hierbei wird angenommen, dass eine Initialkonfiguration des verteilten LSM-Systems bereits erfolgt ist, wobei die folgenden Entscheidungen als Eingangsgrößen für das Planungswerkzeug berücksichtigt werden:

- Auswahl eines verteilten LSM-Systems
- Anzahl einzusetzender Sender
- Anzahl einzusetzender Empfänger sowie deren relative Montageposition am zu messenden Objekt

Aus der Stations- und Prozesskonfiguration resultieren zusätzlich folgende Eingangsgrößen für das Planungswerkzeug:

- Grundfläche und Höhe der Station
- Sperrflächen innerhalb der Station
- Montageressourcen (inklusive Produkt) mit speziellen Informationen zu
    - geometrischen Eigenschaften (äußere Form)
    - Trajektorien über die Prozessdauer
    - zeitlichen und logischen Abhängigkeiten zwischen Montageressourcen

Anhand der aufgelisteten Eingangsgrößen lässt sich ein Montageprozess unter Verwendung eines verteilten LSM-Systems, wie in den Anwendungsfällen in Abschnitt 4.1 beispielhaft dargestellt, bis auf die Senderpositionen vollständig modellieren.

Stellgrößen

Die Senderpositionen stellen einen durch den Anwender beeinflussbaren Parameter dar und haben, wie in Abschnitt 2.3.3 gezeigt, einen signifikanten Einfluss auf die Messunsicherheit von Messungen verteilter LSM-Systeme. Daher wird die Konfiguration der Senderpositionen innerhalb eines Stationskoordinatensystems als Stellgröße der simulationsbasierten Optimierung verwendet.

4.4.2 Modellbasierte Kopplung von virtueller Messung und Optimierung

Für die Kopplung von Simulation und Optimierung existieren nach VDI-Richtlinie 3633 unterschiedliche Kopplungsarten, die je nach Anwendung und Informationsgrundlage zu wählen sind [VDI20, S. 8–18]. Im vorliegenden Fall kann die Bewertungsfunktion zur Bestimmung des Messunsicherheitswertes nicht geschlossen formuliert werden, da neben den geometrischen Konfigurationsparametern (siehe Abbildung 2.5) ebenfalls zeitabhängige Sichtverbindungen zu berücksichtigen sind, die Einfluss auf die Messunsicherheit und die Validität einer Messung üben. Einziges mögliches Werkzeug zur Ermittlung von Bewertungsfunktionswerten ist ein Simulationsmodell, das auf experimentellem Weg eine Lösungskonfiguration ermittelt. Die Simulation ist zu diesem Zweck in die Optimierung integriert, was der hierarchischen Verknüpfung D nach VDI-Richtlinie 3633 entspricht [VDI20, S. 6f.]. In Abbildung 4.6 ist das allgemeine Steuerungskonzept zur Verknüpfung von Simulation und Optimierung nach Kategorie D der VDI-Richtlinie 3633 dargestellt, welches auf die Konfiguration verteilter Messsysteme übertragen wird.

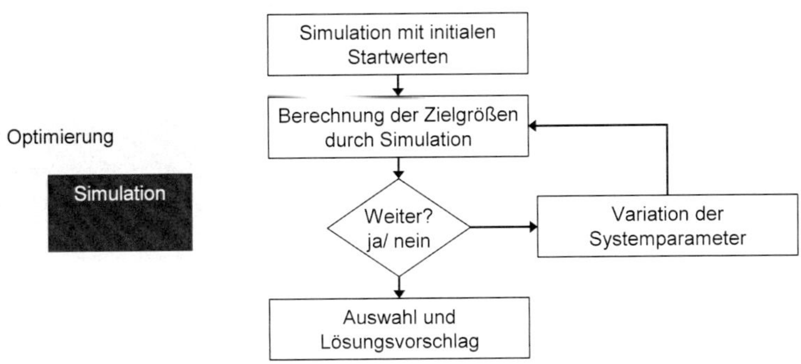

Abbildung 4.6: Kategorie D zur hierarchischen Verknüpfung von Simulation und Optimierung nach VDI-Richtlinie 3633 [VDI20, S. 6–19]

Abbildung 4.7 zeigt den Aufbau der simulationsbasierten Optimierung in Anlehnung an die Darstellungsform von MÄRZ ET AL. mit den zuvor definierten Eingangs-, Stell- und Zielgrößen für die Konfiguration verteilter Messsysteme [MÄRZ11, S. 10]. Die Simulation setzt sich aus den Teilmodellen des virtuellen Messprozesses und einem nachgeschalteten Messunsicherheitsmodell (MU-Modell) zusammen. Der virtuelle Messprozess berücksichtigt die Montageumgebung, vorgegeben durch einen LMAS-Prozess, und generiert die erforderlichen Daten, um die Messunsicherheit mithilfe des MU-Modells bestimmen zu können. Die ermittelte Messunsicherheit kann anschließend von einem Optimierungsmodell zur Bewertung der Güte der Konfiguration herangezogen werden. Ausgehend von der Bewertung kann eine verbesserte Konfiguration vom Optimierungsmodell bestimmt werden, mit dem Ziel, die Messunsicherheit stetig zu reduzieren.

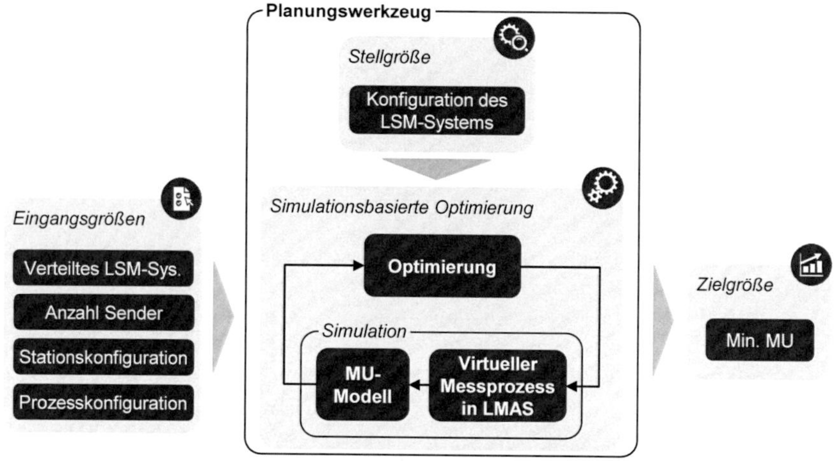

Abbildung 4.7: Konzept zur Konfiguration verteilter LSM-Systeme für LMAS

4.5 Zwischenfazit zur Methodik der Konfigurationsoptimierung

Das Ziel dieses Kapitels war die Entwicklung einer Methodik für ein Planungswerkzeug zur Konfiguration verteilter LSM-Systeme innerhalb von LMAS. Die Anforderungen an die Entwicklung des Planungswerkzeugs wurden auf Basis industrieller Anwendungsfälle aus den Bereichen des Flugzeug- und Automobilbaus erhoben. Am Beispiel des Lasertrackers und des iGPS wurden technische Einsatzbedingungen verteilter Messsysteme identifiziert, die als Randbedingungen in die Konfigurationsoptimierung einfließen. Daran anknüpfend wurde ein Beschreibungsmodell erstellt, das relevante Wirkzusammenhänge zwischen verteilten LSM-Systemen und LMAS umfasst. Hieran schloss die Entwicklung eines Vorgehensmodells an, in der die Methodik des virtuellen Messprozesses in das Konzept der simulationsbasierten Optimierung überführt und relevanten Größen der Optimierung benannt wurden. Der virtuelle Messprozess berücksichtigt Einflüsse der Montageumgebung auf die Messung und ermöglicht eine Messunsicherheitsbestimmung des verteilten Messsystems.

Ergebnis des Kapitels stellt ein methodisches Vorgehen zum Lösen der Teilaufgaben der Messunsicherheitsbestimmung (Kapitel 5) und der simulationsbasierten Optimierung zur Reduktion der Messunsicherheit (Kapitel 6) zur Konfiguration verteilter LSM-Systeme dar. Der modellbasierte Ansatz zur Verwendung messsystemspezifischer Messunsicherheitsmodelle ermöglicht es erstmals, unterschiedliche verteilte LSM-Systeme automatisiert für dynamisch komplexe, rekonfigurierbare Montageumgebungen wie LMAS zu konfigurieren. Die Ergebnisse dieses Kapitels beantworten daher die erste forschungsleitende Frage.

5 Messunsicherheitsbestimmung von multiangulierenden Messsystemen

Das Konzept zur Konfiguration verteilter LSM-Systeme basiert auf der Messunsicherheit als Zielgröße (siehe Kapitel 4). Insbesondere für multiangulierende LSM-Systeme fehlen aktuell Modelle zur Bestimmung der Messunsicherheit in Abhängigkeit von der Konfiguration (siehe Abschnitt 2.3.4). Daher widmet sich dieses Kapitel der zweiten forschungsleitenden Frage mit dem Ziel, ein Messunsicherheitsmodell für multiangulierende Messsysteme zu entwickeln. Hierfür wird das iGPS als Beispiel für ein multiangulierendes Messsystem betrachtet. Das entwickelte Messunsicherheitsmodell kann anschließend gemäß Abbildung 4.7 als Teilmodell in das Planungswerkzeug integriert werden. Hierfür wird das Vorgehen nach GUM und nach Richtlinie VDI/VDE 2600 Blatt 2 umgesetzt [JOIN08, VDI19, S. 9].

Das Vorgehen in dieser Arbeit ist in Abbildung 5.1 dargestellt und beginnt mit einer Beschreibung der Messaufgabe und der Definition relevanter Einflussgrößen auf die Messunsicherheit des iGPS (Abschnitt 5.1). Für eine Datengrundlage zur Modellbildung und -validierung werden Versuche geplant und durchgeführt (Abschnitt 5.2). Zwei aus der Literatur bekannte Ansätze (künstliche neuronale Netze [MUEL20] und numerische Optimierung [FORB16]) werden für die Modellbildung verfolgt, für eine Anwendung auf das iGPS spezialisiert und anhand ihrer Modellgüte für eine finale Auswahl bewertet (Abschnitt 5.3). Das ausgewählte und validierte Modell der Messung wird hiernach für die Ableitung des Messunsicherheitsmodells verwendet (Abschnitt 5.4). Über einen Vergleich mit vorhandenem Wissen aus der Literatur wird das Messunsicherheitsmodell hinsichtlich seiner Plausibilität geprüft. Abschließend wird die zweite forschungsleitende Frage beantwortet (Abschnitt 5.5).

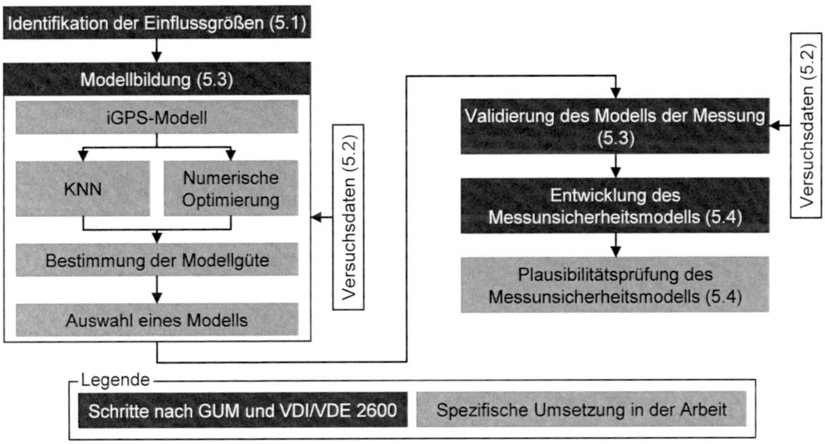

Abbildung 5.1: Vorgehen zur Entwicklung des iGPS-Messunsicherheitsmodells

5.1 Definition der Messaufgabe und Einflussgrößen

Zur Bestimmung der Messunsicherheit des iGPS wird die Absolutposition eines iGPS-Empfängers bei geänderter Konfiguration der Sender gemessen. Die Absolutposition des Empfängers wird in dieser Arbeit über die Referenzierung zum Welt-Koordinatensystem des iGPS (als absoluter Ursprung) definiert. Hierbei werden statische Messungen betrachtet, um die Komplexität und korrelierende Versuchsaufwände zu begrenzen. Grundsätzlich ist von dynamischen, geschwindigkeitsabhängigen Einflüssen auf die Messunsicherheit des iGPS auszugehen, wie die Arbeit von WANG ET AL. zeigt [WANG11, S. 205–213].

Tabelle 5.1 listet die für die Versuche verwendeten iGPS-Komponenten der Firma Nikon Metrology auf. Weiterführende Informationen zu den Komponenten können den Herstellerangaben entnommen werden (siehe [7DK22]). Zum Zeitpunkt der Beschaffung war Nikon Metrology der Hersteller des iGPS. Online-Links zur Produktseite des iGPS beziehen sich auf den aktuellen Hersteller 7D Kinematic Metrology.

Tabelle 5.1: Übersicht verwendeter iGPS-Komponenten (Bildquellen: [7DK22])

Kategorie	Herstellerbezeichnung	Beschreibung für Versuchseinsatz
Sender	Transmitter (Revisionsnr. *Rev-B*) 	Es stehen sechs iGPS-Sender zur Verfügung, die den Messraum aufspannen und optische Signale für die Positionsbestimmung emittieren. Eine genaue Beschreibung der Funktionsweise kann dem Anhang entnommen werden (siehe Anhang B).
Empfänger	i5 Integrated Sensor (i5IS) (Revisionsnr. *Rev-D*) 	Der iGPS-Empfängertyp i5IS besteht aus zwei einzelnen Detektoren, die jeweils 3D-Positionen erfassen. Der Empfänger ist speziell für dynamische Anwendungen ausgelegt. In den Versuchen wird der obere Detektor für bessere Sichtverhältnisse verwendet.
Probe	i6 Long Reach Probe G6 (Revisionsnr. *Rev-C*) 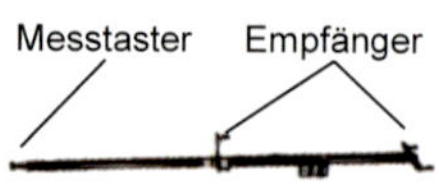	Ein handgeführter Messtaster mit vier integrierten Empfängern (sog. Probe) wird in den Versuchen eingesetzt, um • Kalibrierungen durchzuführen und • das Weltkoordinatensystem durch das Messen von Referenzpunkten zu definieren.

Eine iGPS-Messung kann als komplexer Prüfprozess betrachtet werden, da u.a. eine Vielzahl an Einflussgrößen auf die Messunsicherheit vorliegt. Die Einflussgrößen wurden in der Literatur umfangreich erforscht und nach Relevanz in Bezug auf den Messunsicherheitsbeitrag geordnet (siehe Abschnitt 2.3.3). Aufgrund des Optimierungsziels der Systemkonfiguration werden in dieser Arbeit nur einstellbare Einflussgrößen betrachtet (und keine Störgrößen, die unabhängig von der Konfiguration sind). Aus QUINDERS [QUIN17] Vorarbeit ist bekannt, dass hierzu folgende Einflussgrößen zählen:

- *Anzahl der Sender* mit Sichtverbindung
- Maximaler horizontaler *Öffnungswinkel* (Winkel zwischen einem Empfänger und zwei Sendern)
- *Elevationswinkel* zwischen Empfänger und Sendern
- *Distanz* zwischen Empfänger und Sendern

Zudem stellt die Anzahl der Sender für die *Kalibrierung* eine Einflussgröße der Messunsicherheit dar (siehe Abbildung 2.7). Sie soll daher ebenfalls für die Modellbildung zur Messunsicherheitsbestimmung berücksichtigt werden.

Die nicht berücksichtigen Einflussgrößen können dennoch, aber mit weitaus geringerer Relevanz, von der Konfiguration abhängen. Diese sind in Abbildung 2.7 dargestellt und werden für die weiteren Untersuchungen als konstant angenommen.

5.2 Versuche zur Modellbildung und Validierung

Dieser Abschnitt befasst sich mit der Planung und Durchführung von iGPS-Messungen, um eine Datengrundlage für die Modellbildung (Modell der Messung) und Validierung zu schaffen. In der Modellbildung werden Messwerte für den KNN-Ansatz zum Modelltraining benötigt. In der Validierung werden die Ausgabewerte der Modelle mit den Messwerten verglichen, um die Modellvalidität zu prüfen. Zur systematischen und effizienten Erhebung der Messwerte wird das Verfahren der statistischen Versuchsplanung (engl. Design of Experiments, DoE) angewendet (vgl. [MONT19]). Bei der Durchführung der Versuche wird der gesamte Parameterraum für eine mögliche iGPS-Konfiguration untersucht, um die Unsicherheitsbeiträge der Einflussgrößen bestimmen zu können. Um ein tiefergehendes Verständnis für die Versuchsplanung (Abschnitt 5.2.2) zu schaffen, wird zunächst der grundlegende Versuchsaufbau (Abschnitt 5.2.1) erläutert.

5.2.1 Versuchsaufbau

Die Versuche werden in einer geschlossenen Halle durchgeführt. Für die Umgebung kann von einer annährend konstanten Temperatur von 20 °C ausgegangen werden. Während der Versuche wurde in regelmäßigen Abständen die Temperatur gemessen, wobei maximale Temperaturunterschieden von ± 1°C auftraten. Nach QUINDERS Untersuchung leistet die Temperatur innerhalb eines Temperaturbereichs von 15 °C bis 28°C keinen signifikanten Beitrag zur Messunsicherheit, weshalb die Laborfläche als thermisch geeignet eingestuft werden kann [QUIN17, S. 140–142]. Eine Grundfläche von 15 x 30 m^2 und eine Höhe von 8 m bieten ausreichend Platz für eine systematische Variation der Konfiguration.

Um den Einfluss der Distanz untersuchen zu können, werden die Sender immer kreisförmig verteilt, da auf diese Weise die Sender- Empfänger-Abstände konstant gehalten werden. Der Empfänger (Typ i5IS) wird an einem Stativ mit variabler Höhe befestigt. Das Welt-Koordinatensystem des iGPS {W} wird über drei Referenzpunkte (0,5"-Nester) am Stativfuß definiert, die taktil mithilfe der Probe gemessen werden können. Die xy-Ebene wird hierbei parallel und die z-Achse orthogonal zum Hallenboden ausgerichtet. Abbildung 5.2 zeigt einen beispielhaften Versuchsaufbau in der beschriebenen Umgebung mit sechs Sendern bei einem Öffnungswinkel von 180° und einer einheitlichen Distanz von 7 m zum Empfänger.

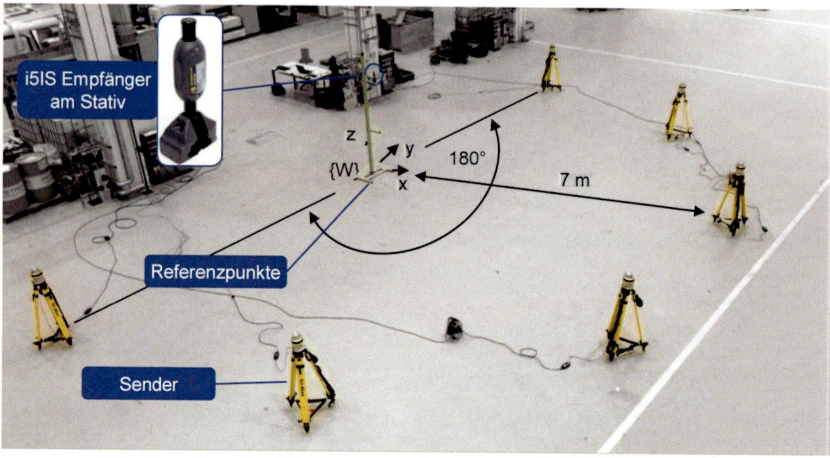

Abbildung 5.2: Versuchsaufbau zur Messunsicherheitsbestimmung des iGPS

5.2.2 Statistische Versuchsplanung

Die Versuche befassen sich mit der Position des Empfängers in kartesischen Koordinaten als Messgröße. Die Versuche gliedern sich in drei Versuchsreihen, deren Planung und Auswertung mithilfe des Programms Minitab [MINI17] durchgeführt wurde. Die erste Versuchsreihe untersucht den Einfluss der Konfigurationsparameter unter Anwendung symmetrischer Konfigurationen (Umsetzung einheitlicher Sender-Empfänger-Abstände), um Parameter unabhängig voneinander untersuchen zu können. Die zweite Versuchsreihe liefert zusätzliche Messwerte bei asymmetrischen Konfigurationen für die Modellvalidierung und stellt die Bedingungen in einem Montageprozess nach, in dem ein Empfänger i.d.R. unterschiedliche Abstände zu den Sendern aufweist. Die dritte Versuchsreihe ermittelt als Vorbereitung auf die Messunsicherheitsbestimmung die Standardunsicherheiten der Modelleingangsgrößen, die in Abschnitt 5.3 definiert werden. Im Nachfolgenden werden die einzelnen Versuchsreihen im Detail beschrieben.

Versuchsreihe 1: Symmetrische Variation der Konfiguration

Versuchsreihe 1 umfasst einen zweistufigen, vollfaktoriellen Versuch zur Aufnahme von Messwerten aus dem Parameterraum einer iGPS-Konfiguration. Um den Einfluss einzelner Faktoren (Einflussgrößen) zu untersuchen, wird ein systematischer, symmetrischer Aufbau umgesetzt. Demnach werden die Sender auf einer Kreisbahn um den Empfänger mit definiertem Abstand angeordnet. Zur Untersuchung des Faktors *Anzahl der Sender* stehen maximal sechs Sender zur Verfügung. Die untere Grenze des Faktors liegt bei drei Sendern und ist durch die Voraussetzung von mindestens drei Sichtverbindungen für eine valide

Messung festgelegt. Die Stufen des Faktors *Öffnungswinkel* orientieren sich an den in der Literatur etablierten Senderanordnungen „C-Shape“ und „Box“. Bei einer C-Shape-Anordnung sind die Sender z.B. auf einem Halbkreis (entspricht der Stufe *180°*) um den Empfänger angeordnet, wohingegen bei einer Box-Anordnung die Sender gleichmäßig um den Empfänger verteilt werden (entspricht der Stufe *360°*). Der Faktor *Elevationswinkel* ist über die technisch machbare Grenze von maximal *30°* als obere Stufe begrenzt. Ein Elevationswinkel von *0°* wird als untere Grenze verwendet. Negative Elevationswinkel bis -30° sind zwar technisch möglich, konnten aufgrund der begrenzten Höhe der Senderstative nicht realisiert werden. Der Faktor *Distanz* ist bei einer Kreisanordnung der Sender in der Versuchsumgebung auf maximal *7 m* als obere Stufe begrenzt. Eine Distanz von *3 m* wurden als untere Stufe gewählt, um genügend Raum für eine Kalibrierung zwischen den Sendern zu lassen. Zur Übersicht sind die einzelnen Faktoren mit ihren Stufen in Abbildung 5.3 dargestellt.

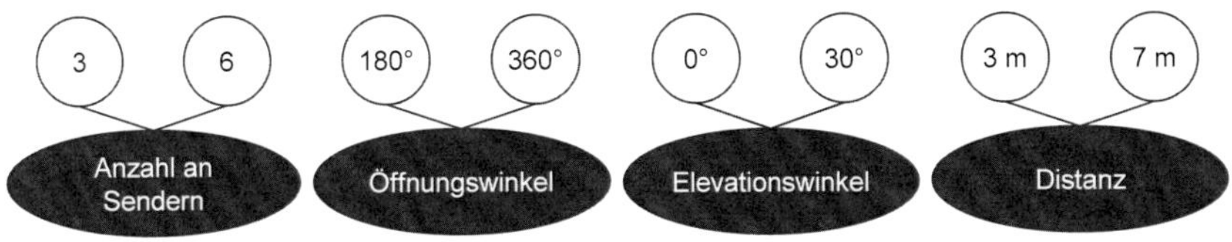

Abbildung 5.3: Faktoren und Stufen zur Untersuchung des Parameterraumes einer iGPS Konfiguration bei symmetrischer Sender-Empfänger-Verteilung

Für die einzelnen Faktorstufenkombinationen werden Wiederholversuche durchgeführt, um statistische Größen wie den Mittelwert und die Standardabweichung bestimmen sowie Störgrößen ausschließen zu können. Die Gesamtanzahl an durchzuführenden Einzelversuchen $\mathrm{N_{DoE}}$ lässt sich über folgende Formel bestimmen [KLEP16, S. 27]:

$$\mathrm{N_{DoE}} \approx 60 \cdot \left(\frac{\sigma_{\mathrm{DoE}}}{\Delta\mu}\right)^2 \tag{5.1}$$

Hierbei stellt σ_{DoE} die Annahme für die Streuung der Messgröße dar und $\Delta\mu$ das technologisch relevante Inkrement der Messgröße. Aus Vorarbeiten kann für das iGPS nach konservativer Abschätzung eine Streuung von $\sigma_{\mathrm{DoE}} = 0{,}101\ mm$ angenommen werden [QUIN17, S. 152]. Im Bereich der Großbauteilmontage kann von Toleranzprüfungen von ca. 1 mm ausgegangen werden, wie der Anwendungsfall aus dem Flugzeugbau in Abschnitt 4.1.1 zeigt. Hinsichtlich eines fähigen Messprozesses sollte die Auflösung des Messsystems mindestens 5% der Toleranz betragen [VDA10]. Als konservative Annahme wird daher von einem $\Delta\mu = 0{,}01\ mm$ ausgegangen. Hiermit lässt sich $\mathrm{N_{DoE}}$ nach folgender Gleichung bestimmen:

$$\mathrm{N_{DoE}} \approx 60 \cdot \left(\frac{\sigma_{\mathrm{DoE}}}{\Delta\mu}\right)^2 = 60 \cdot \left(\frac{0{,}101\ mm}{0{,}01\ mm}\right)^2 = 6120{,}6 \approx 6121 \tag{5.2}$$

Hieraus lässt sich die Anzahl der Einzelversuche je Faktorstufenkombination $\mathrm{n_{DoE,1}}$ ableiten, indem man durch die Anzahl an Faktorstufenkombinationen $\mathrm{m_{DoE,1}}$ dividiert:

$$\mathrm{n_{DoE,1}} = \frac{\mathrm{N_{DoE}}}{\mathrm{m_{DoE,1}}} = \frac{6121}{16} = 382{,}56 \approx 400 \tag{5.3}$$

Je Einzelversuch werden demnach 400 Wiederholungen (Messungen) durchgeführt. Tabelle 5.2 zeigt den randomisierten Versuchsplan zur Durchführung von Versuchsreihe 1.

Tabelle 5.2: Versuchsplan zur Untersuchung des Parameterraumes einer iGPS-Konfiguration

Randomisierte Reihenfolge	Durchlaufende Reihenfolge	Anzahl Sender	Öffnungs-winkel [°]	Elevations-winkel [°]	Distanz [m]
10	1	6	180	0	7
15	2	3	360	30	7
12	3	6	360	0	7
8	4	6	360	30	3
2	5	6	180	0	3
13	6	3	180	30	7
1	7	3	180	0	3
11	8	3	360	0	7
5	9	3	180	30	3
3	10	3	360	0	3
4	11	6	360	0	3
16	12	6	360	30	7
9	13	3	180	0	7
6	14	6	180	30	3
14	15	6	180	30	7
7	16	3	360	30	3

Versuchsreihe 2: Asymmetrische Variation der Konfiguration

In Versuchsreihe 2 werden Messwerte bei asymmetrischer Konfiguration der Sender, d.h. bei unterschiedlichen Sender-Empfänger-Abständen, aufgenommen. Dieser Fall der Konfiguration repräsentiert die industrielle Praxis des Systems, bei der sich beispielsweise Empfänger an mobilen Montageressourcen bewegen und sich somit die Abstände zu Sendern kontinuierlich und senderspezifisch ändern. Um diesen Fall aus der industriellen Praxis nachzustellen, werden die Sender wie in Versuchsreihe 1 kreisförmig angeordnet. Der Empfänger wird parallel zum Hallenboden systematisch entlang der x- und y-Achse in Abständen von 2 m versetzt. Der Versatz des Empfängers wird auf zwei Höhenebenen (auf Höhe der Sender und 2 m über den Sendern) bei der Verwendung von drei Sendern durchgeführt. Der beschriebene Aufbau ist in Abbildung 5.4 dargestellt. Es ergeben sich insgesamt 24 Empfängerpositionen, woraus 300 Wiederholmessungen nach Gl. (5.4) resultieren.

$$n_{DoE,2} = \frac{N_{DoE}}{m_{DoE,2}} = \frac{6121}{24} = 255{,}04 \approx 300 \tag{5.4}$$

Versuchsreihe 3: Variation der Kalibrierung und Unsicherheiten der Eingangsgrößen

Versuchsreihe 3 untersucht den Einfluss der Kalibrierung in Abhängigkeit von der Senderanzahl und die Standardunsicherheiten der Eingangsgrößen, die in Abschnitt 5.3 für die Modellbildung verwendet werden. Zur Untersuchung der Kalibrierung in Abhängigkeit von der Senderanzahl werden Kalibrierungen mit drei und sechs Sendern bei einem Abstand von 7 m zum Empfänger durchgeführt (siehe Abbildung 5.4). Ein Verändern der Senderanzahl wird durch eine softwareseitige Aktivierung bzw. Deaktivierung der Sender vorgenommen, sodass die Sender während der Versuchsreihe nicht umgestellt werden müssen. Die Kalibrierung erfolgt manuell mithilfe einer i6 Long Reach Probe, mit der über alle Kalibrierversuche dasselbe Koordinatensystem über die Referenzpunkte angetastet wird. Während der manuellen Kalibrierung werden über die Probe je Kalibrierversuch 100 Messpunkte aufgenommen. Die Messpunkte dienen als Berechnungsgrundlage für einen Best-fit-Algorithmus der iGPS-Software (Surveyor), um die Sender-Posen im iGPS-Welt-Koordinatensystem zu bestimmen. Die über Wiederholversuche ermittelten Senderposen je verwendeter Senderanzahl werden anschließend verwendet, um die Standardunsicherheiten einer Sender-Pose nach der Kalibrierung zu bestimmen (siehe Abschnitt 5.4.1). Da die einzelnen Kalibrierungen mit einem wesentlich höheren zeitlichen Aufwand verbunden sind als die Einzelmessungen in den Versuchsreihen 1 und 2, werden 20 Wiederholungen je Senderanzahl durchgeführt.

Wie in Abschnitt 5.3 ausführlicher erläutert wird, stellen die Sichtlinien zwischen Sender und Empfänger eine weitere Eingangsgröße zur Modellbildung neben den Senderposen dar. Eine Sichtlinie stellt einen normierten Vektor (Länge von 1 m) im kartesischen Koordinatensystem des Senders dar. Die Standardunsicherheiten der x-, y- und z-Komponente des Sichtlinienvektors werden über die Datengrundlage von allen Sendern innerhalb der gesamten Kalibrierversuche erhoben, bei denen jeweils 400 Einzelmessungen aufgenommen wurden. Auf diese Weise wird das Risiko reduziert, dass einzelne Sender durch individuelle Störgrößeneinflüsse den Wert der Standardunsicherheit beeinflussen.

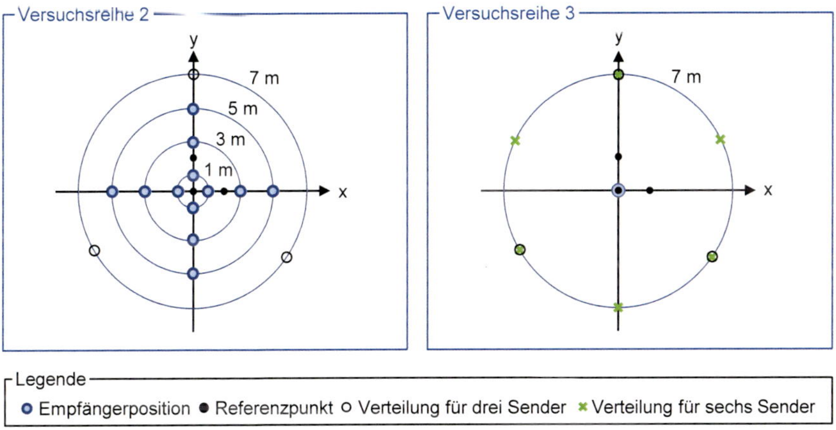

Abbildung 5.4: Versuchsaufbau zur Untersuchung der Konfigurationsparamater bei asymetrischer Sender-Empfänger-Verteilung und der Unsicherheit der Kalibrierung

5.2.3 Test auf Normalverteilung und Störgrößeneinflüsse

Nach GUM sollten die Eingangsgrößen des Modells der Messung einer statistischen Verteilung folgen, um die Berechnung der Standardunsicherheiten zu ermöglichen. Hierfür wird u.a. Versuchsreihe 3 durchgeführt, um Daten für Überprüfung einer Normalverteilung zu erheben. Als statistische Methode kann der Anderson-Darling-Test verwendet werden, um eine Datenreihe auf Normalverteilung zu prüfen [ANDE52]. Eine Normalverteilung ist gegeben, wenn der p-Wert der zu überprüfenden Datenreihe größer als das definierte Signifikanzniveau ist. Abbildung 5.5 zeigt die Ergebnisse der statistischen Auswertung, in der die p-Werte der Eingangsgrößen Sender-Sichtlinie und Sender-Pose aufgetragen sind.

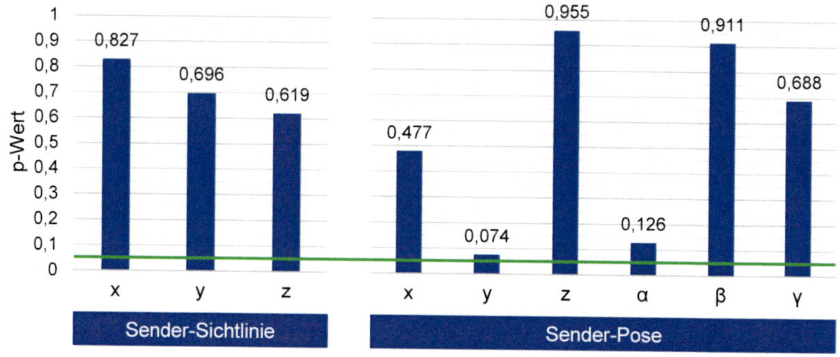

Abbildung 5.5: Test auf Normalverteilung für die Sichtlinie und Pose eines Senders

Die Sender-Pose ist hierbei in Euler-Winkeln mit der Rotationsreihenfolge ZYX angegeben (α := Rotation um z-Achse, β := Rotation um y-Achse, γ := Rotation um x-Achse). Der Test auf Normalverteilung nach Anderson-Darling zeigt, dass alle ausgewählten Eingangsgrößen des Modells mit einem Signifikanzniveau von $\alpha = 0{,}05$ einer Normalverteilung folgen und diese für die Berechnung der kombinierten Messunsicherheit angenommen werden darf.

Um einen Einfluss von Störgrößen während der Messung auszuschließen, kann ein Zeitreihendiagramm betrachtet werden. In Abbildung 5.6 ist ein repräsentativer Teil der Zeitreihendiagramme am Beispiel des y-Wertes dargestellt. Die Messwerte wurden bei einer Abtastfrequenz von 50 Hz aufgenommen. Das Zeitreihendiagramm zeigt, dass weder ein Driftverhalten wie ein stetiger An- oder Abstieg der Werte noch stufenförmige Sprünge der Werte auftreten. Ebenso variieren die Werte innerhalb von 0,03 mm, was der bekannten Streuung der Messwerte entspricht [QUIN17, S. 142]. Daher können Störgrößeneinflüsse für das betrachtete Zeitreihendiagramm ausgeschlossen werden. Die Zeitreihendiagramme werden regelmäßig über die Dauer der Versuche erstellt um Störgrößeneinflüsse auszuschließen. Die Zeitreihendiagramme für die übrigen Achsrichtungen sowie für die einzelnen Komponenten der Senderpose sind dem Anhang beigefügt (siehe Abbildung B.1 und Abbildung B.2).

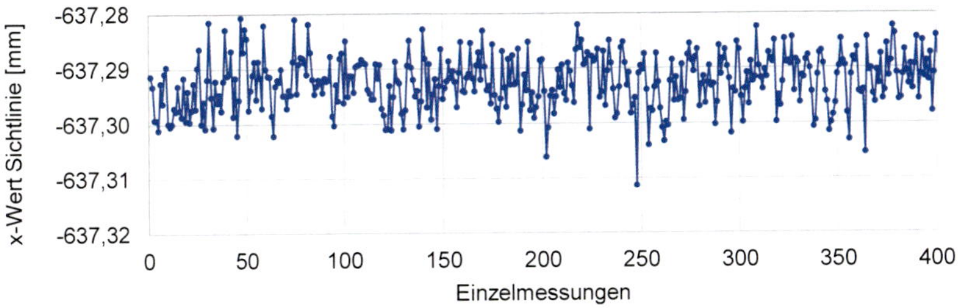

Abbildung 5.6: Zeitreihendiagramm einer Sender-Sichtlinie (x-Wert) zur Untersuchung von Störgrößen

5.3 Modell der Messung

In diesem Abschnitt wird das Modell der Messung für das iGPS als Grundlage für die anschließende Messunsicherheitsbestimmung entwickelt. Das Modell wird ausgehend von den Einflussgrößen, welche in Abschnitt 5.1 erarbeitet wurden, gebildet. Hierfür werden zwei Modelle zur Positionsbestimmung mittels unterschiedlicher Ansätze aus der Literatur entwickelt: eines basierend auf maschinellem Lernen (engl. Machine Learning) und eines basierend auf einer numerischen Optimierung. Die beiden Modelle werden anschließend anhand der Modellgüte verglichen. Das Modell der Messung mit der höheren Güte wird im weiteren Verlauf verwendet. Dieses wird zuletzt basierend auf den experimentellen Daten hinsichtlich der Validität im Parameterraum des iGPS umfangreich untersucht.

Um der Anforderung der Ausgabe von Absolutpositionen zu genügen, stellt die Ausgangsgröße des Modells einen Schätzwert der kartesischen Position $\tilde{p}$ dar, die den realen Messwert p mit Bezug zum iGPS-Welt-Koordinatensystem $\{W\}$ abbildet. Die über die Kalibrierung ermittelten Sender-Posen ${}^{W}T_{S}$ (als homogene Transformationsmatrix ausgedrückt) mit Bezug zu $\{W\}$ und senderspezifische, normierte Sichtvektoren r_S (Richtungsvektor der Länge von 1 m) mit Bezug zum Sender-Koordinatensystem $\{S\}$ bilden die Eingangsgrößen des Modells. Die beiden Eingangsgrößen stellen eine Möglichkeit dar, auf interne Messgrößen zur Modellbildung, wie nach GUM gefordert, zuzugreifen. Weitere interne Messgrößen (wie beispielsweise Winkelmessungen der Sender) stehen zwar in bekanntem Zusammenhang mit den Sichtvektoren (siehe Patent in [HEDG01]), werden jedoch nur gemittelt über mehrere Einzelmessungen ausgegeben, weshalb sie für das Modell der Messung nicht genutzt werden.

Abbildung 5.7 veranschaulicht die beschriebenen geometrischen Zusammenhänge und hebt die Problematik bei der Positionsbestimmung hervor. Nach dem Prinzip der Triangulation genügen zwei Sender mit bekannter Pose und ein Sichtvektor, um eine Position eindeutig zu bestimmen. In einem idealen Fall schneiden sich die Sichtvektoren l_S zweier Sender, ausgedrückt über einen Einheitsvektor r_S und dessen Skalierungsfaktor λ_S, in einem Punkt p_{ideal}. In der Realität treten Abweichungen, bedingt durch Störgrößeneinflüsse, in der Orientierung der Sichtvektoren auf, sodass diese windschief zueinander liegen. Der reale Messwert p kann dann nicht mehr auf einem gemeinsamen Schnittpunkt liegen. Gesucht ist also folgender funktionaler Zusammenhang f als Modell der Messung, der p über einen Schätzwert $\tilde{p}$ für eine definierte Anzahl von $\mathrm{n_S}$ Sendern approximiert:

$$\tilde{p} = f\left(r_{\mathrm{S},i}, {}^{\mathrm{W}}\mathrm{T}_{\mathrm{S},i}\right) \quad \text{mit} \quad \tilde{p} \in \mathbb{R}^3 \text{und } i \in \mathbb{Z}^{\leq \mathrm{n_s}} \tag{5.5}$$

$$l_\mathrm{S} = \lambda_\mathrm{S} \cdot r_\mathrm{S} \quad \text{mit} \quad \lambda_\mathrm{S} = 1 \tag{5.6}$$

$$r_\mathrm{S} = (r_{\mathrm{S,x}} \quad r_{\mathrm{S,y}} \quad r_{\mathrm{S,z}})^\mathrm{T} \quad \text{mit} \quad r_{\mathrm{S,x}}, r_{\mathrm{S,y}}, r_{\mathrm{S,z}} \in \mathbb{R} \tag{5.7}$$

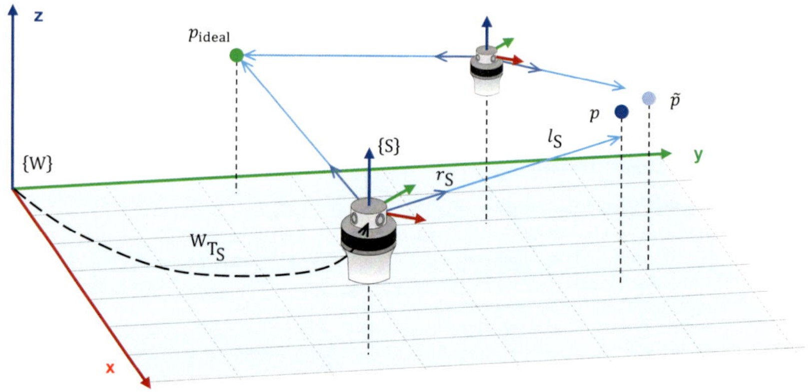

Abbildung 5.7: Geometrische Beziehungen der Modelleingangsgrößen

5.3.1 Modellbildung mittels künstlicher neuronaler Netze

Der Ansatz zur Positionsbestimmung mittels maschinellem Lernen beruht auf der Nutzung von künstlichen neuronalen Netzen (KNN) angelehnt an die Arbeit von MÜLLER ET AL. [MUEL20]. Im Folgenden wird die Anwendung von KNN zur Positionsbestimmung auf Basis von Multiangulation zur Übertragung auf eine iGPS-Messung erläutert. Ein KNN besteht i.d.R. aus mehreren Schichten (engl. Layer): einer Eingabeschicht, einer oder mehreren verborgenen Schichten und einer Ausgabeschicht (siehe Abbildung 5.8). Die einzelnen Schichten setzen sich aus Neuronen, welche wiederum Informationen von Neuronen aus vor- oder nachgeschalteten Schichten aufnehmen, zusammen. Bezugnehmend zum funktionalen Zusammenhang in Gl. (5.5) fließen ${}^{\mathrm{W}}\mathrm{T}_{\mathrm{S},i}$ und $\mathrm{r}_{\mathrm{S},i}$ nach einer Datenvorverarbeitung (sog. Feature Engineering) als Eingangsgrößen in die Eingabeschicht ein. Über die verborgenen Schichten werden die Wirkzusammenhänge f_{KNN} zwischen den Eingangsgrößen in der Eingabeschicht und den Ausgangsgrößen in der Ausgabeschicht modelliert. Drei Neuronen bilden die Ausgabeschicht, die jeweils eine kartesische Koordinate von $\tilde{p}_{\mathrm{KNN}}$ ausdrücken.

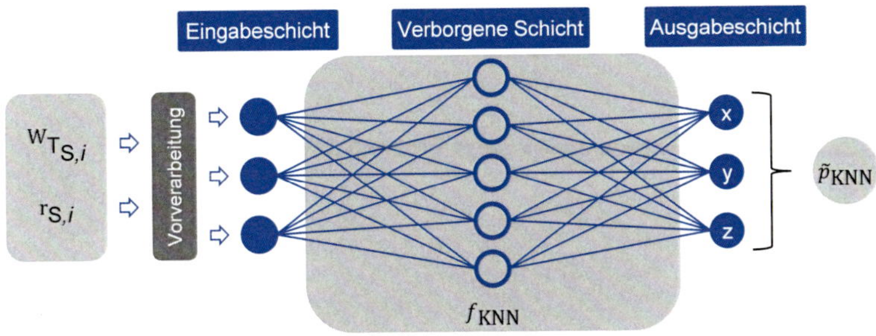

Abbildung 5.8: Grobmodell des künstlichen neuronalen Netzes zur Positionsbestimmung

Abbildung 5.9 stellt die Funktionsweise eines Neurons innerhalb eines KNN dar. Die Eingänge werden mit Gewichten multipliziert und mit einem Bias aufsummiert. Ein Bias stellt hierbei eine Konstante dar. Die Summe stellt das Funktionsargument der Aktivierungsfunktion dar. Aktivierungsfunktionen modifizieren den summierten Eingang eines Neurons durch einen Funktionalzusammenhang und können so die Intensität eines Ausgangswertes variieren. Der Ausgang eines Neurons wird durch den Funktionswert der Aktivierungsfunktion berechnet. Die Gewichte und der Bias sind Parameter, die im Trainingsprozess optimiert werden.

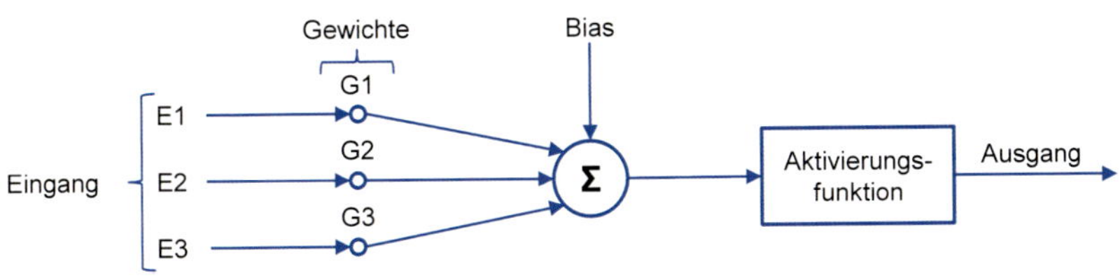

Abbildung 5.9: Schematische Darstellung eines Neurons innerhalb KNN

Als Trainingsmethode wird das überwachte Lernen (engl. Supervised Learning) für die Positionsbestimmung angewendet. Überwachtes Lernen setzt eine Kategorisierung von Daten für den Trainingsprozess voraus, um anschließend ausgehend von den Modelleingängen Schätzwerte für die Ausgangsgrößen, in diesem Fall Positionsdaten, zu ermitteln. Überwachtes Lernen eignet sich in diesem Kontext besonders, da der gesuchte funktionale Zusammenhang in Gl. (5.5) einem Regressionsproblem entspricht und annotierte Daten (engl. Labeled Data) in Form von realen Messdaten vorliegen.

Datenvorverarbeitung zur Erzeugung des Feature-Vektors

Die Sichtvektoren stellen nach dem Prinzip der Triangulation die relevanten Größen für eine Positionsbestimmung dar. Damit die Position in Bezug auf das Welt-Koordinatensystem $\{W\}$ als Absolutposition angegeben werden kann, müssen die Sichtvektoren vom Sender-Koordinatensystem $\{S\}$ in das Welt-Koordinatensystem $\{W\}$ überführt werden.

Dies gelingt über folgenden Zusammenhang anhand der Transformationsmatrix ${}^{W}T_{S}$:

$$ {}^{W}T_{S} = \begin{pmatrix} s_{11} & s_{12} & s_{13} & s_{14} \\ s_{21} & s_{22} & s_{23} & s_{24} \\ s_{31} & s_{32} & s_{33} & s_{34} \\ s_{41} & s_{42} & s_{43} & s_{44} \end{pmatrix} \quad \text{mit} \quad s_{ij} \in \mathbb{R}, \; i,j \in [1;4] \tag{5.8} $$

$$ s = (s_{14} \quad s_{24} \quad s_{34}) = (s_x \quad s_y \quad s_z) \tag{5.9} $$

$$ R = \begin{pmatrix} s_{11} & s_{12} & s_{13} \\ s_{21} & s_{22} & s_{23} \\ s_{31} & s_{32} & s_{33} \end{pmatrix} \tag{5.10} $$

$$ l_W = s + R \cdot l_S = s + \lambda_W \cdot r_W \tag{5.11} $$

Als Ergebnis erhält man je Sender den transformierten Sichtvektor l_W in Bezug zum Welt-Koordinatensystem $\{W\}$, der sich aus der Sender-Position s als Ortsvektor mit den Koordinaten s_x, s_y und s_z sowie dem Richtungsvektor r_W zusammensetzt. Abbildung 5.10 skizziert die beschriebenen geometrischen Zusammenhänge.

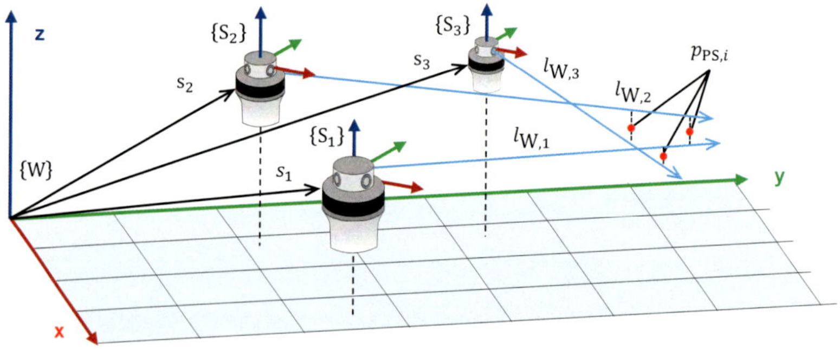

Abbildung 5.10: Verwendung von Pseudoschnittpunkten $p_{PS,i}$ als Komponenten des Feature-Vektors

Ein für KNN wichtiger vorbereitender Schritt stellt die sorgfältige Auswahl von Merkmalen als Eingangsgrößen, die sog. Definition des Feature-Vektors, zur Schätzung einer Ausgangsgröße dar. Im vorliegenden Fall ist das Messverfahren der Multiangulation bzw. untergeordneten Triangulation des iGPS bekannt. Diese Kenntnis wird genutzt, um Eingangsgrößen in der Nähe des abzubildenden Messwertes zu formulieren. Das Vorgehen folgt der Idee, dass theoretisch mittels jeder Kombination, bestehend aus zwei Sendern, nach dem Prinzip der Triangulation eine Position bestimmt werden kann. Aufgrund der windschiefen Beziehung der Sichtvektoren zueinander wird ein sog. Pseudoschnittpunkt p_{PS} definiert. Dieser Schnittpunkt liegt für eine beliebige Kombination von zwei Sichtvektoren $l_{W,1}$ und $l_{W,2}$ auf der Mitte der sog. Minimaltransversalen. Diese beschreibt den minimalen Abstand zwischen $l_{W,1}$ und $l_{W,2}$ ist skizzenhaft in Abbildung 5.10 dargestellt. Die mathematische Definition von p_{PS} kann dem Anhang entnommen werden (siehe Anhang Teil B).

Für drei Sender ergeben sich somit drei Pseudoschnittpunkte wie Abbildung 5.10 zeigt. Erhöht man die Zahl der Sender, erhöht sich auch die Anzahl an Pseudoschnittpunkten (z.B. 15 Pseudoschnittpunkte bei sechs Sendern). Da die Anzahl der Eingangsgrößen eines KNN nicht variabel gestaltet werden kann, muss dieser so definiert werden, dass eine variable Anzahl an Sendern zwischen drei und sechs verarbeitet werden kann. Hierfür wird das kleinste gemeinsame Vielfache der möglichen Anzahl an Pseudoschnittpunkten je Senderanzahl berücksichtigt, was einem Zahlenwert von 30 entspricht. Da jeder Pseudoschnittpunkt drei kartesische Koordinaten umfasst, resultiert hieraus ein Feature-Vektor P_{PS} der Dimension 90×1. Die Bestimmung von P_{PS} wird über die Funktion f_{PS} zusammengefasst:

$$P_{\mathrm{PS}} = f_{\mathrm{PS}}\left(l_{\mathrm{W},i}\right) \tag{5.12}$$

Hyperparameteroptimierung und Modelltraining

Für die Identifikation von Modellparametern muss eine Verlustfunktion definiert werden, die die Güte einer Schätzung des Modells quantifiziert und zur kontinuierlichen Verbesserung der Modellparameter beiträgt. Hierfür wird der mittlere quadratische Fehler (engl. Mean Squared Error, MSE) verwendet, der die Güte einer Modellvorhersage für n Messungen wie folgt definiert:

$$MSE = \frac{1}{\mathrm{n}} \sum_{i=1}^{\mathrm{n}} (p_i - \widetilde{p_i})^2 \quad \text{mit} \quad n \in \{\mathrm{n}_{\mathrm{DoE,1}}; \mathrm{n}_{\mathrm{DoE,2}}\} \tag{5.13}$$

Mithilfe der Verlustfunktion aus Gl. (5.13) wird eine Hyperparameteroptimierung durchgeführt, bei der für unterschiedliche Parametereinstellungen Trainings- und Testphasen durchlaufen werden. Ein Hyperparameter beeinflusst das Trainingsverhalten eines KNN und muss vor dem Modelltraining festgelegt werden. Zu untersuchende Parameter stellen die Anzahl der verborgenen Schichten (Parameterbereich: [1; 8]), die Anzahl an Neuronen je verborgener Schicht (Parameterbereich: [15; 1000]) und die Aktivierungsfunktion (Parameterbereich: lineare und Tangens hyperbolicus Funktion) dar. Für die Parameteridentifikation wird die Methode der Bayesschen Optimierung mit einer Anzahl von 500 Iterationen über die Software Tensorflow (Modul KerasTuner) angewendet [O'MA21]. Das Ergebnis der Hyperparameteroptimierung stellen die Parameter mit dem geringsten Verlust ermittelt über Gl. (5.13) dar. Abbildung 5.11 zeigt die resultierende Struktur des KNN mit den ermittelten Parametern: Nach der Eingabeschicht folgen sechs verborgene Schichten mit abnehmender Anzahl an Neuronen (von 1000 bis 15), bevor die Ausgabeschicht anschließt. Die einzelnen Schichten werden alle über eine lineare Aktivierungsfunktion verknüpft.

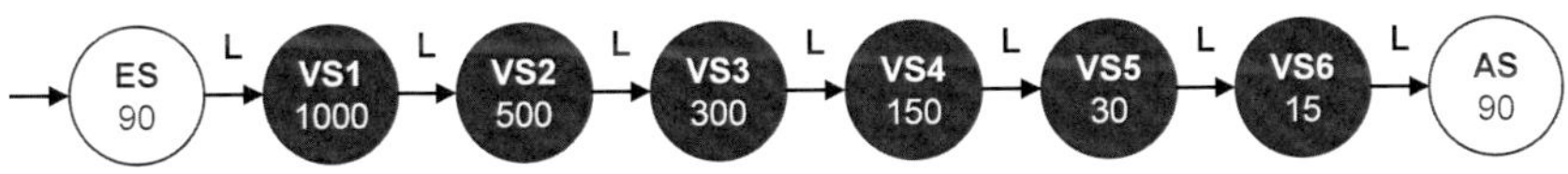

Abbildung 5.11: KNN-Parameter nach der Hyperparameteroptimierung mit einer Eingabeschicht (ES), sechs verborgenen Schichten (VS), einer Ausgabeschicht (AS) und linearen Aktivierungsfunktionen (L)

In Abbildung 5.12 ist die Trainingsphase des KNN unter Verwendung der optimierten Parameter illustriert. Für das Training des Modells werden ausschließlich die experimentellen Daten aus Versuchsreihe 2 verwendet (siehe Abschnitt 5.2.2). Je Trainingszyklus (auch *Epoch* genannt) wird das Modell mit den Daten aus Versuchsreihe 2 trainiert. Nach jedem Trainingszyklus wird das Modell sowohl mit Daten aus Versuchsreihe 1 (Testdaten) als auch aus Versuchsreihe 2 (Trainingsdaten) getestet, um den MSE zu bestimmen. Der Verlauf des MSE zeigt, dass sowohl die Trainings- als auch die Testdaten gegen einen Wert in der Größenordnung von 10^{-7} von nach 500 Lernzyklen konvergieren.

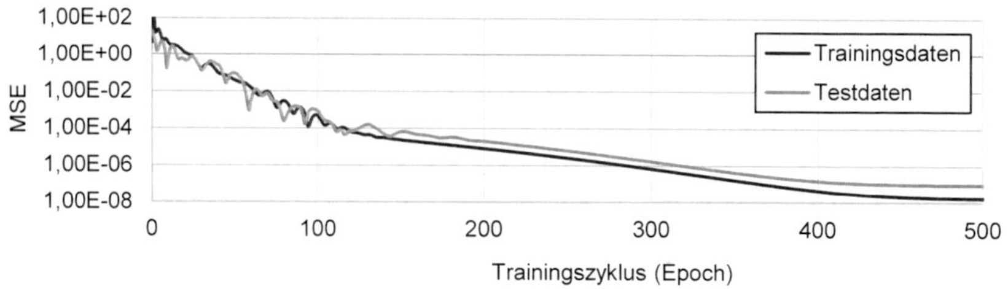

Abbildung 5.12: Mean-Squared-Error (MSE) über Trainingszyklen von Trainings- und Testdaten

Der finale MSE entspricht umgerechnet einer gemittelten betragsmäßigen Abweichung von 0,3 mm zwischen vorhergesagter und realer Position. Zusammenfassend lässt sich das Modell der Messung f_{KNN} zur Bestimmung der Position $\tilde{p}_{\mathrm{KNN}}$ für i Sender wie folgt definieren:

$$\tilde{p}_{KNN} = f_{KNN}(P_{PS}) = f_{KNN}\left(f_{PS}(l_{W,i})\right) \quad \text{mit} \quad i \in [3;6] \tag{5.14}$$

Da das KNN-basierte Modell der Messung f_{KNN} eine Gesamtzahl von 791.993 Parametern besitzt, wird der funktionale Zusammenhang zwecks Übersichtlichkeit nicht explizit formuliert.

5.3.2 Modellbildung mittels numerischer Optimierung

Im vorherigen Abschnitt wurde das Modell der Messung f_{KNN} für das iGPS unter der Verwendung von KNN gebildet. Dieser Abschnitt adressiert den zweiten Ansatz zur Bildung eines Modells der Messung mittels numerischer Optimierung (f_{NUM}), da über diesen Ansatz ebenfalls mathematisch überbestimmte Systeme, wie es bei der Multiangulation der Fall ist, gelöst werden können. Hierfür wird an die Formulierung in Gl. (5.9) angeknüpft, in der die Sichtvektoren im Welt-Koordinatensystem $\{\mathrm{W}\}$ dargestellt werden. Unter der Annahme windschiefer Sichtvektoren kann ein sog. Minimal-Distanz-Punkt p_{MDP} numerisch ermittelt werden, der Minimalabstände d_i zu den Sichtvektoren $\mathrm{l}_{\mathrm{W}\,i}$ aufweist. $\mathrm{p}_{\mathrm{MDP}}$ wird als zu modellierender Messwert $\tilde{\mathrm{p}}_{\mathrm{NUM}}$ zur Schätzung des realen Messwertes p definiert. Abbildung 5.13 veranschaulicht die Idee des Minimaldistanzpunktes, dessen mathematische Herleitung auf Basis bekannter geometrischer Zusammenhänge im Folgenden erläutert wird.

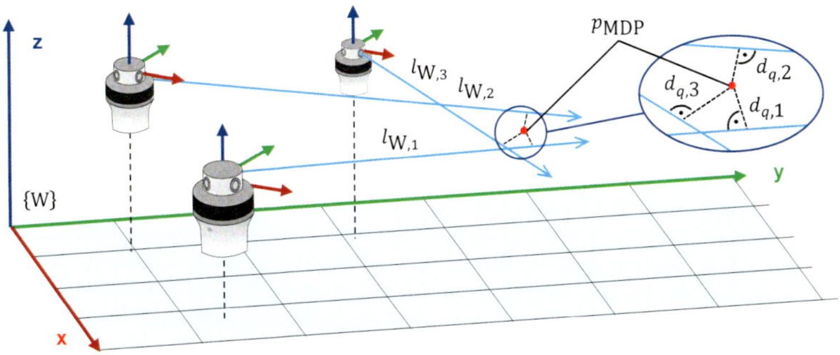

Abbildung 5.13: Minimal-Distanz-Punkt p_{MDP} mit Minimalabständen $d_{q,i}$ zu Sichtvektoren $l_{W,i}$

Ausgehend von der Definition eines Sichtvektors in Gl. (5.11) kann der euklidische Abstand $d_{q,i}$ zwischen einem beliebigen Punkt q und einem Sichtvektor $l_{W,i}$ bestimmt werden:

$$d_{q,i}{}^2 = \left\|(q - s_i) \times r_{W,i}\right\|^2 \tag{5.15}$$

Über die Lagrange-Identität lässt sich Gl. (5.15) umformulieren zu:

$$\Leftrightarrow d_{q,i}{}^2 = \|q - s_i\|^2 - \left\|(q - s_i) \cdot r_{W,i}\right\|^2 \tag{5.16}$$

Die Summe D über alle Abstände $d_{q,i}$ wird als Zielgröße einer zu minimierenden Funktion f_{MDP} betrachtet, deren Resultat p_{MDP} darstellt. Die Durchführung der Minimierung wird über die Funktion f_{NUM} zusammengefasst und stellt das Modell der Messung dar, mithilfe dessen der Schätzwert $\tilde{p}_{NUM}$ für p bestimmt werden kann.

$$D = \sum_{i=1}^{n_s} d_{q,i} = f_{MDP}(q, l_{W,i}) \tag{5.17}$$

$$p_{MDP} = f_{NUM}(l_{W,i}) = \min_{q \in \mathbb{R}} f_{MDP}(q, l_{W,i}) = \tilde{p}_{NUM} \tag{5.18}$$

Zum Lösen des Minimierungsproblems wird die partielle Ableitung nach q bestimmt:

$$\frac{\partial D}{\partial q} = \sum_{i=1}^{n_s} \frac{\partial d_i{}^2}{\partial q} = \sum_{i=1}^{n_s} 2\,(q - s_i) - 2 r_{W,i}\left[(q - s_i) \cdot r_{W,i}\right] \tag{5.19}$$

Die Position q stellt eine Minimalstelle von D nach Gl. (5.18) dar, die einer Nullstelle der Gl. (5.19) entspricht. Die Position q besitzt zu allen Sichtvektoren aus Gl. (5.11) eine Minimaldistanz und wird demnach als p_{MDP} bezeichnet.

$$0 = \sum_{i=1}^{n_S} (q - s_i) - r_{W,i}\left[(q - s_i) \cdot r_{W,i}\right] \tag{5.20}$$

$$\Leftrightarrow \sum_{i=1}^{n_S} q - r_{W,i}(q \cdot r_{W,i}) = \sum_{i=1}^{n_S} s_i - r_{W,i}(s_i \cdot r_{W,i}) \tag{5.21}$$

Über die Darstellung als dyadisches Produkt können zwei Teilterme aus Gl. (5.21) umgeformt werden zu:

$$r_{W,i}(q \cdot r_{W,i}) = \left(r_{W,i} \otimes r_{W,i}{}^{T}\right) \cdot q \tag{5.22}$$

$$r_{W,i}(s_i \cdot r_{W,i}) = \left(r_{W,i} \otimes r_{W,i}{}^{T}\right) \cdot s_i \tag{5.23}$$

Durch Einsetzen von Gl. (5.22) und Gl. (5.23) in Gl. (5.21) erhält man folgenden Ausdruck, der ein lineares Gleichungssystem in Gl. (5.26) beschreibt:

$$\underset{5.21}{\Leftrightarrow} \sum_{i=1}^{n_S} q - \left(r_{W,i} \otimes r_{W,i}{}^{T}\right) \cdot q = \sum_{i=1}^{n_S} s_i - \left(r_{W,i} \otimes r_{W,i}{}^{T}\right) \cdot s_i \tag{5.24}$$

$$\Leftrightarrow \sum_{i=1}^{n_S} \left(I - r_{W,i} \otimes r_{W,i}{}^{T}\right) \cdot q = \sum_{i=1}^{n_S} \left(I - r_{W,i} \otimes r_{W,i}{}^{T}\right) \cdot s_i \tag{5.25}$$

$$\Leftrightarrow \mathrm{A} \cdot q = \mathrm{b} \tag{5.26}$$

$$\text{mit} \quad \mathrm{A} = \sum_{i=1}^{n_S} \left(I - r_{W,i} \otimes r_{W,i}{}^{T}\right)$$

$$\mathrm{b} = \sum_{i=1}^{n_S} \left(I - r_{W,i} \otimes r_{W,i}{}^{T}\right) \cdot s_i$$

Der gesuchte Wert für q in Gl. (5.26) wird numerisch mittels der Methode der kleinsten Quadrate bestimmt, der p_{MDP} bzw. $\tilde{\mathrm{p}}_{\mathrm{NUM}}$ als Ausgangsgröße des Modells nach Gl. (5.18) entspricht. Unter der Annahme, dass die Matrix A vollen Rang besitzt, verfügt das lineare Gleichungssystem in Gl. (5.26) über eine eindeutige Lösung.

5.3.3 Modellauswahl und Validierung

Die beiden Modellvarianten f_{KNN} und f_{NUM} zur Positionsbestimmung des iGPS sollen anhand der Modellgüte verglichen und bewertet werden. Basierend auf den experimentellen Daten aus Versuchsreihe 1 (siehe Abschnitt 5.2.2) wird die Genauigkeit der Modellvorhersage mit den Messwerten des realen iGPS verglichen. Das Modell mit der höheren Güte wird ausgewählt und für den weiteren Verlauf dieser Arbeit verwendet.

Vergleich der Modellgüte

Die Residuen der Modelle (euklidische Abweichung zwischen Modellvorhersage und Realwert der Messung) über die einzelnen Versuche aus Versuchsreihe 1 definieren die Modellgüte Q. Hierbei wird über die Wiederholmessungen gemittelt, sodass sich folgende Definition für die Güte ergibt:

$$Q = \left\| \frac{1}{n_{DoE,1}} \sum_{i=1}^{n_{DoE,1}} (\tilde{p}_i - p_i) \right\|_2 \quad \text{mit} \quad \tilde{p}_i \in \{\tilde{p}_{KNN,i}; \tilde{p}_{NUM,i}\} \tag{5.27}$$

Abbildung 5.14 zeigt die ermittelten Residuen für beide Modellansätze über alle Versuche aus Versuchsreihe 1. Aus der Abbildung ist ersichtlich, dass die Modellgüte des numerischen Modells deutlich höher ist als die des KNN-Modells. Das numerische Modell ist, bis auf Versuch 1, über alle Versuche mindestens eine Größenordnung genauer (bzw. näher am Realwert). Für Versuch 13 erreicht das numerische Modell Abweichungen, die um vier Größenordnungen geringer sind als die des KNN-Modells. Da die Versuche alle Konfigurationsparameter berücksichtigen und das numerische Modell eine konsequent bessere Güte besitzt, wird es für die Verwendung im weiteren Verlauf der Arbeit ausgewählt.

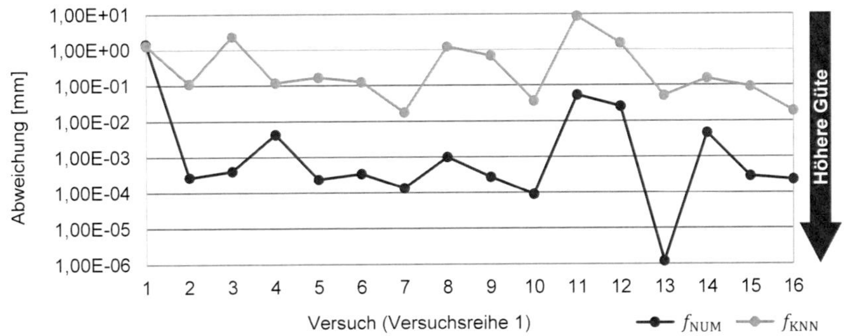

Abbildung 5.14: Residuendiagramm der Modelle mittels numerischer Optimierung (f_{NUM}) und künstlicher neuronaler Netze (f_{KNN}) über die Versuche aus Versuchsreihe 1

Die deutlichen Differenzen in der Modellgüte können unterschiedliche Ursachen haben. Ein Grund für die größeren Abweichungen des KNN-Modells kann die Struktur der Trainingsdaten darstellen. Die Trainingsdaten (Versuchsreihe 2) beinhalten Konfigurationen mit ausschließlich drei Sendern und unterschiedlichen Sender-Empfänger-Abständen. Hingegen werden für die Testdaten (Versuchsreihe 1) Konfigurationen mit drei und sechs Sendern sowie einheitliche Sender-Empfänger-Abstände verwendet. Daher kann angenommen werden, dass zusätzliche Konfigurationen mit sechs Sendern und einheitlichen Sender-Empfänger-Abständen in den Trainingsdatensatz integriert werden sollten, um geringere Abweichungen des KNN-Modells zu erzielen. Ein anderer Grund für die Abweichungen in der Modellgüte kann daher rühren, dass das numerische Modell der Methode des Herstellers zur Berechnung der Messwerte annähernd entspricht, was jedoch aufgrund eingeschränkter Einsichten in die Funktionsweise des iGPS nicht final geprüft werden kann.

Experimentelle Validierung des numerischen Modells

Der direkte Vergleich zwischen den Modellen ermöglicht eine Auswahl, lässt aber noch keinen Schluss auf die Modellvalidität zu, welche nach GUM gefordert ist. Daher wird das ausgewählte Modell der Messung f_{NUM} anhand der experimentell erhobenen Daten aus den

Versuchsreihen 1 und 2 validiert, um mit statistischen Methoden zu prüfen, ob das Realverhalten des iGPS hinreichend genau abgebildet werden kann. Hierzu werden zwei statistische Testmethoden angewendet:

- Welch-Test zur Überprüfung der *Mittelwertgleichheit* [WELC47]
- Levene-Test zur Überprüfung der *Varianzgleichheit* [LEVE60]

Analog zur Definition der Güte in Gl. (5.26) beschreibt die Validierungsgröße ebenfalls die euklidische Distanz (2-Norm) eines Positionsmesswertes. Beide Testmethoden werden für die Versuche aus Versuchsreihe 1 durchgeführt. Die Ergebnisse der Tests sind für ein Signifikanzniveau von $\alpha = 0{,}05$ in Abbildung 5.15 dargestellt. Hierbei konnte eine Mittelwert- und Varianzgleichheit bei 13 von 16 Versuchen statistisch nachgewiesen werden. Bei Versuch 3 ist aufgrund der Nähe zu den technischen Grenzen (hinsichtlich Mindestdistanz, maximaler Elevationswinkel und Mindestanzahl an Sendern) ein instabiles Verhalten des Systems anzunehmen, das zu einem nicht-validen Ergebnis geführt haben könnte. Für die nicht-validen Versuche 6 und 10 ist von externen Störgrößeneinflüssen auszugehen.

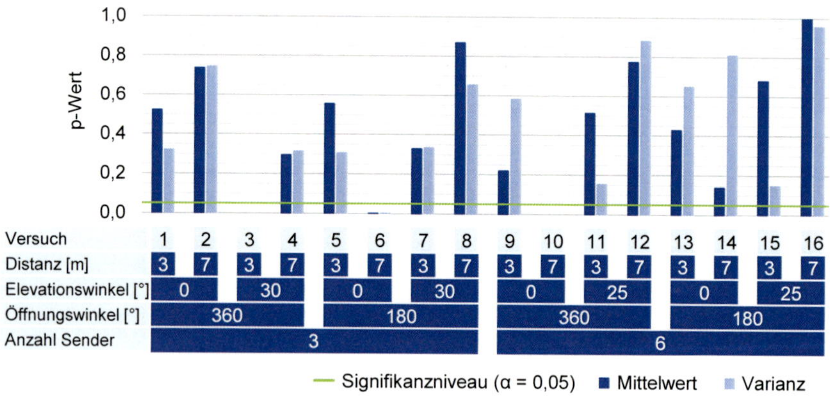

Abbildung 5.15: Modellvalidierung von f_{NUM} über Test auf Mittelwert- und Varianzgleichheit mit Daten aus Versuchsreihe 1

Für eine tiefergehende Untersuchung der Validität werden zusätzlich die Versuche aus Versuchsreihe 2 bei gleichbleibendem Signifikanzniveau betrachtet, bei der der Empfänger auf zwei Höhenebenen entlang der Hauptachsen systematisch versetzt wird. Die Ergebnisse dieser Untersuchung in Abbildung 5.16 zeigen, dass über alle 24 Versuche eine Mittelwert- und Varianzgleichheit nachgewiesen werden konnte.

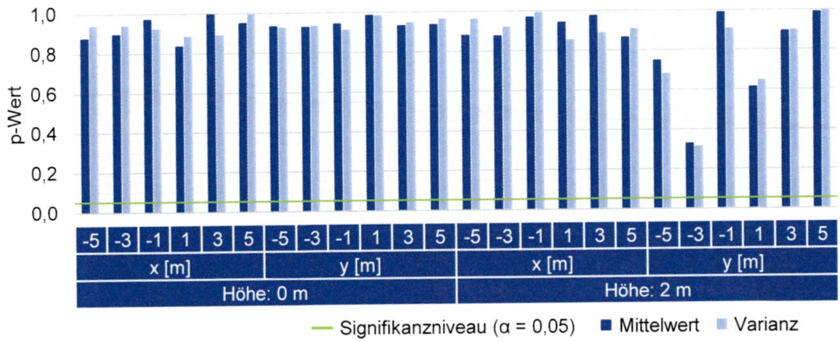

Abbildung 5.16: Modellvalidierung von f_{NUM} über Test auf Mittelwert- und Varianzgleichheit mit Daten aus Versuchsreihe 2

Zusammenfassend konnte eine Mittelwert- und Varianzgleichheit zwischen der Vorhersage des Modells der Messung und den realen Messwerten des iGPS für 37 von 40 Versuchen belegt werden, was einer relativen Modellgüte (Verhältnis der Anzahl an validen Versuchen zu der Gesamtversuchsanzahl) von 92,5% entspricht. Das Modell wird daher als hinreichend genau bewertet, um als valides Modell der Messung, wie es seitens GUM gefordert ist, akzeptiert zu werden und kann für die anknüpfende Messunsicherheitsbestimmung eingesetzt werden [JOIN08, S. 9].

5.4 Messunsicherheitsmodell nach GUM

Mithilfe des entwickelten Modells der Messung für das iGPS können die funktionalen Zusammenhänge zwischen den Eingangsgrößen (${}^{\mathrm{W}}\mathrm{T}_{\mathrm{S}}$ und r_{S}) und des resultierenden Messwertes p nachvollzogen werden. Über eine Erfassung der Unsicherheiten der Eingangsgrößen kann anhand des Modells der Messung die Fehlerfortpflanzungskette mit dem Resultat der kombinierten Messunsicherheit (als Summe der Unsicherheitsbeiträge der einzelnen Eingangsgrößen) bestimmt werden. Die beiden GUM-Schritte zu Eingangsunsicherheiten und der kombinierten Messunsicherheit sind Inhalt der nächsten beiden Abschnitte. [JOIN08, S. 18–21]

5.4.1 Standardunsicherheiten der Eingangsgrößen

Zunächst werden die Standardunsicherheiten u der Eingangsgröße r_S aus Gl. (5.7) für die jeweilige kartesische Achsrichtung bestimmt, wofür die Daten aus Versuchsreihe 1 aufgrund der gleichmäßigen Sender-Empfänger-Abstände verwendet werden. Zur Bestimmung der Standardunsicherheiten werden die Werte der Eingangsgröße r_S über die Messungen aller Sender über alle Versuche aus Versuchsreihe 1 gemittelt, um eine Schätzung für den gesamten Parameterraum zu erhalten. Hieraus resultieren folgende Werte für die Standardunsicherheiten von r_{S}:

$$u(r_{\mathrm{S}}) = \left[u(r_{\mathrm{S,x}}) \quad u(r_{\mathrm{S,y}}) \quad u(r_{\mathrm{S,z}})\right]^{\mathrm{T}} = [0{,}0072\, mm \quad 0{,}0062\, mm \quad 0{,}0052\, mm]^{\mathrm{T}} \tag{5.28}$$

Die einzelnen Werte je Versuch, über deren Mittelung die Standardunsicherheiten von $u(r_{S,x})$, $u(r_{S,y})$ und $u(r_{S,z})$ gebildet wurden, können Tabelle B.1 im Anhang entnommen werden. Die Übersicht zeigt, dass unabhängig von der jeweiligen Konfiguration gleiche Unsicherheiten vorliegen. Eine Korrelation zwischen den Standardunsicherheiten $u(r_S)$ und der Konfiguration des iGPS kann daher ausgeschlossen werden.

Die zweite Eingangsgröße ${}^{W}T_S$ (Sender-Pose) resultiert aus der Kalibrierung des iGPS, weshalb Versuchsreihe 3 für die Bestimmung der Standardunsicherheiten betrachtet wird. Zur besseren Übersichtlichkeit wird ${}^{W}T_S$ im Folgenden in einer gleichwertigen Euler-Pose e_S dargestellt. Hierbei bezeichnen ez_S, ey_S und ex_S die Rotationen (nach der Rotationsreihenfolge ZYX) um die jeweiligen kartesischen Achsen:

$$ {}^{W}T_S \xrightarrow{Euler-Transformation} e_S = (s_x \quad s_y \quad s_z \quad ez_S \quad ey_S \quad ex_S)^T \tag{5.29} $$

Tabelle 5.3 zeigt die ermittelten Standardunsicherheiten für e_S in Abhängigkeit von der Anzahl der Sender. Es wird deutlich, dass eine Verringerung der Senderanzahl von sechs auf drei die Standardunsicherheiten, bezogen auf die Sender-Position (s_x, s_y und s_z), mehr als verdoppelt.

Tabelle 5.3: Standardunsicherheiten der Sender-Pose abhängig von der Senderanzahl

Anzahl Sender	$u(s_X)$ [mm]	$u(s_Y)$ [mm]	$u(s_Z)$ [mm]	$u(ez_S)$ [rad]	$u(ey_S)$ [rad]	$u(ex_S)$ [rad]
3	1,171	1,120	0,725	0,000235	0,000236	0,000501
6	0,187	0,216	0,348	0,000112	0,000115	0,000067

Daher wird anders als bei r_S kein einzelner Wert für beliebige Konfigurationen angenommen, sondern die Standardunsicherheiten werden abhängig von der Senderanzahl n_S linear zwischen den Randwerten von drei und sechs Sendern interpoliert. Die linearen Funktionen für die einzelnen Standardunsicherheiten werden wie folgt definiert:

$$ u(s_x) = -0{,}328\,mm \cdot n_S + 2{,}154\,mm \tag{5.30} $$

$$ u(s_y) = -0{,}301\,mm \cdot n_S + 2{,}024\,mm \tag{5.31} $$

$$ u(s_z) = -0{,}126\,mm \cdot n_S + 1{,}103\,mm \tag{5.32} $$

$$ u(ez_S) = -0{,}0000412\,rad \cdot n_S + 0{,}000359\,rad \tag{5.33} $$

$$ u(ey_S) = -0{,}0000405\,rad \cdot n_S + 0{,}000358\,rad \tag{5.34} $$

$$ u(ex_S) = -0{,}0001444\,rad \cdot n_S + 0{,}000934\,rad \tag{5.35} $$

Die Standardunsicherheiten (siehe Gl. (5.30) bis (5.35) sind aufgrund des eingeschränkten untersuchten Parameterraumes für drei und sechs Sender zulässig. Für eine Extrapolation auf eine größere Senderanzahl (> 6) werden als konservative Abschätzung die Werte für sechs Sender übernommen. Diese Annahme ist angelehnt an Vorkenntnisse aus der Arbeit von QUINDERS, die nahelegt, dass nur eine Anzahl zwischen drei und fünf Sichtverbindungen einen signifikanten Einfluss auf die Messunsicherheit des iGPS hat [QUIN17, S. 145].

5.4.2 Bestimmung der kombinierten Messunsicherheit

Die kombinierte Messunsicherheit umfasst alle Unsicherheitsbeiträge der ausgewählten Eingangs- bzw. Einflussgrößen und gibt das sog. Unsicherheitsbudget für ein Sigmaniveau von $\sigma = 1$ aus. Nach GUM berechnet sich die kombinierte, quadrierte Messunsicherheit $u_c(y)^2$ aus der Summe der partiellen Ableitungen von N Eingangsgrößen x_j (auch als Sensitivitätskoeffizient bezeichnet) des Modells der Messung $f(x_1, \ldots, x_\mathrm{N})$ multipliziert mit der zugehörigen Standardunsicherheit $u(x_j)$. Für numerische Modelle der Messung werden nach GUM Differenzen anstelle partieller Ableitungen verwendet [JOIN08, S. 18f.]:

$$u_c(y)^2 = \sum_{j=1}^{N} \left[\frac{1}{2} f\left(x_1, \ldots, x_j + u(x_j), \ldots, x_\mathrm{N}\right) - \frac{1}{2} f\left(x_1, \ldots, x_j - u(x_j), \ldots, x_\mathrm{N}\right)\right]^2 \tag{5.36}$$

Formuliert man das entwickelte Modell der Messung für das iGPS f_{NUM} über seine skalaren Eingangsgrößen auf Basis von Gl. (5.18) ergibt sich somit folgender Term:

$$\begin{aligned} \tilde{p}_\mathrm{NUM} &= f_\mathrm{NUM}\left(r_{\mathrm{S},i}, {}^\mathrm{W}\mathrm{T}_{\mathrm{S},i}\right) \\ &= f_\mathrm{NUM}\left(r_{\mathrm{S},i}, \mathrm{e}_{\mathrm{S},i}\right) \\ &= f_\mathrm{NUM}\left(r_{\mathrm{S,x},i}, r_{\mathrm{S,y},i}, r_{\mathrm{S,z},i}, \mathrm{s}_{\mathrm{x},i}, \mathrm{s}_{\mathrm{y},i}, \mathrm{s}_{\mathrm{z},i}, \mathrm{ez}_{\mathrm{S},i}, \mathrm{ey}_{\mathrm{S},i}, \mathrm{ex}_{\mathrm{S},i}\right) \quad \text{mit} \quad i \in \mathbb{Z}^{\leq n_s} \end{aligned} \tag{5.37}$$

Aufgrund der hohen Anzahl an Eingangsgrößen wird die Bestimmung der kombinierten Messunsicherheit am Beispiel von drei Sendern verdeutlicht. Für dieses Beispiel wird folgende Modellgleichung in Anlehnung an Gl. (5.38) formuliert:

$$\begin{aligned} \tilde{p}_\mathrm{NUM} = f_\mathrm{NUM}\big(& r_\mathrm{S,x,1}, r_\mathrm{S,y,1}, r_\mathrm{S,z,1}, \mathrm{s}_\mathrm{x,1}, \mathrm{s}_\mathrm{y,1}, \mathrm{s}_\mathrm{z,1}, \mathrm{ez}_\mathrm{S,1}, \mathrm{ey}_\mathrm{S,1}, \mathrm{ex}_\mathrm{S,1}, \\ & r_\mathrm{S,x,2}, r_\mathrm{S,y,2}, r_\mathrm{S,z,2}, \mathrm{s}_\mathrm{x,2}, \mathrm{s}_\mathrm{y,2}, \mathrm{s}_\mathrm{z,2}, \mathrm{ez}_\mathrm{S,2}, \mathrm{ey}_\mathrm{S,2}, \mathrm{ex}_\mathrm{S,2}, \\ & r_\mathrm{S,x,3}, r_\mathrm{S,y,3}, r_\mathrm{S,z,3}, \mathrm{s}_\mathrm{x,3}, \mathrm{s}_\mathrm{y,3}, \mathrm{s}_\mathrm{z,3}, \mathrm{ez}_\mathrm{S,3}, \mathrm{ey}_\mathrm{S,3}, \mathrm{ex}_\mathrm{S,3}\big) \end{aligned} \tag{5.38}$$

Ausgehend von Gl. (5.38) lautet der zugehörige Ausdruck der kombinierten Messunsicherheit:

$$\begin{aligned} u_c(\tilde{p}_\mathrm{NUM})^2 = & \left[\frac{1}{2} f_\mathrm{NUM}\left(r_\mathrm{S,x,1} + u(r_\mathrm{S,x}), \ldots, \mathrm{ex}_\mathrm{S,3}\right) - \frac{1}{2} f_\mathrm{NUM}\left(r_\mathrm{S,x,1} - u(r_\mathrm{S,x}), \ldots, \mathrm{ex}_\mathrm{S,3}\right)\right]^2 \\ & + \cdots \\ & + \left[\frac{1}{2} f_\mathrm{NUM}\left(r_\mathrm{S,x,1}, \ldots, \mathrm{ex}_\mathrm{S,3} + u(\mathrm{ex}_\mathrm{S})\right) - \frac{1}{2} f_\mathrm{NUM}\left(r_\mathrm{S,x,1}, \ldots, \mathrm{ex}_\mathrm{S,3} - u(\mathrm{ex}_\mathrm{S})\right)\right]^2 \end{aligned} \tag{5.39}$$

Der Algorithmus zur Berechnung der kombinierten Messunsicherheit wurde in der Software MATLAB implementiert [MAT21b]. Da das Modell der Messung auf einer numerischen Optimierung basiert, wurde die Rechenzeit versuchsweise überprüft, um die Eignung für eine Verwendung innerhalb der simulationsbasierten Optimierung abzusichern. Für eine exemplarische Konfiguration mit drei Sendern und einem Empfänger benötigt die Berechnung einer Messunsicherheit bezogen auf eine Messung auf einem Standardprozessor (AMD FX-8350) 0,0071 s. Für eine Konfiguration mit sechs Sendern wurde eine Rechenzeit von 0,0225 s erreicht. Aufgrund der kurzen Rechenzeiten im Millisekundenbereich wird der

Algorithmus als geeignet bewertet, um für die anknüpfende Konfigurationsoptimierung verteilter LSM-Systeme eingesetzt zu werden.

5.4.3 Vergleich mit existierenden Kenntnissen zur Messunsicherheit

Das entwickelte Messunsicherheitsmodell folgt dem Vorgehen nach GUM und basiert hiernach auf einem validierten Modell der Messung, sodass auch das Messunsicherheitsmodell implizit als valide gilt. Um das Messunsicherheitsmodell zu verifizieren und es hinsichtlich der Plausibilität der Modellergebnisse näher zu prüfen, wird in diesem Abschnitt die Methode „Comparison to Other Models“ nach SARGENT über einen Vergleich mit dem existierenden Kenntnisstand zur Messunsicherheit des iGPS durchgeführt [SARG10, S. 186]. Hierzu gibt Tabelle 5.4 einen Überblick, in der Erkenntnisse aus der Literatur dem Modellverhalten in Form von Heatmaps gegenübergestellt werden. Die Heatmaps zeigen die Verteilung der kombinierten Messunsicherheit u_c für gegebene Verteilungen von Sendern (berechnet nach Gl. (5.39)). Die 2D-Darstellung von u_c bezieht sich hierbei auf Höhenebene der Sender. Folgende Bestätigungen bekannter Zusammenhänge zwischen Einflussgrößen und Messunsicherheit deuten auf plausible Ergebnisse des Modells hin:

- *Eine gleichmäßigere Verteilung der Sender um einen Empfänger bewirkt eine geringere Messunsicherheit* [SCHM10, S. 2–6, QUIN17, S. 149]. Die oberen zwei Heatmaps in Tabelle 5.4 vergleichen Konfigurationen mit einer Senderverteilung über 360° und 180° als Beispiele für gleich- bzw. ungleichmäßige Verteilungen. Die Linie für u_c = 0,72 mm verdeutlicht, dass der absolute Messbereich mit u_c < 0,72 mm bei einer Verteilung über 360° vergrößert wird.
- *Messungen näher der Sender und Messungen mit einer geringeren Anzahl an Sichtverbindungen erfahren eine höhere Messunsicherheit* [MAIS08, S. 343, SUN15, S. 178f., QUIN17, S. 53–145]. Ausgehend von einem Minimum der Messunsicherheit im Zentrum der von den Sendern umstellten Fläche nimmt die Messunsicherheit in Richtung der Sender zu, wie die mittleren beiden Heatmaps in Tabelle 5.4 zeigen. Der Vergleich der Konfigurationen zeigt, dass sich bei einem Verlust von sechs (linke Heatmap) auf drei (rechte Heatmap) Sichtverbindungen die minimale Messunsicherheit von 0,54 mm auf 0,76 mm erhöht.
- *Der größte Anteil des Messunsicherheitsbudgets resultiert aus der Einflussgröße der Kalibrierung (ca. 83%)* [LAND11, S. 8]. Die linke untere Heatmap in Tabelle 5.4 zeigt u_c bei drei Sichtverbindungen und einer Kalibrierung mit drei Sendern. Die rechte untere Heatmap zeigt u_c bei drei Sichtverbindungen und einer Kalibrierung mit sechs Sendern. Über eine Erhöhung der Anzahl der Sender von drei auf sechs kann hiernach die minimale Messunsicherheit um 82% von 4,2 mm auf 0,7 mm gesenkt werden, was den starken Einfluss der Kalibrierung unterstreicht.
- *Laut Hersteller liegt die Messunsicherheit bei statischen Messungen unter 0,2 mm* [NIKO12, S. 4]. Nach manuell optimierter Konfiguration kann eine Messunsicherheit von 0,304 mm (bei sechs gleichmäßig verteilten Sendern mit einem Abstand von 3 m zum Empfänger) erreicht werden, wie Abbildung B.3 im Anhang zeigt. Unterschiede können aus unterschiedlichen Kalibrierverfahren resultieren. Neben der verwendeten

Kalibriermethode können über ein externes Messsystem referenzierte Empfänger als Referenzpunkte genutzt werden. Dies erlaubt eine kontinuierliche Kalibrierung und Kompensation von Störgrößen zu Gunsten einer geringeren Messunsicherheit.

Tabelle 5.4: Vergleich von Modellverhalten und aus der Literatur bekannten Zusammenhängen zur Messunsicherheit des iGPS

Eine **gleichmäßige Verteilung** der Sender begünstigt eine geringe Unsicherheit.	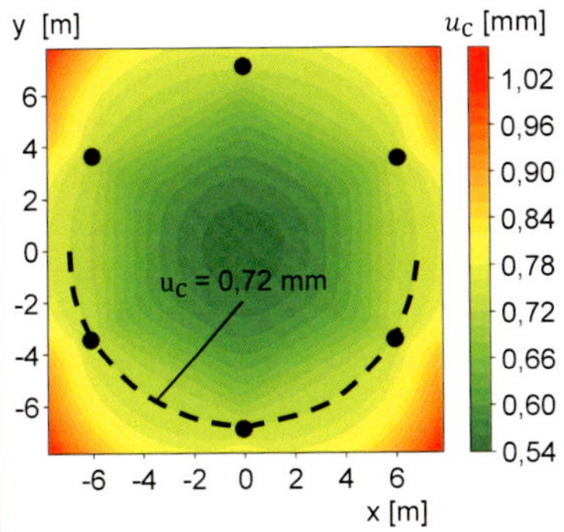	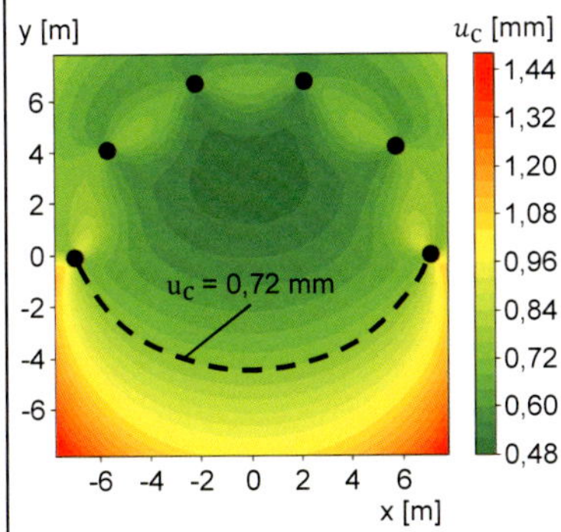
Die Unsicherheit ist: in **Sendernähe** und bei weniger **Sichtverbindungen** höher.	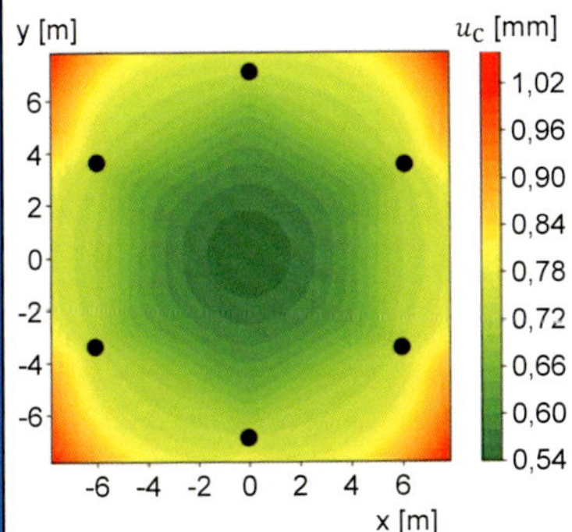	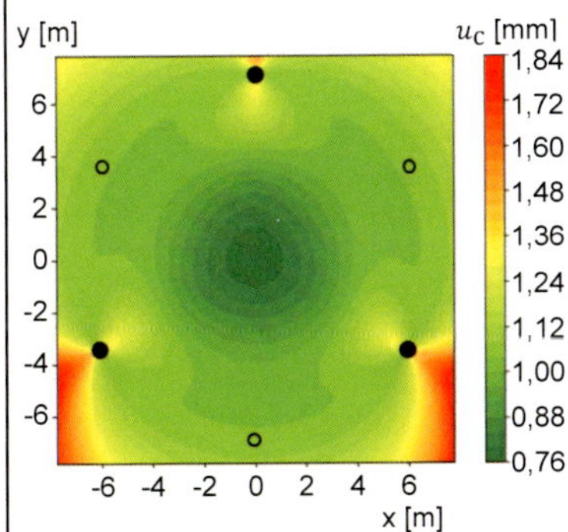
Den größten Beitrag liefert die **Kalibrierung** zum **Messunsicherheitsbudget** (ca. 82%).	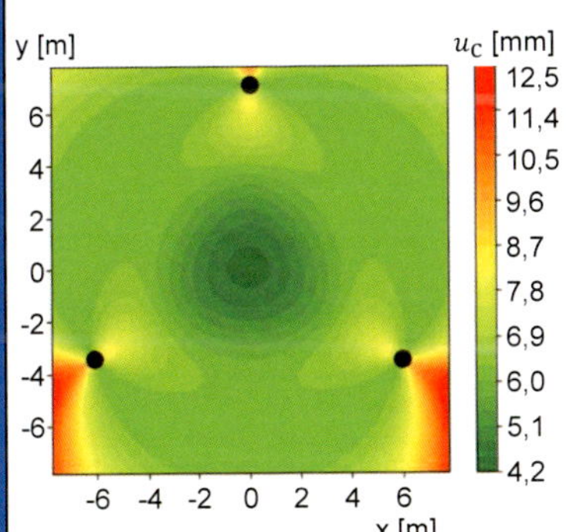	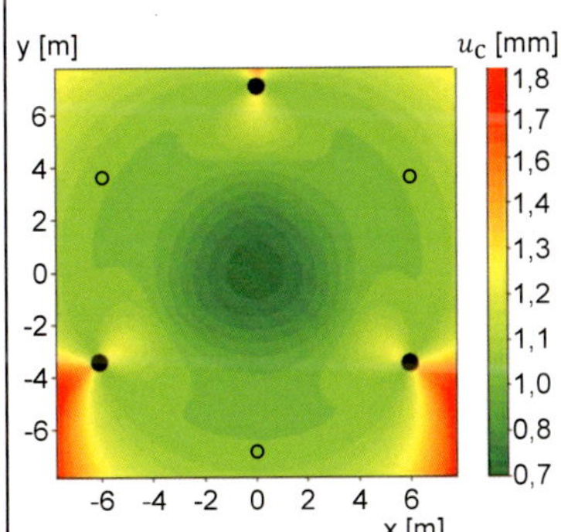

5.5 Zwischenfazit zur konfigurationsabhängigen Messunsicherheit

Ziel von Kapitel 5 war die Entwicklung eines konfigurationsabhängigen Messunsicherheitsmodells für ein multiangulierendes Messsystem am Beispiel des iGPS. Die Entwicklung des Modells erfolgte nach dem Vorgehen der GUM. Zunächst wurden hierfür relevante Einflussgrößen auf die Messunsicherheit des iGPS auf Basis von Erkenntnissen aus der Literatur bestimmt. Anschließend wurden zwei Ansätze zur Modellbildung, über KNN und über numerische Optimierung, umgesetzt. Für eine Datenbasis zur Umsetzung und Validierung der Modelle wurden iGPS-Versuche nach statistischer Versuchsplanung vorbereitet und durchgeführt. Anhand einer Bewertung der Modellgüte wurde in einem Modellvergleich der Ansatz der numerischen Optimierung ausgewählt. Statistische Tests zur Prüfung auf Mittelwert- und Varianzgleichheit im ausgewählten Parameterraum einer iGPS-Konfiguration konnten die Validität des ausgewählten Modells der Messung bestätigen. Das Messunsicherheitsmodell wurde auf Basis des Modells der Messung abgeleitet. Für beispielhafte iGPS-Konfigurationen konnte die Funktionalität des Messunsicherheitsmodells verifiziert und das resultierende Modellverhalten anhand bekannter Zusammenhänge aus der Literatur plausibilisiert sowie validiert werden.

Ergebnis des Kapitels stellt ein Messunsicherheitsmodell des iGPS dar, das als Teilmodell im Kontext der simulationsbasierten Optimierung von Konfigurationen verteilter Messsysteme eingesetzt wird. Laut GUM ist eine Extrapolation von Modellwerten außerhalb der betrachteten Parameterwerte nicht zulässig. Deshalb wird die Validität des Modells durch das verwendete Kalibrierverfahren und die innerhalb der Versuche genutzten Konfigurationen (siehe Abbildung 5.3) begrenzt. Weiterhin stellen die Versuche zum Nachweis der Validität des Modells der Messung nur einen Ausschnitt möglicher Konfigurationen dar. Daher besteht das Risiko, dass Konfigurationen, die nicht Teil der Versuche waren, zu einem nicht validen Modellverhalten führen können. Da jedoch 93% der Versuche eine statistische Validität des Modells der Messung nachgewiesen haben, wird das vom Modell der Messung abgeleitete Messunsicherheitsmodell als valide eingestuft und im weiteren Verlauf der Arbeit verwendet.

Das nach GUM entworfene Modell der Messung berücksichtigt allgemeine Eingangsgrößen multiangulierender Messsysteme und kann daher auf weitere Systeme von anderen Herstellern übertragen werden. Mit dem entworfenen Messunsicherheitsmodell gelingt es, konfigurationsabhängige Unsicherheiten von iGPS-Positionsmessungen zu ermitteln, womit die zweite forschungsleitende Frage positiv beantwortet werden kann.

6 Konfigurationsoptimierung über Minimierung der Messunsicherheit

Im vorherigen Kapitel wurde die Entwicklung des Messunsicherheitsmodells für das iGPS als Beispiel für ein verteiltes LSM-System behandelt. Dieses Kapitel adressiert die dritte forschungsleitende Frage und befasst sich mit der Entwicklung eines Optimierungsalgorithmus, mithilfe dessen eine Konfiguration für ein verteiltes Messsystem bestimmt werden kann. Das Messunsicherheitsmodell liefert hierbei die Zielgröße der zu minimierenden Messunsicherheit und kann wahlweise, abhängig vom eingesetzten Messsystem (in dieser Arbeit: iGPS oder Lasertracker), ausgetauscht werden. Arbeitsbereiche des Messsystems sowie Einschränkungen durch die Montageumgebung werden über die Formulierung von Randbedingungen berücksichtigt. Zur Umsetzung des Vorhabens wird in diesem Kapitel zunächst ein geeigneter Optimierungsalgorithmus ausgewählt (Abschnitt 6.1), der im nachfolgenden Abschnitt 6.2 in den Gesamtablauf der Konfigurationsoptimierung eingebettet wird. Anschließend wird der ausgewählte Algorithmus für die Konfiguration verteilter LSM-Systeme modifiziert, um die Messunsicherheit als Zielgröße und zulässige Arbeitsbereiche als Randbedingungen nutzen zu können (Abschnitt 6.3). In Abschnitt 6.4 erfolgt die Kopplung an den virtuellen Messprozess (siehe Abbildung 4.7). Zur Untersuchung der Einsatzgrenzen der Konfigurationsoptimierung wird in Abschnitt 6.5 die Lösbarkeit unterschiedlich komplexer Konfigurationen untersucht. Abschließend wird die dritte forschungsleitende Frage beantwortet (Abschnitt 6.6). Abbildung 6.1 zeigt die beschriebene Struktur des Kapitels zur Entwicklung der Konfigurationsoptimierung.

Abbildung 6.1: Struktur von Kapitel 6 zur Entwicklung der Konfigurationsoptimierung

6.1 Auswahl eines globalen Optimierungsalgorithmus

Um ein geeignetes Lösungsverfahren auswählen zu können, müssen zunächst die Eigenschaften des Optimierungsproblems untersucht werden. Deshalb wird einleitend ein grober Überblick über mögliche Lösungsverfahren gegeben. Lösungsverfahren lassen sich in enumerative und heuristische Methoden unterteilen. BÖLTE unterteilt enumerative Methoden wiederum in Verfahren, die keine Lösungen vernachlässigen und in Verfahren die nachweislich keine optimalen Lösungen vernachlässigen. Maßgebliche Eigenschaft für die Auswahl einer dieser Klassen ist die Laufzeitkomplexität des Optimierungsproblems [ELBE05, S. 43]. Ein Problem mit geringer Anzahl an potenziellen Lösungen kann mit enumerativen Methoden wie z.B. durch eine ausgiebige Suche (engl. Exhaustive Search oder Brute Force) aller potenziellen Lösungen ermittelt werden [HAUP04, S. 5].

Diese Methoden liefern zwar nachweislich die optimale Lösung, sind aber von allen Verfahren am ineffizientesten [BÖLT94, S. 71]. Effizienter sind Verfahren, die während der Suche Lösungen, die eindeutig nicht optimal sind, erkennen und von der weiteren Suche ausschließen.

Für komplexere Probleme muss zugunsten der Rechenzeit auf die Garantie, dass die gefundene Lösung optimal ist, verzichtet werden [PADU99, S. 3]. Solche Verfahren werden als heuristische Verfahren bezeichnet [BÖLT94, S. 73]. Diese können weiter in deterministische und stochastische Methoden unterteilt werden, je nachdem ob die jeweilige Methode zufällige Suchschritte erfordert oder nicht [FRAN11, S. 94, RIOS13, S. 1248–1257]. Für die Frage, ob deterministische oder stochastische Methoden eingesetzt werden sollen, müssen die Eigenschaften des Optimierungsproblems berücksichtigt werden. VEDOVA ET AL. gliedern die stochastischen Methoden weiter in die Klassen der evolutionären und schwarmbasierten Algorithmen [VEDO19, S. 1067]. Evolutionäre Algorithmen basieren auf der Nachahmung der natürlichen Selektion gemäß dem Darwinistischem Prinzip „Survival of the Fittest". Ein viel genutzter Vertreter dieser Klasse sind sogenannte genetische Algorithmen [WEIC15, S. 128, VEDO19, S. 1067]. Anstatt der Selektionsstrategie der evolutionären Algorithmen basieren schwarmbasierte Algorithmen auf dem Nachahmen und Lernen von den benachbarten Mitgliedern des Schwarms. Diese Algorithmen sind dem Prinzip der sozialen Interaktion von Tieren, wie Vögeln, Fischen, oder Ameisen nachempfunden. Ein bekannter Algorithmus dieser Klasse ist der sogenannte Partikelschwarm. [WEIC15, S. 180, VEDO19, S. 1067] Eine Übersicht der genannten Klassen von Lösungsverfahren mit beispielhaften Algorithmen ist in Abbildung 6.2 gegeben.

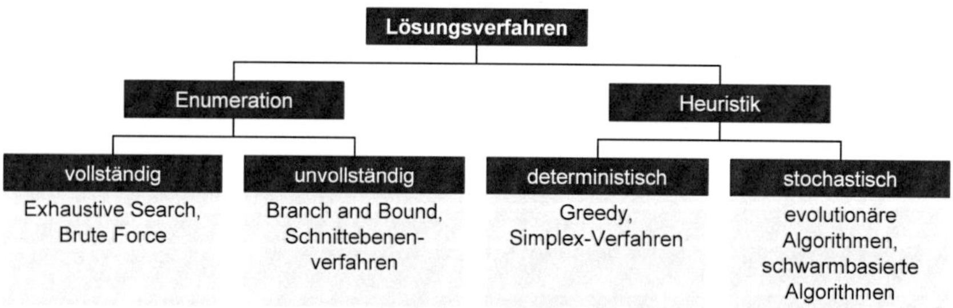

Abbildung 6.2: Klassifikation von Lösungsverfahren mit Beispielen für Optimierungsalgorithmen

6.1.1 Charakterisierung des Optimierungsproblems

Das auszuwählende Lösungsverfahren soll das Optimierungsziel verfolgen, die Messunsicherheit u unter Veränderung der Konfiguration S für eine Senderanzahl $\mathrm{n_s}$ zu minimieren. Der einzelne Sender s_i wird hierbei über seine Raumkoordinaten nach Gl. (5.9) beschrieben. Eine optimale Konfiguration $\mathrm{S_{opt}}$ definiert sich demnach über die Verursachung einer minimalen Messunsicherheit $\mathrm{u_{min}}$. Die Zielfunktion f_{MU} ist über das Messunsicherheitsmodell definiert, das von der Wahl des Messsystems abhängt.

$$S = (s_1 \quad \cdots \quad s_{n_s}) \tag{6.1}$$

$$u_{min} = f_{MU}(S_{opt}) \tag{6.2}$$

Nachfolgend wird das Optimierungsproblem der Konfiguration verteilter Messsysteme analysiert und charakterisiert, um eine Entscheidung zur Wahl eines Lösungsverfahrens bzw. eines Optimierungsalgorithmus treffen zu können.

Da die Messunsicherheit die einzige Zielgröße darstellt, liegt ein *monokriterielles* Optimierungsproblem vor. Wie die Verteilung der Messunsicherheit am Beispiel des iGPS (siehe Tabelle 5.4) mit mehreren lokalen Extrema zeigt, ist von einem *multimodalem* und *nichtlinearem* Problem auszugehen. Durch die Berücksichtigung der individuellen Arbeitsbereiche der Messsysteme (siehe Tabelle 4.5) und der Montageumgebung ist das Optimierungsproblem *restringiert*. Aufgrund von Prämisse 7 (siehe Tabelle 4.4), nach der angenommen wird, dass die Konfiguration über die Zeit des Montageprozesses nicht verändert wird, liegt ein *statisches* Optimierungsproblem vor.

Die Konfiguration stellt Punkte im dreidimensionalen Raum dar, die bei minimaler Veränderung bei gegebener Montageumgebung bereits zu Sichtunterbrechungen und somit zu nicht realisierbaren Messungen führen können. Deshalb können mögliche optimale Konfigurationen durch grobe räumliche Diskretisierung nicht ermittelt werden. Eine Betrachtung des *kontinuierlichen* Raumes ist daher erforderlich, um die Konfiguration durchzuführen.

Eine Funktion gilt als konvex, wenn insbesondere ihre Definitionsmenge konvex ist. Dies ist für beliebige Montageumgebungen nicht gegeben, wie Abbildung 6.3 zeigt. Die unzulässige Menge kann z. B. durch ein Hindernis in Form eines Roboters repräsentiert werden, in dessen Raum ein Sender nicht platziert werden darf. Die Verbindungslinie eines Senders (S) und eines Empfängers (E) aus der zulässigen Menge schneidet die Ränder der unzulässigen Menge. Die zulässige Menge ist somit nicht konvex. Demnach liegt ein *nicht konvexes* Optimierungsproblem vor und es kann im Allgemeinen nicht davon ausgegangen werden, dass ein lokales Optimum einem globalen Optimum entspricht.

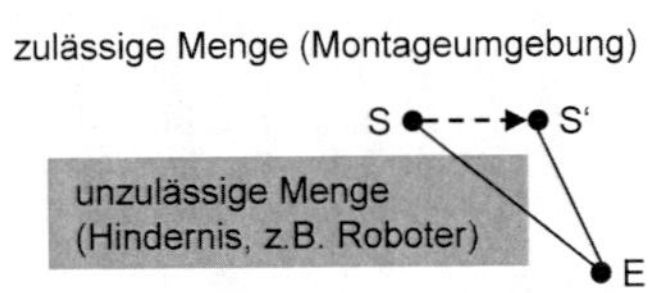

Abbildung 6.3: Veranschaulichung der Konvexitäts- und Stetigkeitsbedingung am Beispiel einer Beziehung zwischen einem Sender (S) und einem Empfänger (E)

Wie Abbildung 6.3 verdeutlicht, kann über eine Verschiebung des Senders zu S' eine Sichtverbindung zum Empfänger hergestellt werden. Ein Anstieg der Sichtverbindungen kann am Beispiel des iGPS (siehe Tabelle 5.4) zu einer sprunghaften Reduktion der Messunsicherheit führen. Somit kann das Problem als *nicht stetig* klassifiziert werden. Da die

Zielfunktion maximal abschnittsweise stetig ist, ist die Zielfunktion auch nur maximal *abschnittsweise differenzierbar*.

Die Messunsicherheit kann nur unter Einbeziehung aller Senderpositionen berechnet werden. Die Zielfunktion ist demnach hinsichtlich der Entscheidungsvariablen S *nicht trennbar*. Eine Optimierung einzelner Sender führt folglich maximal zu einem lokalen Optimum.

Aus Literaturarbeiten zur Knotenplatzierung von Netzwerken ist bekannt, dass die Lösung einer Knotenplatzierung als zeitaufwendiges Problem gilt und als Problem mit nichtdeterministischer polynomieller (NP) Zeitkomplexität bezeichnet werden kann. Das vorliegende Problem der Konfiguration verteilter LSM-Systeme wird deshalb als *NP-komplex* eingestuft. Eine ausführliche Herleitung dieses Zusammenhangs ist im Anhang (siehe Anhang Teil C) beigefügt. Eine Übersicht der identifizierten Charakteristika des Optimierungsproblems ist in Tabelle 6.1 gegeben.

Tabelle 6.1: Zusammenfassung der Charakterisierung des Optimierungsproblems

Allgemeine Eigenschaften von Optimierungsproblemen					
1. Zielfunktion			**6. Linearität**		
	unimodal	multimodal		linear	nichtlinear
	monokriteriell	multikriteriell			
2. Randbedingung			**7. Stetigkeit**		
	unrestringiert	restringiert		stetig	nicht stetig
3. Dynamik			**8. Differenzierbarkeit**		
	statisch	dynamisch		differenzierbar	nicht differenzierbar
4. Kontinuität			**9. Trennbarkeit**		
	diskret	kontinuierlich		trennbar	nicht trennbar
5. Konvexität			**10. Komplexität**		
	konvex	nicht konvex		P-komplex	NP-komplex

6.1.2 Bestimmung eines geeigneten Optimierungsalgorithmus

Der Erfolg der Lösungsverfahren für Optimierungsprobleme hängt maßgeblich von den Eigenschaften des vorliegenden Optimierungsproblems ab [VEDO19, S. 1065]. Das No-Free-Lunch-Theorem für Optimierungsalgorithmen besagt, dass es keinen „besten" Algorithmus für alle Probleme gibt [WOLP97]. Aus dem vorherigen Abschnitt wird ersichtlich, dass sich das Optimierungsproblem durch Nichtlinearitäten, Unstetigkeiten, Multimodalität sowie einen hohen Rechenaufwand auszeichnet. Diese Eigenschaften, insbesondere die Laufzeitkomplexität, rechtfertigen den Einsatz von numerischen, heuristischen Methoden, was sich auch in den betrachteten Arbeiten (siehe Abschnitt 2.3.3) zu mit dieser Arbeit vergleichbaren Problemstellungen widerspiegelt [WANG14a, S. 5, ZHU16, S. 265f., QUIN17, S. 110–112, WANG19, S. 4–6, JING21, S. 4–6].

Es wird demnach für das vorliegende Optimierungsproblem ein Algorithmus konzipiert, der auf einem bestehenden heuristischen Lösungsverfahren aufbaut. Zur Bestimmung eines geeigneten Algorithmus wird in diesem Abschnitt eine Analyse durchgeführt, die aus der Literatur bekannte Vergleiche zur Performanz von Optimierungsalgorithmen berücksichtigt.

Nach VEDOVA ET AL. können heuristische Methoden zwei Gruppen, evolutionären und schwarmbasierten Algorithmen, zugeordnet werden [VEDO19, S. 1067]. Für die Analyse werden die am häufigsten verwendeten heuristischen Algorithmen der jeweiligen Klasse ausgewählt. Da genetische Algorithmen (GA) in der Mehrzahl der verwandten Literaturarbeiten verwendet werden (siehe Abschnitt 2.3.3), wird diese Heuristik als Vertreter der evolutionären Klasse ausgewählt. Ein schwarmbasiertes Lösungsverfahren, die sog. Partikelscharm-optimierung (PSO), wird in einer Vorarbeit des Autors zur Konfiguration eines verteilten LSM-Systems genutzt. Die Arbeit belegt über einen Brute-Force-Ansatz, bei dem alle Lösungsmöglichkeiten zur Konfiguration eines verteilten LSM-Systems verglichen werden, dass die PSO gegen das globale Minimum konvergiert. [NICK22a] Die Arbeit berücksichtigt zwar eine vereinfachte Montageumgebung und das Messunsicherheitsmodell von QUINDERS (siehe [QUIN17, S. 150–154]), hebt jedoch das Potenzial der PSO zur Konfiguration hervor, weshalb die PSO für die weitere Betrachtung ausgewählt wird. Als drittes Lösungsverfahren wird die Mustersuche (MS) als weitverbreiteter Repräsentant der Verfahren ausgewählt, die weder auf evolutionären noch schwarmbasierten Prinzipien basieren.

Vorgehen

Für den Vergleich heuristischer Algorithmen werden in vielen Arbeiten die *Optimalitätsnähe* und die *Konvergenzgeschwindigkeit* als Bewertungskriterien verwendet, die auch im Rahmen dieser Arbeit berücksichtigt werden [RIOS13]. Die Optimalitätsnähe beschreibt die Nähe der vom Lösungsverfahren ausgegebenen Konfiguration bzgl. der globalen bzw. besten bekannten Lösung für ein Problem. Die Konvergenzgeschwindigkeit ist im Allgemeinen ein Maß dafür, wie viele Sequenzen eine Folge benötigt, um sich ihrem Grenzwert anzunähern [ELBE05, S. 49]. Für die Bewertung der Optimalitätsnähe und Konvergenzgeschwindigkeit werden sieben Vergleichsstudien zugrunde gelegt, die bis zu 22 Algorithmen vergleichen. Tabelle 6.2 zeigt eine Übersicht zu den untersuchten Algorithmen und Kriterien in den betrachteten Studien.

Tabelle 6.2: Übersicht berücksichtigter Studien zur Auswahl eines Optimierungsalgorithmus

Quelle	GA	MS	PSO	Optimalitäts-nähe	Konvergenz-geschwindigkeit
[VEDO19]	●	○	●	●	○
[ARSE14]	●	●	●	●	●
[RIOS13]	●	●	●	●	○
[EL-A12]	●	○	●	●	●
[LATI07]	●	○	●	●	●
[ELBE05]	●	○	●	●	○
[WETT04]	●	○	●	●	●

● Kriterium/ Algorithmus untersucht ○ Kriterium/ Algorithmus nicht untersucht

Für die Analyse der Studien wird dabei nicht auf die spezifische Implementation der Algorithmen und möglichen Adaptionen geachtet. Bei mehreren Subtypen eines Algorithmus wird die Version mit den besseren Ergebnissen für die Analyse verwendet. Jede Studie untersuchte multimodale Optimierungsprobleme im Kontext der Parameteridentifikation oder der Berechnung von Simulationsmodellen.

Der Erfüllungsgrad eines Algorithmus erfolgt je Bewertungskriterium anhand einer 5-Punkte-Likert-Skala [JOSH15, S. 398]. D. h. jedes Kriterium wird in fünf Abstufungen von „sehr schlecht" bis „sehr gut" eingeordnet. Da den Studien unterschiedliche Zielfunktionen und Probleme zugrunde liegen und die Ergebnisse nicht immer quantitativ beschrieben werden (siehe [ARSE14]), wird eine binäre Skala pro Studie zugrunde gelegt („ist besser"/ „ist schlechter"). Deshalb wird je Studie jeweils für die Kriterien ein paarweiser Vergleich durchgeführt. Das Ergebnis davon sind studienspezifische Rangfolgen der jeweiligen untersuchten Algorithmen. Da einzelne Studien neben den betrachteten drei Algorithmen noch weitere Algorithmen vergleichen (siehe [LATI07, RIOS13]), sind die Abstände der Algorithmen in den Rangfolgen über die Studien hinweg nicht konstant. Damit eine Mittelwertberechnung zulässig wird, muss eine äquidistante Skala vorliegen. Deshalb werden die Ergebnisse eines jeden paarweisen Vergleichs normiert. Es wird die Min-Max Normierungsmethode verwendet (siehe [OECD08, S. 30]) und auf einer Skala von eins bis sechs normiert, um fünf Intervalle zu erhalten. Das Vorgehen soll an der Studie von VEDOVA ET AL. verdeutlicht werden [VEDO19]: VEDOVA ET AL. kommen zum Ergebnis, dass der PSO-Algorithmus alle anderen Verfahren hinsichtlich der durchschnittlichen Abweichung zum Optimum übertrifft („ist besser"). Auf dem zweiten Rang ist der GA zu platzieren. Nach der Normierung erhält die PSO sechs Bewertungspunkte und der GA vier (siehe Abbildung 6.4).

Paarweiser Vergleich zur Optimalitätsnähe [VEDO19]	Genetischer Algorithmus	Differentielle Evolution	Partikelschwarm	Grey Wolf	Summe	Anteil	Normierung
Genetischer Algorithmus		2	0	2	4	33,3%	4
Differentielle Evolution	0		0	2	2	16,7%	3
Partikelschwarmoptimierung	2	2		2	6	50%	6
Grey Wolf	0	0	0		0	0,0%	1
					12	100,0%	

Abbildung 6.4: Paarweiser Vergleich zur Optimalitätsnähe und Normierung der Bewertungszahlen am Beispiel der Studie [VEDO19]

Durch dieses Bewertungsvorgehen kann nun der Mittelwert der normierten Bewertungszahlen für die Kriterien über alle betrachteten Studien berechnet werden. Mittelwerte von eins bis zwei Bewertungspunkten werden in die Ausprägung „sehr schlecht" eingeteilt. Verfahren mit Mittelwerten von fünf bis sechs werden mit „sehr gut" klassifiziert (siehe Tabelle 6.3).

Tabelle 6.3: Zuordnung von Bewertungspunkten und Ausprägungsniveaus von Kriterien

Kriterium	sehr schlecht (1)	schlecht (2)	mittel (3)	gut (4)	sehr gut (5)
Optimalitätsnähe Konvergenzgeschwindigkeit	[1,2] Punkte	(2,3] Punkte	(3,4] Punkte	(4,5] Punkte	(5,6] Punkte

Bewertung

Die Ergebnisse der paarweisen Vergleiche für die Optimalitätsnähe und Konvergenzgeschwindigkeit sind im Anhang (Teil D) zu finden. Die Mittelwerte der Bewertungszahlen über alle Studien sind je Kriterium in Tabelle 6.4 dargestellt. Es ist zu erkennen, dass der PSO-Algorithmus in den beiden Kriterien die höchste Punktzahl erreicht. Im Anschluss folgen der MS- und der GA-Algorithmus. Die Bewertung der Literatur stützt somit die Aussage aus der Vorarbeit des Autors (siehe [NICK22a]), dass die PSO als geeignetes Optimierungsverfahren eingesetzt werden kann. Für den weiteren Verlauf der Arbeit wird daher die PSO verwendet und für die Konfiguration verteilter LSM-Systeme weiterentwickelt.

Tabelle 6.4: Ergebnis der Bewertung zur Auswahl eines geeigneten Algorithmus

Kriterium	GA	MS	PSO
Optimalitätsnähe	3,3	4,5	5,1
Konvergenzgeschwindigkeit	2,3	4,0	5,0
Summe	**5,6**	**9,5**	**10,1**

6.2 Aufbau der Konfigurationsoptimierung

Dieser Abschnitt fusioniert die beiden Zwischenergebnisse zur Wahl der PSO und der Nutzung einer simulationsbasierten Optimierung aus Abschnitt 4.4, um einen Gesamtablauf zur Konfiguration verteilter Messsysteme zu definieren. Eingangs wird hierfür eine kurze Einführung in die PSO gegeben (Abschnitt 6.2.1), bevor der Ablauf (Abschnitt 6.2.2) und die Implementierung in Folgeabschnitten (Abschnitte 6.3 bis 6.4.2) vorgestellt werden.

6.2.1 Anwendung der Partikelschwarmoptimierung

Standard-Algorithmus

Das Verfahren der PSO basiert auf dem Nachahmen der sozialen und kognitiven Fähigkeiten von Tieren, wie Vögeln oder Fischen [KENN95, S. 1942]. Der Begriff „Partikel" steht stellvertretend für ein Mitglied in diesem Schwarm und repräsentiert durch seine Position im Suchraum eine potenzielle Lösung für das Optimierungsproblem. Die PSO befolgt hierbei ein iteratives Suchprinzip. Je Iteration der PSO wird ein Teil des Suchraumes untersucht, um möglichst nützliche Informationen für den nächsten Suchschritt bzw. die nächste Iteration zu extrahieren.

Ein Partikel S_i^k setzt sich aus einzelnen Partikeleinträgen S_{ij}^k zusammen, deren Anzahl der Dimension des Suchraumes $\mathrm{n_{dim}}$ entspricht. Die Art und Weise wie sich ein Partikel S_i^k

innerhalb seines Schwarms P mit einer Partikelanzahl $\mathrm{n_p}$ im Suchraum verhält, wird durch einen Update-Term (sog. Geschwindigkeit eines Partikels) v_{ij}^{k+1} vorgegeben. Hierbei beschreiben k die Iteration, i den einzelnen Partikel und j die betrachtete Dimension.

$$S_i^k = \left(S_{i1}^k \quad \cdots \quad S_{ij}^k \quad \cdots \quad S_{i\mathrm{n_{dim}}}^k\right) \quad \text{mit} \quad i \in [1, \mathrm{n_p}], \quad j \in [1, \mathrm{n_{dim}}], \quad k, \mathrm{n_p}, \mathrm{n_{dim}} \in \mathbb{N} \tag{6.3}$$

$$P = \left\{S_1^k, \ldots, S_i^k, \ldots, S_{\mathrm{n_p}}^k\right\} \tag{6.4}$$

$$S_{ij}^{k+1} = S_{ij}^k + v_{ij}^{k+1} \tag{6.5}$$

Demnach werden in jeder Iteration die Positionen aller Partikel evaluiert und für die nächste Iteration aktualisiert. Die Geschwindigkeit v_{ij}^{k+1} eines Partikels setzt sich dabei aus drei Summanden zusammen: Der bis zur aktuellen Iteration besten erreichten Position des einzelnen Partikels $pBest_{ij}^k$, der besten Position des gesamten Schwarms $gBest_j^k$ und der Geschwindigkeit aus der letzten Iteration v_{ij}^k. Wie optimal eine Lösung in Bezug auf die Größen $pBest_{ij}^k$ und $gBest_j^k$ ist, wird über eine problemspezifische Bewertungsfunktion F (auch Fitnessfunktion genannt) ausgedrückt. Im Fall einer Minimierung können $pBest_{ij}^k$ und $gBest_j^k$ über F wie folgt definiert werden:

$$pBest_{ij}^{k+1} = \begin{cases} pBest_{ij}^k, & F\left(S_i^{k+1}\right) > F\left(pBest_i^k\right) \\ S_{ij}^{k+1}, & F\left(S_i^{k+1}\right) \leq F\left(pBest_i^k\right) \end{cases} \tag{6.6}$$

$$gBest_j^k = \min\left(pBest_{1j}^k, \ldots, pBest_{\mathrm{n_p}j}^k\right) \tag{6.7}$$

Die hiermit berechnete Geschwindigkeit v_{ij}^{k+1} führt dann zur Veränderung der Position auf S_{ij}^{k+1} des Partikels in der nächsten Iteration. Die Koeffizienten $\beta, \alpha_1, \alpha_2$ steuern dabei die Gewichtung (Länge der Geschwindigkeitsvektoren) der einzelnen Beiträge zur Veränderung der betrachteten Konfiguration. Diese stellen zusammen mit der Partikelanzahl und der Begrenzung der gesamten Geschwindigkeit problemspezifische Parameter dar. Der Parameter β gewichtet den Einfluss der Geschwindigkeit aus der vorherigen Iteration und wird daher auch als *Trägheitsfaktor* bezeichnet. Der Parameter α_1 wird als *kognitiver Faktor* bezeichnet, der das Bestreben des Partikels wiedergibt, zu seinen Erfolgen zurückzukehren. Der Parameter α_2 wird *sozialer Faktor* genannt, der das Folgen anderer Partikeln zu deren Erfolgen beeinflusst. Die gleichverteilten Zufallszahlen $U(0,1)$ bewirken eine stochastische Untersuchung des Suchraumes nach einem Optimum. [IWAS06, S. 354, WEIC15, S. 180, BELL19, YOUN08, MOHA19, S. 3]

$$\begin{gathered} v_{ij}^{k+1} = \beta * v_{ij}^k + \alpha_1 * U(0,1) * \left(pBest_{ij}^k - S_{ij}^k\right) + \alpha_2 * U(0,1) * \left(gBest_j^k - S_{ij}^k\right) \\ \text{mit} \quad \beta, \alpha_1, \alpha_2 \in \mathbb{R}^{>0} \end{gathered} \tag{6.8}$$

Übertragung auf die Konfiguration eines verteilten LSM-Systems

Ein Partikel stellt im Kontext der Messsystemkonfiguration einen Lösungskandidaten für eine Konfiguration dar und kann daher über die Definition aus Gl. (6.1) beschrieben werden:

$$S_i^k := S = (\mathrm{s}_1 \quad \cdots \quad \mathrm{s}_{\mathrm{n_S}}) \quad \text{wobei} \quad S_{i,s,j}^k = s_j = (\mathrm{s}_{\mathrm{x},j} \quad \mathrm{s}_{\mathrm{y},j} \quad \mathrm{s}_{\mathrm{z},j}) \tag{6.9}$$

Die Position eines Senders kann im 3D-Raum einer Montagestation durch einen Vektor mit drei Einträgen (je einer für eine Dimension) eindeutig beschrieben werden. Da für die Konfigurationsoptimierung die Orientierung der Sender als unveränderbar angenommen wird, kann die Konfiguration vollständig mittels eines Arrays der Länge $\mathrm{n_S} * 3$ beschrieben werden. Ein Partikel für fünf Sender wird demnach durch einen Vektor mit 15 Einträgen repräsentiert. Die Bewertung einer Konfiguration erfolgt anhand der Messunsicherheit, die es als Zielgröße über die Dauer eines Montageprozesses zu minimieren gilt. Ebenfalls müssen technische Randbedingungen wie Arbeitsbereiche der Messsysteme und zulässige Aufstellbereiche in der Montage von der Bewertungsfunktion erfasst werden.

Zur Initialisierung der Partikel werden im Rahmen der Parameteroptimierung (Abschnitt 6.4.2) zwei Verfahren verglichen: Zum einen wird eine zufällige Initialisierung umgesetzt, bei der die Partikelpositionen über Zufallszahlen im Suchraum verteilt werden. Zum anderen wird eine kreisförmige initiale Positionierung der Sender umgesetzt. Diese Initialkonfiguration berücksichtigt die Erkenntnis aus Abschnitt 5.4.3, dass eine gleichmäßige Verteilung der Sender eine geringe Messunsicherheit bewirkt. Hierbei wird der Radius des Kreises, auf dem die Sender initial positioniert werden, auf die Grenzen des Suchraumes bzw. der Montagestation festgelegt.

Da die PSO ein iterativer Prozess ist, muss ein Abbruchkriterium definiert werden. In der Literatur wird hierfür das Erreichen eines bestimmten Zielfunktionswertes oder einer bestimmten Iterationsanzahl als Absolutwerte angegeben, welche anwendungsspezifisch vorgegeben werden [KIRA14, S. 78]. Da aus Planungssicht die tatsächlich verbrauchte Rechen- bzw. Laufzeit (z.B. in Sekunden) von besonderem Interesse sein kann, wird dieses Kriterium als weiteres Abbruchkriterium aufgenommen. Der Zielfunktionswert für die Optimalitätsnähe kann des Weiteren in der Einheit der Bewertungsfunktion oder in der Einheit der Messunsicherheit (in Millimetern) angegeben werden.

Alle Kriterien können als Absolut- oder Relativwerte mit Bezug zur letzten Änderung der bisher besten erreichten Konfiguration oder den letzten k-Iterationen angegeben werden. Eine Übersicht zu den genannten Abbruchkriterien gibt Tabelle 6.5. Relative Abbruchkriterien können eingesetzt werden, um verlängerte Rechenzeiten bei ggf. inkrementeller, aber nicht signifikanter Verbesserung des Zielfunktionswertes zu vermeiden. Absolute Abbruchkriterien ermöglichen die Berücksichtigung konkreter Vorgaben zur Mindestrechendauer, zur maximalen Anzahl an Iterationen und zur Messunsicherheit. Z.B. kann bei einer vorgegebenen Montagetoleranz mithilfe von Gl. (4.2) die maximal zulässige Messunsicherheit bestimmt und als Abbruchwert der Zielfunktion definiert werden.

Tabelle 6.5: Abbruchkriterien der Konfigurationsoptimierung

Nr.	Kriterium	Einheit	Absolut	Relativ
1	Optimalitätsnähe (Messunsicherheit)	m	Anwendungsspezifischer Absolutwert	Relativwert bzgl. der letzten k-Iterationen
2	Optimalitätsnähe (Bewertungsfunktion)	m	Anwendungsspezifischer Absolutwert	Relativwert bzgl. der letzten k-Iterationen
3	Laufzeit	s	Anwendungsspezifischer Absolutwert	Relativwert bzgl. letztem $gBest$
4	Iterationsanzahl	/	Anwendungsspezifischer Absolutwert	Relativwert bzgl. letztem $gBest$

6.2.2 Ablauf von Partikelschwarmoptimierung und Simulation

Der Ablauf der simulationsbasierten Optimierung (nach Kategorie D) zur Konfiguration verteilter LSM-Systeme wurde in Abschnitt 4.4 beschrieben. Abbildung 6.5 zeigt den verfeinerten Ablauf unter Verwendung der selektierten Partikelschwarmoptimierung, der als Vorlage für die Implementierung des Algorithmus dient.

Zu Beginn der Optimierung werden die PSO-Parameter (siehe Abschnitt 6.5) sowie der zu simulierende Montageprozess inklusive Messsystem (siehe Abschnitt 6.4) vorbereitend definiert. Hiernach erfolgt die Initialisierung der PSO, bei der die Partikel bzw. Lösungskandidaten für Konfigurationen nach einer definierten Strategie im Suchraum, also innerhalb der Montagestation, verteilt werden. Über die Teilschritte der Simulation von Montageprozess und Messsystem wird die Datengrundlage geschaffen, um die Partikel bewerten zu können. Die simulierte Messunsicherheit wird direkt als Bewertungsgröße genutzt. Arbeitsbereiche der Messsysteme und Einschränkungen seitens des Montageprozesses werden über Strafterme berücksichtigt, die als Bewertungsgrößen in die Bewertungsfunktion der PSO einfließen (siehe Abschnitt 6.3). Nach der Bewertung aller Partikel über eine Bewertungsfunktion wird anhand des Abbruchkriteriums entschieden, ob nach Gl. (6.5) die Partikel neu positioniert werden oder der beste Partikel als Repräsentant der Konfiguration mit der geringsten Messunsicherheit als Ergebnis ausgegeben wird.

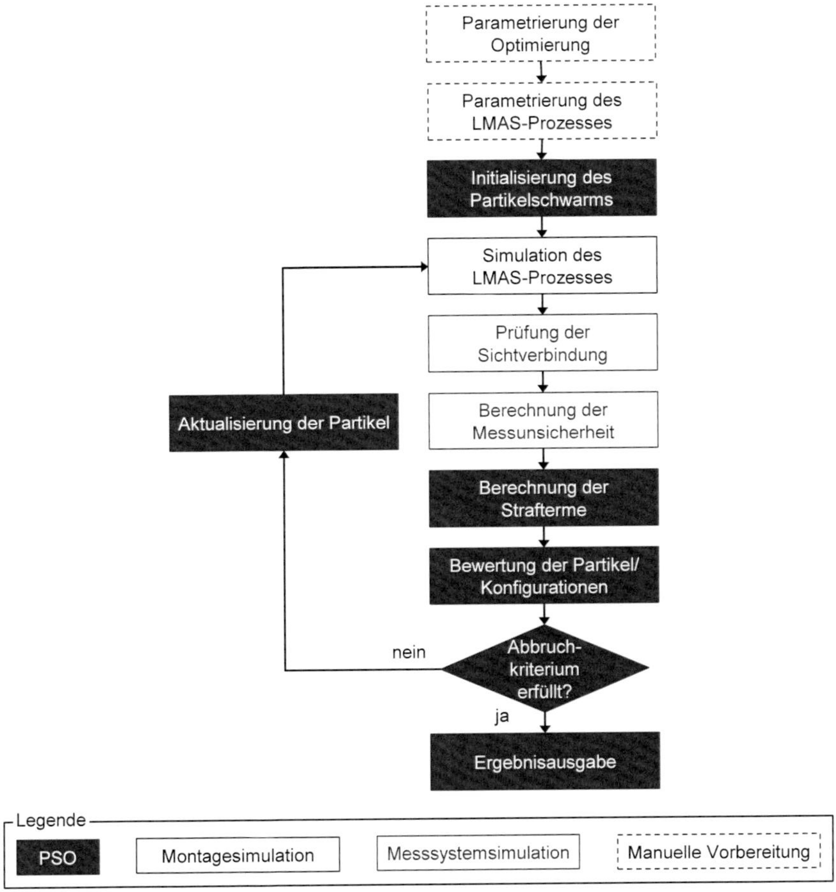

Abbildung 6.5: Ablauf der simulationsbasierten Optimierung zur Konfiguration verteilter Messsysteme

6.3 Modifizierung der Partikelschwarmoptimierung

Im Nachfolgenden wird die Modifizierung des Standard-Algorithmus beschrieben, um die PSO für die Konfiguration unterschiedlicher verteilter LSM-Systeme nutzen zu können. Hierbei wird im Einzelnen auf eine effektive Konvergenz des Algorithmus, die Messunsicherheit als prozessübergreifende Zielgröße und die Berücksichtigung Messsystem-spezifischer Arbeitsbereiche eingegangen.

6.3.1 Erweiterung des Standardalgorithmus für eine effektivere Konvergenz

Das Verhalten der Partikel und letztlich des Schwarms basiert auf den Prinzipien der Exploration (Erforschung) und Exploitation (Feinabstimmung) des Suchraumes. Exploration beschreibt das Suchverhalten und die Diversität der Partikelpositionen über den globalen

Suchraum: Je verstreuter die Partikel über den Suchraum sind, desto explorativer ist das Verhalten des Algorithmus. Exploitation beschreibt hingegen das Ziel lokal zu konvergieren, um die Optimalitätsnähe zu reduzieren. Der Algorithmus soll zuerst den Suchraum global untersuchen, um beim vorliegenden multimodalen Problem nicht zu früh lokal zu konvergieren. Demnach muss zu Beginn ein verstärktes Explorationsverhalten und mit zunehmender Iterationsanzahl ein verstärktes Exploitationsverhalten umgesetzt werden. [MOHA19, S. 3]

Allgemein wird in der Literatur festgehalten, dass eine lokale Kommunikation der einzelnen Partikel vorschnelle Konvergenz verhindert und die Optimalitätsnähe verbessert [KENN02, S. 1671, WANG14b, S. 724]. In der Literatur wird diese Eigenschaft als Topologie bezeichnet [KENN02, LYNN18]. Für eine lokale Kommunikation wird in dieser Arbeit daher die in der Literatur empfohlene Von-Neumann-Topologie berücksichtigt, bei der das Partikelindexarray in eine Matrix umgeformt wird [MUÑO09, S. 66]. Die Nachbarschaft bei der Von-Neumann-Topologie bilden Partikel über, unter, rechts und links neben dem betrachteten Partikel. Zudem wird unterschieden ob der betrachtete Partikel, um den die Nachbarschaft definiert wird, mit einbezogen wird oder nicht [MUÑO09, S. 66]. KENNEDY und MENDES weisen eine bessere Leistung bei der Von-Neumann-Topologie mit Selbsteinschluss aus [KENN02, S. 1673].

Auf Basis dieser Ergebnisse wird in dieser Arbeit eine Von-Neumann-Topologie integriert. Da diese Struktur eine symmetrische Nachbarschaft (rechts, links, oben, unten) aufweist, wird das eindimensionale Partikelindexarray in eine möglichst quadratische Matrix mit $\mathrm{n_{col}}$ Spalten und $\mathrm{n_{row}}$ Zeilen transformiert:

$$\mathrm{n_{col}} = \left\lceil \sqrt{\mathrm{n_p}} \right\rceil \tag{6.10}$$

$$\mathrm{n_{row}} = \left\lfloor \frac{\mathrm{n_p}}{\mathrm{n_{col}}} \right\rfloor + \min\left(\mathrm{mod}\left(\mathrm{n_p}, \mathrm{n_{col}}\right), 1\right) \tag{6.11}$$

So wird z. B. ein Schwarm mit 21 Partikeln zu folgender Nachbarschaftstabelle angeordnet:

Tabelle 6.6: Nachbarschaftstabelle der Partikel nach der Von-Neumann-Topologie

	21	17	18	19	20	
5	1	2	3	4	5	1
10	6	7	8	9	10	6
15	11	12	13	14	15	11
20	16	17	18	19	20	16
21	21	2	3	4	5	21
	1	7	8	9	10	

Dabei werden die Einheiten am Rand der Matrix mit der gegenüberliegenden Seite verknüpft, woraus die Partikelnachbarschaft $\mathrm{N}_{\mathrm{VN},i}$ für jeden Partikel S_i^k als Teilmenge des Partikelschwarms P resultiert. Im Beispiel besitzt Partikel 20 (S_{20}^k) somit die Nachbarschaft mit Partikel 16 ($S_{\mathrm{rechts},20}^k$), 19 ($S_{\mathrm{links},20}^k$), 15 ($S_{\mathrm{oben},20}^k$) und 5 ($S_{\mathrm{unten},20}^k$). Eine Stärkung des

Explorationsverhaltens wird dann über einen Vergleich der $pBest$-Werte innerhalb der Partikelnachbarschaft umgesetzt. Ergebnis des Vergleichs stellt $lBest_{ij}^k$ als das Minimum dieser Werte dar. Zur Berücksichtigung der Von-Neumann-Topologie wird der bisherige Geschwindigkeitsvektor v_{ij}^{k+1} aus Gl. (6.8) analog zu den bisherigen Termen um den Term $\alpha_3 * U(0,1) * \left(lBest_{ij}^k - S_{ij}^k\right)$ ergänzt.

$$\mathrm{N}_{\mathrm{VN},i} = \left\{S_i^k, S_{\mathrm{oben},i}^k, S_{\mathrm{unten},i}^k, S_{\mathrm{links},i}^k, S_{\mathrm{rechts},i}^k\right\} \quad \text{mit} \quad \mathrm{N}_{\mathrm{VN},i} \subseteq P \tag{6.12}$$

$$lBest_{ij}^k = \min\left(pBest_{ij}^k, pBest_{\mathrm{oben},ij}^k, pBest_{\mathrm{unten},ij}^k, pBest_{\mathrm{links},ij}^k, pBest_{\mathrm{rechts},ij}^k\right) \tag{6.13}$$

Eine weitere Möglichkeit, Exploration und Exploitation der PSO zu beeinflussen, stellen dynamische Koeffizienten (β, α_1, α_2, α_3) dar. Große Werte induzieren größere Bewegungen der Partikel und begünstigen somit eine Exploration des Suchraumes. Kleinere Werte begünstigen hingegen die Exploitation. Nach Arbeiten von BANSAL ET AL. und BEHESHTI ET AL. hat die lineare Abnahme dieser Koeffizienten über die Iterationsanzahl einen positiven Effekt auf die Optimalitätsnähe bei einer PSO [BANS11, S. 634, BEHE14, S. 3]. Um diese Erkenntnisse zu nutzen, werden die Koeffizienten in dieser Arbeit über einen linearen Zusammenhang zwischen Koeffizientenwert und der Iterationsanzahl beschrieben. Dies bewirkt, dass sich die Werte der Koeffizienten von einem Startwert ($\beta_{\max}$, $\alpha_{1,\max}$, $\alpha_{2,\max}$, $\alpha_{3,\max}$) einem niedrigeren Endwert ($\beta_{\max} - \beta_{\min}$, $\alpha_{1,\max} - \alpha_{1,\min}$, $\alpha_{2,\max} - \alpha_{2,\min}$, $\alpha_{3,\max} - \alpha_{3,\min}$) linear über die Iteration k bis zur maximalen Iterationsanzahl $k_{\max}$ annähern.

$$\beta^k = \beta_{\max} - \frac{\beta_{\min}}{k_{\max}} * k \tag{6.14}$$

$$\alpha_1^k = \alpha_{1,\max} - \frac{\alpha_{1,\min}}{k_{\max}} * k \tag{6.15}$$

$$\alpha_2^k = \alpha_{2,\max} - \frac{\alpha_{2,\min}}{k_{\max}} * k \tag{6.16}$$

$$\alpha_3^k = \alpha_{3,\max} - \frac{\alpha_{3,\min}}{k_{\max}} * k \tag{6.17}$$

Weiterhin kann die Begrenzung der (Gesamt-)Geschwindigkeit eines Partikels v_{ij}^k auf $v_{\max,j}$ Einfluss auf Exploration und Exploitation nehmen [BONY17, S. 9]. Als obere Grenze wird die Durchquerung des gesamten Suchraumes ($S_{\max,j}$ bis $S_{\min,j}$) in der jeweiligen Lösungsdimension j angenommen, da größere Geschwindigkeiten Suchraumgrenzen verletzen und zu nicht validen Ergebnissen führen würden. Der Faktor v_{rel} ermöglicht die problemspezifische Skalierung der maximalen Geschwindigkeit:

$$v_{\max,j} = v_{\mathrm{rel}} * \left(S_{\max,j} - S_{\min,j}\right) \tag{6.18}$$

Der resultierende Geschwindigkeitsvektor v_{ij}^{k} beschreibt sich nach den erläuterten Modifikationen auf Basis von Gl. (6.8) über folgende Gleichung:

$$\begin{aligned} v_{ij}^{k+1} &= \beta^{k} * v_{ij}^{k} \\ &+\alpha_{1}^{k} * U(0,1) * \left(pBest_{ij}^{k} - S_{ij}^{k}\right) \\ &+\alpha_{2}^{k} * U(0,1) * \left(gBest_{j}^{k} - S_{ij}^{k}\right) \\ &+\alpha_{3}^{k} * U(0,1) * \left(lBest_{ij}^{k} - S_{ij}^{k}\right) \quad \text{wobei} \quad v_{ij}^{k+1} \leq \mathrm{v}_{\mathrm{max},j} \end{aligned} \tag{6.19}$$

Die Einstellung der vorgestellten Parameter erfolgt problemspezifisch für die Konfiguration verteilter Messsysteme in Abschnitt 6.4.2 im Rahmen einer Parameteroptimierung.

6.3.2 Zielfunktion zur Berücksichtigung der Messunsicherheit

Zur Bestimmung des Wertes von $pBest$ (als Grundlage für die weitere Bestimmung von $gBest$ und $lBest$) bedarf es einer Bewertungsfunktion $F\left(S_{i}^{k}\right)$, die pro Iteration die Güte (sog. Fitness) eines Partikels bestimmt. Im Kontext der Konfiguration verteilter Messsysteme setzt sich der Zielkomplex aus der Messunsicherheit, ausgedrückt über ein Messunsicherheitsmodell $f_{\mathrm{MU}}\left(S_{i}^{k}\right)$ und eine Straffunktion $f_{\mathrm{RB}}\left(S_{i}^{k}\right)$, zur Berücksichtigung der Montageumgebung und zulässiger Arbeitsbereiche des zu konfigurierenden Messsystems zusammen.

$$F\left(S_{i}^{k}\right) = f_{\mathrm{MU}}\left(S_{i}^{k}\right) + f_{\mathrm{RB}}\left(S_{i}^{k}\right) \tag{6.20}$$

Im Folgenden wird zunächst auf eine allgemeine Formulierung von f_{MU} eingegangen, die es nach Anforderung A4 (siehe Tabelle 4.3) ermöglichen soll, unterschiedliche verteilte LSM-Systeme (in dieser Arbeit am Bsp. von Lasertracker und iGPS) für statische und dynamische Messungen zu berücksichtigen. Hierfür werden nachfolgend die Ein- und Ausgangsgrößen der messsystemspezifischen Messunsicherheitsmodelle betrachtet, um eine allgemeine Formulierung von f_{MU} abzuleiten.

Ableitung einer generischen Messunsicherheitsfunktion für iGPS und Lasertracker

Wie die Eingangsgrößen des iGPS-Messunsicherheitsmodells in Gl. (5.38) zeigen, werden für die Berechnung der Messunsicherheit im statischen Fall die Koordinaten e_{x}, e_{y} und e_{z} eines Empfängers e und die Messsystemkonfiguration S_{i}^{k} (siehe Gl. (6.1)) benötigt.

$$e = \begin{pmatrix} e_{\mathrm{x}} & e_{\mathrm{y}} & e_{\mathrm{z}} \end{pmatrix}^{\mathrm{T}} \quad \text{mit} \quad e_{\mathrm{x}}, e_{\mathrm{y}}, e_{\mathrm{z}} \in \mathbb{R} \tag{6.21}$$

Zudem muss bekannt sein, welche Sender eine Sichtverbindung (engl. Line-of-Sight, LOS) zu dem Empfänger besitzen, damit sie für eine Bestimmung der Messunsicherheit berücksichtigt werden können (siehe Einfluss der Anzahl der Sichtverbindungen in Tabelle 5.4). Dies kann für jede Sender-Empfänger-Verbindung über die binäre Variable $e_{\mathrm{LOS},i}$ im Vektor e_{LOS} beschrieben werden.

$$e_{\mathrm{LOS}} = (e_{\mathrm{LOS},1} \quad \cdots \quad e_{\mathrm{LOS},n_S,}) \quad \text{mit} \quad e_{\mathrm{LOS},i} = \begin{cases} 1, & \text{Sichtverbindung vorhanden} \\ 0, & \text{keine Sichtverbindung} \end{cases} \tag{6.22}$$

Die Werte von e und $e_{\mathrm{LOS},}$ werden über eine Prozesssimulation f_{sim} erzeugt (siehe Abschnitt 6.4), die als Berechnungsgrundlage definierte Trajektorien aus der Prozesskonfiguration verwendet.

$$(e, e_{\mathrm{LOS}}) = f_{\mathrm{sim}}(\text{Prozesskonfiguration}) \tag{6.23}$$

Hieraus resultiert folgende Formulierung für die Berechnung der statischen Messunsicherheit des iGPS u_{iGPS} nach Gl. (5.39):

$$u_{\mathrm{iGPS}} = f_{\mathrm{MU,iGPS}}\left(S_i^k, e, e_{\mathrm{LOS}}\right) \tag{6.24}$$

Zur Bestimmung der Messunsicherheit bei einer statischen Lasertracker-Messung kann Gl. (6.21) ebenfalls verwendet werden, da sie analog zur iGPS-Messung die Position eines Reflektors für eine Lasertracker-Messung beschreiben kann (siehe Abbildung 4.4). Die Messsystemkonfiguration S_i^k gibt hierfür die räumliche Anordnung mehrerer einzelner Lasertracker an. Für die Messunsicherheitsbestimmung einer Lasertracker-Messung wird das Modell nach HUGHES verwendet [HUGH11]. Das Modell beinhaltet die Einflussgrößen Elevationswinkel φ, Azimutwinkel θ und die Messdistanz d. Es sieht vor, dass systematische Messabweichungen über eine Kalibrierroutine kompensiert werden können. Die zufälligen Messabweichungen können über korrelierende Messunsicherheiten entlang der Achsrichtungen $u_{\mathrm{LT,x}}$, $u_{\mathrm{LT,y}}$ und $u_{\mathrm{LT,z}}$ über eine Transformation der Standardunsicherheiten der Einflussgrößen $u(d)$, $u(\theta)$ und $u(\varphi)$ bestimmt werden:

$$\begin{aligned} u_{\mathrm{LT,x}}{}^2 &= [u(d) * \cos(\varphi) * \cos(\theta)]^2 + [u(\theta) * d * \cos(\varphi) * \sin(\theta)]^2 \\ &+[u(\varphi) * d * \sin(\varphi) * \cos(\theta)]^2 \end{aligned} \tag{6.25}$$

$$\begin{aligned} u_{\mathrm{LT,y}}{}^2 &= [u(d) * \cos(\varphi) * \sin(\theta)]^2 + [u(\theta) * d * \cos(\varphi) * \cos(\theta)]^2 \\ &+[u(\varphi) * d * \sin(\varphi) * \sin(\theta)]^2 \end{aligned} \tag{6.26}$$

$$u_{\mathrm{LT,z}}{}^2 = [u(d) * \sin(\varphi)]^2 + [u(\varphi) * d * \cos(\varphi)]^2 \tag{6.27}$$

Auf Basis technischer Datenblätter kommerziell verfügbarer Lasertracker wurden für die Unsicherheiten der Eingangsgrößen folgende Werte gewählt [HEXA22a, AUTO22]:

$$u(d) = 5\,\mu m + \frac{5\,\mu m}{m} * d \tag{6.28}$$

$$u(\theta) = u(\varphi) = \frac{5\,\mu m}{m} \tag{6.29}$$

Bei bekannter Empfängerposition e aus Gl. (6.21) und Senderposition (Position des Lasertrackers) s aus Gl. (6.9) kann d über den euklidischen Abstand ausgedrückt werden:

$$d = \|e - s\|_2 \tag{6.30}$$

Die Winkel θ und φ werden über die aus der Literatur bekannte Transformation des Sichtstrahlvektors $(e - s)$ in Kugelkoordinaten bestimmt. Für die Bestimmung der kombinierten Messunsicherheit wird unter der Berücksichtigung der Sichtverbindung e_{LOS} analog zum iGPS folgende Formel verwendet:

$$u_{\text{LT}} = f_{\text{MU,LT}}(\text{s}, e, e_{\text{LOS}}) = \left\| \begin{pmatrix} u_{\text{LT,x}} \\ u_{\text{LT,y}} \\ u_{\text{LT,z}} \end{pmatrix} \right\|_2 \tag{6.31}$$

Beim Einsatz mehrerer Lasertracker, beschrieben über S_i^k, wird für jede Kombinationsmöglichkeit zwischen Lasertrackern und Reflektor die Größe u_{LT} berechnet und die Kombination mit dem geringsten Wert ausgewählt.

$$f_{\text{MU,LT}}(s_i, e, e_{\text{LOS}}) = \min\{f_{\text{MU,LT}}(\text{s}_1, e, e_{\text{LOS}}), \dots, f_{\text{MU,LT}}(\text{s}_{\text{n}_\text{s}}, e, e_{\text{LOS}})\} \tag{6.32}$$

Auf diese Weise können sowohl für die Bestimmung der Messunsicherheit des iGPS als auch des Lasertrackers die gleichen Eingangsgrößen verwendet werden. Für eine Austauschbarkeit der Modelle im Sinne einer Konfigurationsoptimierung für unterschiedliche LSM-Systeme wird daher eine generische Messunsicherheitsfunktion für eine statische Messung definiert:

$$u = f_{\text{MU},j}(S_i^k, e, e_{\text{LOS}}) \quad \text{mit} \quad j \in \{\text{iGPS, LT}\} \tag{6.33}$$

Definition der Messunsicherheit als prozessübergreifende Zielgröße

Mit Gl. (6.33) kann zunächst die statische Messunsicherheit für einen Zeitpunkt und einen Empfänger bestimmt werden. Um sowohl dynamische als auch statische Messungen mehrerer Empfänger zu berücksichtigen (siehe Anforderungen A6 und A7 in Tabelle 4.3), wird die Gleichung angepasst. Hierbei beschreibt t den Zeitpunkt innerhalb einer dynamischen Messung und e_l einen von n_e im Prozess befindlichen Empfängern. Falls während einer dynamischen Messung Sichtunterbrechungen auftreten sollten, sodass eine Messung nicht durchgeführt werden kann, wird für diese Zeitpunkte die maximal mögliche Messunsicherheit $\text{u}_{\text{max},j}$ (konservativ) angenommen. Für das iGPS wird auf Basis der Kenntnisse aus Tabelle 5.4 der Wert $\text{u}_{\text{max,iGPS}} = 20\ mm$ und für den Lasertracker auf Basis der Annahmen aus den Gl. (6.25)-(6.29) der Wert $\text{u}_{\text{max,LT}} = 1\ mm$ angenommen. Dieser Fall tritt ein, wenn die zu einem Zeitpunkt t verfügbare Anzahl an Sichtverbindungen $n_{\text{LOS},t}$ die minimal erforderliche Anzahl an Sichtverbindungen $\text{N}_{\text{LOS,min}}$ unterschreitet.

$$u_{l,t} = \begin{cases} f_{\text{MU},j}(S_i^k, e_{l,t}, e_{\text{LOS},l,t}), & \text{N}_{\text{LOS,min}} \leq n_{\text{LOS},t} \\ \text{u}_{\text{max},j}, & \text{N}_{\text{LOS,min}} > n_{\text{LOS},t} \end{cases} \quad \text{mit} \quad l \in \{1, \dots, \text{n}_e\} \tag{6.34}$$

Im Hinblick auf eine zu prüfende Toleranz könnte die Maximumsnorm für eine möglichst konservative Bewertung aller Empfänger verwendet werden. Hierbei würden jedoch graduelle Verbesserungen, die den schlechtesten Wert nicht verbessern, nicht berücksichtigt werden. Dies würde in eine ineffizientere Konvergenz resultieren [GEN96, S. 808]. Die Messungen der gesamten Empfänger werden daher über den Mittelwert der Unsicherheiten der Einzelmessungen in der Größe u_t zusammengefasst:

$$u_t = \frac{1}{\mathrm{n}_e} \sum_{l=1}^{\mathrm{n}_e} f_{\mathrm{MU},j}\left(S_i^k, e_{l,t}, e_{\mathrm{LOS},l,t}\right) \tag{6.35}$$

Zur Berücksichtigung dynamischer Messungen kann anhand der abgeschlossenen Prozesskonfiguration (siehe Schnittstelle 3 in Abbildung 4.3) eine Prozesszeit $\mathrm{T_P}$ bestimmt werden. Dies gelingt durch die Simulation definierter Trajektorien von Montageressourcen und Produkten (Abschnitt 6.4). Innerhalb von $\mathrm{T_P}$ erfolgen alle Messungen der n_e Empfänger. Zur Simulation dynamischer Messungen werden diese über $\mathrm{T_P}$ anhand einer vorzugebenden Abtastfrequenz $\mathrm{f_a}$ zeitlich in T Zeitschritte diskretisiert:

$$\mathrm{T} = \max\{a \in \mathbb{Z} \mid a \leq \mathrm{f_a T_P}\} \tag{6.36}$$

Nach der Diskretisierung wird analog zu Gl. (6.35) der Mittelwert über alle T Zeitschritte gebildet. Auf diese Weise kann die Messunsicherheit als Zielgröße prozessübergreifend in die Bewertungsfunktion $F\left(S_i^k\right)$ in Gl. (6.20) eingesetzt werden.

$$u_{\mathrm{T}} = \frac{1}{\mathrm{T}} \sum_{t=1}^{\mathrm{T}} u_t = f_{\mathrm{MU}}\left(S_i^k\right) \quad \text{mit} \quad t \in [1; \mathrm{T}] \tag{6.37}$$

6.3.3 Straffunktion zur Berücksichtigung valider Messungen

Für eine valide Messung über T Zeitschritte müssen neben den zulässigen Messbereichen der Messsysteme (siehe Tabelle 4.5) Einflüsse durch die Montageumgebung berücksichtigt werden. Nach dem Beschreibungsmodell aus Abschnitt 4.3.2 zählen hierzu *Suchraumgrenzen* als räumliche Begrenzung der Montagestation, *Kollisionen* verursacht durch Kontakt mit physischen Objekten (z.B. Montageressourcen oder Produkten) und Platzierungen auf Sperrflächen, die für Bewegungen von Montageressourcen vorgehalten werden.

Aufgrund des dynamischen Aspektes des Montageprozesses und der Anforderung, dass alle Randbedingungen (RB) zu jedem Zeitpunkt für alle Sender eingehalten werden sollen, wird eine Bewertung in drei Dimensionen (RB, Zeit, Sender) vorgenommen. Zum einen wird in jedem Zeitpunkt die Verletzung aller RB evaluiert und Konfigurationen nachteiliger bewertet, je mehr RB verletzt werden. Zum anderen wird die zeitliche Dimension berücksichtigt: Konfigurationen, die über einen längeren Zeithorizont eine Bedingung verletzen, sind nachteiliger zu bewerten, als Konfigurationen, die nur kurz eine Bedingung verletzen. Es wird allerdings keine zeitpunktübergreifende Evaluierung der RB durchgeführt. Eine RB, die in einem Zeitpunkt verletzt wird, hat beispielsweise keinen Einfluss auf die Bewertung einer RB zu einem anderen Zeitpunkt. So ist z.B. die Positionierung eines Senders in der Bewegungsbahn einer Montageressource nicht durchführbar. Dennoch wird diese Senderposition in den Zeitpunkten ohne Kollision als gültige Position angenommen und eventuelle Sichtverbindungen werden berücksichtigt. Dies ist erwünscht, weil dadurch eine graduelle Differenzierung ungültiger Konfigurationen abgebildet wird, die dem Partikelschwarm einen höherwertigen Informationsgehalt übermittelt. Dieses Bewertungsvorgehen basiert auf dem Kostenansatz, der den Aufwand zur Herstellung einer gültigen aus einer ungültigen Konfiguration bewertet [BÄCK02, S. 348]. Abbildung 6.6 illustriert die geschilderte Bestrafungslogik über die Dimensionen RB, Zeit und Sender: In der rechten Abbildung wird veranschaulicht, wie die Verletzung von unterschiedlichen RB über die Zeit erfolgen kann. Im Beispiel werden die RB 1 bis 6 zeitweise verletzt, wohingegen RB 7 über die gesamte Prozessdauer nicht eingehalten wird.

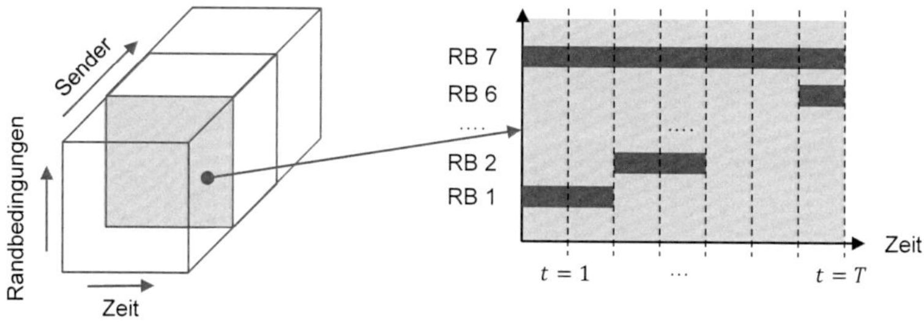

Abbildung 6.6: Veranschaulichung der kumulierten Bestrafungslogik

Eine Übersicht der verwendeten Methoden zur Berücksichtigung und Klassifizierung der RB gibt Tabelle 6.7. Bei einer Verletzung der RB 1 und 2 kann die ausgegebene Konfiguration nicht umgesetzt werden und eventuelle Sichtverbindungen aufgrund einer temporären Verletzung (z. B. Platzierung über einer bewegten Montageressource) können nicht verwirklicht werden. Bei einer Verletzung der RB 3 kann die Messung nicht durchgeführt werden und die Konfiguration ist für den gesamten Montageprozess wertlos. Bei Verletzung der restlichen RB kann die Konfiguration weiterhin gültig sein, wenn genügend andere Sender die geforderte Mindestanzahl an Sichtverbindungen erfüllen.

Tabelle 6.7: Zuordnung der Strafverfahren zu Randbedingungen

Nr.	RB	Zeichen	Art	Verfahren
1	Suchraumgrenzen	$\Omega_x, \Omega_y, \Omega_z$	hart	Dekoder
2	Kollision	-	hart	Tolerierung
3	Mindestanzahl an Sichtverbindungen	$N_{LOS,min}$	hart	Tolerierung
4	Mindestabstand zwischen Empfänger und Sender	$D_{ES,min}$	weich	Tolerierung
5	Höchstabstand zwischen Empfänger und Sender	$D_{ES,max}$	weich	Tolerierung
6	Mindestabstand zwischen Sendern	$D_{SS,min}$	weich	Tolerierung
7	Maximaler Elevationswinkel	$E_{ES,max}$	weich	Tolerierung

Aufgrund dieser Logik werden die RB 1 bis 3 als harte RB und die RB 4 bis 8 als weiche RB betrachtet [WEIC15, S. 190]. Zur Berücksichtigung der RB über die Zeit wird die prozessübergreifende Straffunktion $f_{\mathrm{RB}}(S_i^k)$ analog zu Gl. (6.37) über eine Mittelung von $f_{\mathrm{RB},t}(S_i^k)$ über die Dauer T gebildet. $f_{\mathrm{RB},t}(S_i^k)$ beschreibt den Mittelwert der Strafwerte über alle Empfänger zu einem Zeitpunkt t:

$$f_{\mathrm{RB}}(S_i^k) = \frac{1}{\mathrm{T}}\sum_{t=1}^{\mathrm{T}} f_{\mathrm{RB},t}(S_i^k) \tag{6.38}$$

$$f_{\mathrm{RB},t}(S_i^k) = \frac{1}{\mathrm{n}_e}\sum_{l=1}^{\mathrm{n}_e} f_{\mathrm{RB},l,t}(S_i^k) \tag{6.39}$$

Sowohl WEIGERT als auch GEN und CHENG empfehlen eine differenzierte Strafbewertung für RB vorzunehmen. Für jede der $\mathrm{N_{RB}}$ RB werden hiernach Strafterme (bzw. Funktionen) und Strafparameter (zur Gewichtung) definiert. Nach WEIGERT werden diese aus einem Gewichtungsfaktor λ_j und einen Strafterm c_j, der über seinen Maximalwert $\mathrm{c}_{j,\max}$ und seinen Minimalwert $c_{j,\min}$ normiert wird, zusammengesetzt. [WEIG11, S. 33–35, GEN96, S. 808] In dieser Arbeit gilt $\mathrm{c}_{j,\min} = 0$, sodass Gl. (6.40) vereinfacht werden kann:

$$f_{\mathrm{RB},l,t}(S_i^k) = \sum_{j=1}^{\mathrm{N_{RB}}} \lambda_j * \frac{c_j(S_i^k) - \mathrm{c}_{j,\min}}{\mathrm{c}_{j,\max} - \mathrm{c}_{j,\min}} = \sum_{j=1}^{\mathrm{N_{RB}}} \frac{\lambda_j}{\mathrm{c}_{j,\max}} * c_j(S_i^k) \tag{6.40}$$

Nachfolgend werden für die RB aus Tabelle 6.7 der Strafterm $c_j(S_i^k)$ und der zugehörige maximale Wert $\mathrm{c}_{j,\max}$ bestimmt.

Berücksichtigung der Suchraumgrenzen

Die Montageumgebung und die Trajektorien der Montageressourcen werden als bekannt vorausgesetzt (Prämisse 3 in Tabelle 4.4). Für die Einhaltung der Grenzen einer Montagestation wird der Dekoder-Ansatz verwendet, da die Grenzen einer Montagestation zeit- und zustandsunabhängig sind. Sobald ein Sender eine Position außerhalb der Montageumgebung annimmt, ist diese Position über den gesamten Montageprozess ungültig. Dementsprechend wird die Position des Partikels bei einer ungültigen Konfiguration so angepasst, dass sie gerade gültig wird. Hierfür wird die Koordinate eines Senders S_{ij}^k mit der zugehörigen absoluten Grenze der Montageumgebung verglichen. Im Falle einer Überschreitung wird S_{ij}^k durch den maximal zulässigen Wert Ω_m ersetzt:

$$g_{1,t}(S_i^k) = \min(|S_{ij}^k|, |\Omega_m|) \quad \text{mit} \quad m \in \{\mathrm{x,y,z}\} \tag{6.41}$$

Die Transformation $g_{1,t}(S_i^k)$ wird je Iteration und Partikel vor der Berücksichtigung der restlichen RB durchgeführt. Aufgrund der speziellen Vorgehensweise für RB 1 muss hierfür kein Strafterm bestimmt werden. Abbildung 6.7 veranschaulicht das gewählte Dekoder-Verfahren.

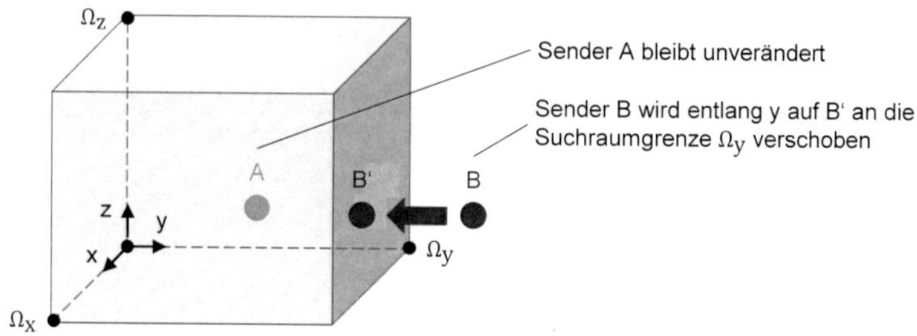

Abbildung 6.7: Veranschaulichung des Dekoder-Verfahrens zur Berücksichtigung von Suchraumgrenzen

Berücksichtigung der Kollisionen: Strafterm $c_2(S_i^k)$

Unter einer Kollision eines Senders wird in dieser Arbeit verstanden, dass der betrachtete Sender entweder auf oder in einem ungültigen Bereich platziert wird. Um diese Kollisionen zu berücksichtigen, wird ein Strafterm benötigt, der aktiviert wird, wenn ein Sender innerhalb eines Objektes oder über dessen Bewegungsbahn platziert wird. Ein Objekt kann hierbei eine Montageressource, eine Sperrfläche oder ein Produkt sein. Demnach muss der Term bzw. das Distanzmaß $g_2(S_{i,s,n}^k)$ so definiert werden, dass alle Sichtverbindungen, die durch ungültige Positionen über einem Objekt liegen, korrigiert werden. Zudem müssen alle Sichtverbindungen, die durch ungültige Positionen in Bewegungsbahnen von Objekten hergestellt werden, ebenfalls korrigiert werden. Da eine ungültige Position in einem Zeitpunkt alle möglichen Sichtverbindungen in den anderen Zeitpunkten ungültig macht, werden bei Verletzung von RB 2 die Kosten mit der Anzahl der Zeitschritte T bewertet. Hierfür wird folgender Strafterm definiert:

$$g_2(S_{i,s,n}^k) = \begin{cases} \mathrm{T}, & S_{i,s,n}^k \text{ ist über oder in einem Objekt platziert} \\ 0, & \text{keine Kollision} \end{cases} \tag{6.42}$$

$$c_2(S_i^k) = \sum_{n=1}^{\mathrm{n_S}} g_2(S_{i,s,n}^k) \tag{6.43}$$

Für den Strafterm $c_2(S_i^k)$ resultiert somit ein Wertebereich von $[0, \mathrm{T} * \mathrm{n_S}]$.

Berücksichtigung der Mindestanzahl an Sichtverbindungen: Strafterm $c_3(S_i^k)$

Aufgrund der technischen Gegebenheit, dass beim iGPS mehrere Sender simultan einen Empfänger messen, dies jedoch für den Gebrauch des Lasertrackers nicht vorgesehen ist, muss der Strafterm $c_3(S_i^k)$ messsystemspezifisch betrachtet werden.

Beim iGPS wird der Verlust einer Sichtverbindung bereits in der Funktion $f_{\mathrm{MU,iGPS}}(S_i^k, e, e_{\mathrm{LOS}})$ berücksichtigt. Allerdings kann aufgrund der Mittelwertbildung über den gesamten Montagevorgang die Konfiguration einen Verlust von drei auf zwei Sichtverbindungen über eine günstige Konfiguration (in den anderen Zeitpunkten) kompensieren. Dadurch kann eine ungültige (günstige) Konfiguration besser bewertet werden als eine gültige (ungünstige) Konfiguration. Deshalb wird der ungültige Zustand auf alle anderen Zeitpunkte übertragen, indem die überschüssigen Sichtverbindungen in den anderen Zeitpunkten bestraft werden.

$$g_3(S_i^k) = \max(\mathrm{N}_{\mathrm{LOS,min}} - n_{\mathrm{LOS},l,t}(S_i^k), 0) \tag{6.44}$$

$$c_3(S_i^k) = \begin{cases} \left(\mathrm{n_S} - n_{\mathrm{LOS},l,t}(S_i^k)\right) * (\mathrm{T}-1), & g_3(S_i^k) > 0 \\ 0, & g_3(S_i^k) \leq 0 \end{cases} \tag{6.45}$$

Für den Strafterm $c_3(S_i^k)$ resultiert somit ein Wertebereich von $[0, \mathrm{n_S} * (\mathrm{T}-1)]$.

Bei der Verwendung eines Lasertrackers wird für eine dynamische Messung eine kontinuierliche Sichtverbindung zwischen einem Sender-Empfänger-Paar vorausgesetzt. Anders als beim iGPS können hier Sichtverbindungen nicht durch andere Sender während der Messung kompensiert werden. Um die Sender-Empfänger-Verbindung mit der geringsten Messunsicherheit zu ermitteln, werden die gemittelten Messunsicherheiten u_T aller Kombinationen an Sender-Empfänger-Verbindungen über T berechnet. Bei der Zuordnung von Sendern zu Empfängern werden folgende zwei Fälle unterschieden:

1) Wenn es eine oder mehrere Kombinationen für eine Messung ohne Sichtunterbrechung gibt, wird die Kombination mit dem geringsten Wert u_T nach Gl. (6.37) ausgewählt. Es erfolgt keine Bestrafung, da die Mindestanzahl an Sichtverbindungen gegeben ist.
2) Wenn es nur Kombinationen mit Sichtunterbrechungen gibt, wird die Sender-Empfänger-Verbindung und deren Wert u_T wie in Fall 1) bestimmt. Für die Verbindung wird anschließend der Strafterm $c_3(S_i^k)$ nach Gl. (6.45) berechnet.

Berücksichtigung des Mindestabstandes zum Empfänger: Strafterm $c_4(S_i^k)$

Die RB 4 bis 7 können mittels der euklidischen Norm bewertet werden. Die Strafkosten werden dabei für jeden Sender, der die vorgegebenen Maße in dem betrachteten Zeitpunkt nicht einhält, aktiv. Für eine einheitliche Bewertung werden die Bedingungen normiert, da dies bei Gradienten-basierten Optimierungsalgorithmen zu schnellerer Konvergenz führen kann [IOFF15, S. 448–456].

Für den Mindestabstand $\mathrm{D_{ES,min}}$ zwischen Empfänger und Sender ergibt sich folgender Strafterm:

$$g_4(S_i^k) = \max\left(\frac{\mathrm{D_{ES,min}} - \left\|S_{i,s,n}^k - e_{l,t}\right\|_2}{\mathrm{D_{ES,min}}}, 0\right) \tag{6.46}$$

$$c_4(S_i^k) = \begin{cases} \sum_{n=1}^{\mathrm{n_S}} g_4(S_i^k), & g_4(S_i^k) > 0 \\ 0, & g_4(S_i^k) \leq 0 \end{cases} \tag{6.47}$$

Für den Strafterm $c_4(S_i^k)$ resultiert somit ein Wertebereich von $[0, \mathrm{n_S}]$. Für den Lasertracker gilt hier $\mathrm{n_S} = 1$, da dieselbe Auswahlmethode zur Bestimmung einer Sender-Empfänger-Verbindung verwendet wird wie für Strafterm $c_3(S_i^k)$.

Für die Berechnung von Strafterm $c_6(S_i^k)$ erfolgt ein analoges Vorgehen. Eine Verletzung der RB 5 und 7 wird als Verlust einer Sichtverbindung gewertet und über den Wert von $n_{\mathrm{LOS},l,t}$ aus Gl. (6.44) im Strafterm $c_3(S_i^k)$ berücksichtigt. Auf diese Weise wird der Logik eines räumlich skalierbaren Messsystems gefolgt, dass nicht jeder Empfänger zu jedem Sender den Höchstabstand oder den maximalen Elevationswinkel einhalten muss, sofern die Mindestanzahl an Sendern innerhalb des zulässigen Arbeitsraumes verfügbar ist. Die mathematischen Zusammenhänge zur Berücksichtigung der RB 5, 6 und 7 können dem Anhang (Teil E) entnommen werden.

Definition der Strafparameter zur Normierung und Gewichtung: $\boldsymbol{\lambda_j}, \boldsymbol{c_{j,\max}}$

Über die Gewichtung und Normierung muss sichergestellt werden, dass zunächst alle RB für die Durchführung einer validen Messung erfüllt werden, bevor die Lösung gegen die Messunsicherheit u_T konvergiert. Mithilfe der Normierung durch $\mathrm{c}_{j,\max}$ wird der Term $\frac{c_j(S_i^k)}{\mathrm{c}_{j,\max}}$ dem Wertebereich $[0,1]$ zugeordnet. Die Berechnung der Bewertungsfunktion $F(S_i^k)$ erfolgt in der Einheit Meter, weshalb sich die Werte von u_T in der Größenordnung $10^{-4}\,m$ befinden. Folglich muss bei einer höheren Gewichtung der RB $\frac{c_j(S_i^k)}{\mathrm{c}_{j,\max}} > 10^{-4}$ gelten. Damit die PSO auch bei geringeren Werten von $c_j(S_i^k)$ zunächst die RB berücksichtigt, soll für die gewichtete Straffunktion $\lambda_j * \frac{c_j(S_i^k)}{\mathrm{c}_{j,\max}} \geq 1$ gelten. Dies entspricht einer Gewichtung von $\lambda_j = 10.000$, wobei harte RB doppelt so stark gewichtet werden. Zusammen mit den ermittelten maximalen Wertebereichen der Strafterme $c_j(S_i^k)$ resultieren hieraus folgende Strafparameter:

Tabelle 6.8: Übersicht der Strafparameter zur Normierung und Gewichtung der Strafterme

j	1	2	3	4	5	6	7
$\mathrm{c}_{j,\max}$	-	$\mathrm{T} * \mathrm{n_S}$	$\mathrm{n_S} * (\mathrm{T}-1)$	$\mathrm{n_S}$	in RB3	$\mathrm{n_S}$-1	in RB3
λ_j	-	20.000	20.000	10.000	in RB3	10.000	in RB3

Mit der abschließenden Definition der Strafparameter ist die Bewertungsfunktion $F(S_i^k)$ hinsichtlich der Messunsicherheit als prozessübergreifende Zielgröße und geltender RB durch die Funktionen $f_{\mathrm{MU}}(S_i^k)$ und $f_{\mathrm{RB}}(S_i^k)$, vollständig beschrieben.

6.4 Kopplung an den virtuellen Messprozess

Wie durch die prozessübergreifende Messunsicherheitsfunktion in Gl. (6.35) ersichtlich ist, werden zeitabhängige Informationen zur Position der Empfänger sowie zum Status der Sichtverbindung benötigt. Diese Daten werden im Rahmen eines virtuellen Messprozesses erhoben und mit der PSO verknüpft, um eine Bewertung und somit eine iterative Optimierung der Konfiguration zu ermöglichen (siehe Abbildung 4.7).

6.4.1 Aufbau und Ablauf des virtuellen Messprozesses

Die Eingangsgrößen der virtuellen Messung stellen die Prozesskonfiguration nach dem LMAS-Konzept und die Konfiguration des verteilten Messsystems über die Partikel dar. Nach einem Durchlauf des virtuellen Messprozesses erfolgt anschließend die Bewertung und das Update der Partikel zur iterativen Verbesserung der Konfiguration. Die Teilfunktionen zur Durchführung der genannten Schritte wurden in der Software MATLAB in entsprechenden Klassen implementiert [MAT21b]. Abbildung 6.8 zeigt die Einordnung der virtuellen Messung in den Gesamtprozess der Optimierung (mit Klassennamen in kursiver Schrift).

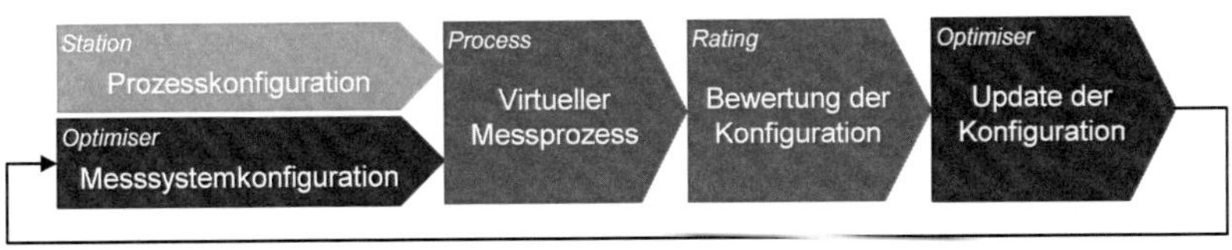

Abbildung 6.8: Einordnung der virtuellen Messung in den Gesamtprozess der Optimierung

Die Struktur der Klassen ist in Abbildung 6.9 dargestellt. Sie orientiert sich an dem erarbeiteten Beschreibungsmodell (siehe Abbildung 4.5) für die Wirkzusammenhänge zwischen Montageumgebung und Messsystem. Die übergeordnete Klasse *Optimiser* beinhaltet Funktionen zur Durchführung der Optimierung (z.B. Initialisierung der PSO). Die Klasse *Rating* führt die Bewertung der Partikel aus und setzt sich aus den Messunsicherheits- und Straffunktionen für die zu konfigurierenden Messsysteme zusammen. Die Klasse *Process* erstellt den virtuellen Messprozess und führt ihn aus. Hierfür werden zur Sichtstrahlensimulation die Klasse *Ray* und zur Konfiguration der Montageumgebung die Klasse *Station* verwendet. Innerhalb der Klasse *Station* werden alle physischen Objekte (inklusive Messsystem anhand der Klassen *Target* und *Transmitter*) der Montageumgebung sowie deren räumlichen Abhängigkeiten untereinander über die Prozessdauer beschrieben. Als bewegliche Montageressourcen (*MobileResource*) werden FTF (*AGV*) und stationäre Montageroboter (*Robot*) angesehen. Daneben existieren Vorrichtungen wie z.B. Werkzeug- oder Werkstückhalter (*Equipment*), vorzuhaltende Sperrflächen (*HandlingSpace*) und Produkte (*Product*).

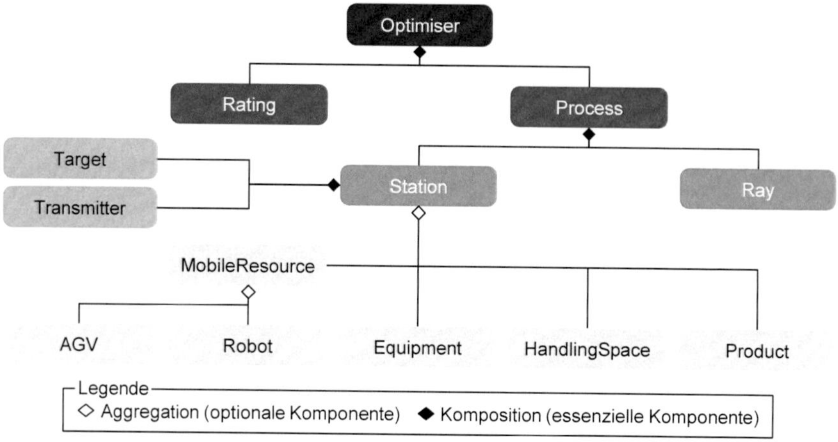

Abbildung 6.9: Vereinfachtes Klassendiagramm zur Implementierung der Konfigurationsoptimierung

Im Folgenden wird im Detail auf die Eingangsgrößen, die Durchführung und die Ausgangsgrößen der virtuellen Messung eingegangen.

Eingangsgrößen der virtuellen Messung

Die Stellgröße der Optimierung und Eingangsgröße der virtuellen Messung stellen die Messsystemkonfigurationen beschrieben durch $\mathrm{n_p}$ Partikel dar. Jeder Partikel S_i^k enthält hierbei die Senderpositionen $S_{i,s,n}^k$ für n_s Sender. Tabelle 6.9 veranschaulicht das Datenformat zur Eingabe der Messsystemkonfigurationen in die virtuelle Messung. Die Daten werden automatisiert über Gl. (6.19) je Iterationsdurchlauf generiert.

Tabelle 6.9: Datenformat der Partikel zur Durchführung der virtuellen Messung

i	$S_{i,s,1}^k$			…	S_{i,s,n_s}^k		
1	$x_{1,s,1}$	$y_{1,s,1}$	$z_{1,s,1}$	…	x_{1,s,n_s}	y_{1,s,n_s}	z_{1,s,n_s}
⋮	⋮	⋮	⋮	…	⋮	⋮	⋮
$\mathrm{n_p}$	$x_{\mathrm{n_p},s,1}$	$y_{\mathrm{n_p},s,1}$	$z_{\mathrm{n_p},s,1}$	…	$x_{\mathrm{n_p},s,\mathrm{n}_s}$	$y_{\mathrm{n_p},s,\mathrm{n}_s}$	$z_{\mathrm{n_p},s,\mathrm{n}_s}$

Des Weiteren ist die Prozesskonfiguration eine zweite Eingangsgröße, die einmalig für den zu simulierenden Montageprozess definiert werden muss. Sie beinhaltet relevante Informationen zur Dynamik der Montageumgebung während der Messung. Neben einer Initialkonfiguration des Messsystems (z.B. Auswahl des Messsystems und Bestimmung der Senderanzahl) werden zeitabhängige räumliche Beziehungen in Form von Posen zwischen den physischen Objekten der Montageumgebung definiert. Bei dynamischen Objekten (z.B. FTF) werden Bewegungspfade über Stützpunkte und Geschwindigkeiten beschrieben. Die äußere Form der Objekte wird über CAD-Modelle abgebildet. Im Spezialfall der Montageroboter (Sechsachsroboter), die ein Mehrkörpersystem darstellen, wird das *Unified Robot Description*

Format (URDF) verwendet [SUCA22]. Tabelle 6.10 fasst die erforderlichen Daten zur Prozesskonfiguration zusammen.

Tabelle 6.10: Übersicht der erforderlichen Daten zur Prozesskonfiguration

Initialkonfiguration des Messsystems
Senderanzahl: n_s
Messsystem: Auswahl eines spezifischen Messunsicherheitsmodells $f_{MU,j}$ (iGPS, Lasertracker)
Empfänger: Messobjekt (z.B. Produkt oder FTF), relative Position zum Messobjekt
Dimensionierung der Montagestation
Maximale Maße entlang der kartesischen Achsrichtungen: Ω_X, Ω_Y, Ω_Z
Definition von mobilen Objekten
FTF: CAD-Modell, Geschwindigkeit, Stützpunkte der Bewegungsbahn, Handhabungsobjekt, relative Pose zum Handhabungsobjekt
Montageroboter: CAD-Modell, URDF-Modell, Pose der Roboterbasis, Geschwindigkeit, Stützpunkte der Bewegungsbahn, ggf. Handhabungsobjekt, ggf. relative Pose zum Handhabungsobjekt
Definition von statischen Objekten
Vorrichtungen: CAD-Modell, Pose, ggf. Handhabungsobjekt, ggf. relative Pose zum Handhabungsobjekt
Sperrflächen: Pose, Länge und Breite der Fläche
Produkt: CAD-Modell, Pose

Durchführung des virtuellen Messprozesses

Nach der Eingabe der Eingangsgrößen kann der virtuelle Messprozess durchlaufen werden. Dieser setzt sich aus vier Teilschritten zusammen (siehe Abbildung 6.10). Im ersten Schritt werden die CAD-Modelle für eine recheneffiziente Verarbeitung in der Sichtstrahlensimulation vorbereitet. Als Importformat werden STL-Dateien verwendet, die Körper über eine Zusammensetzung von Dreiecken beschreiben und standardmäßig als Exportformat in CAD-Programmen zur Verfügung stehen.

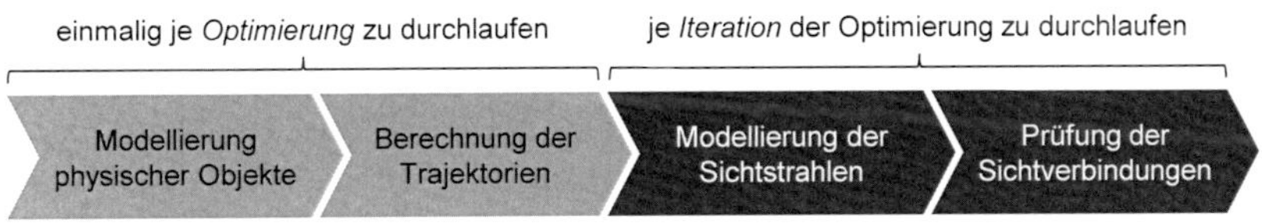

Abbildung 6.10: Teilschritte eines virtuellen Messprozesses für eine vorgegebene Montageumgebung

Die Berechnung der Sichtverbindungen erfolgt nach einem Brute-Force-Ansatz für jede Sender-Empfänger-Verbindung in Kombination mit jedem Objekt (möglicher Kollisionsverursacher) der Montageumgebung. Dieser Vorgang muss für n_p Partikel je Zeitschritt und Iteration wiederholt werden. Daher resultiert aus der Sichtstrahlensimulation der größte Rechenaufwand im Rahmen der Optimierung. Eine effiziente Prüfung auf Kollision zweier Objekte ermöglichen konvexe Körper [GILB88, S. 193–203]. Daher werden sämtliche in der Montageumgebung zu berücksichtigende Objekte in konvexe Körper transformiert. Hierdurch werden konvexe Hüllkörper um die Objekte gelegt, die sich nachteilig auf die Abbildungsgenauigkeit auswirken können. Um Mehrkörpersysteme oder komplexere Geometrien dennoch abbildungsgenau darstellen zu können, werden hierfür Kompositionen konvexer Körper verwendet. Abbildung 6.11 veranschaulicht die Transformation des CAD-Modells eines Sechsachsroboters in eine Komposition konvexer Hüllkörper.

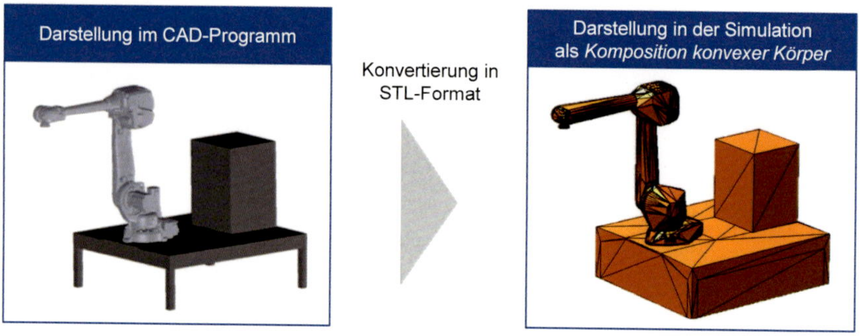

Abbildung 6.11: Berücksichtigung von CAD-Modellen in der Simulation am Beispiel eines Sechsachsroboters auf einem mobilen Gestell

Im zweiten Schritt der virtuellen Messung werden anhand der definierten Stützpunkte und Geschwindigkeiten Trajektorien der Körper berechnet. Die Stützpunkte werden linear zu einer Bewegungsbahn verbunden. Die Bewegungsbahn wird anschließend über eine gegebene Abtastfrequenz f_a zeitlich diskretisiert. Hieraus resultieren Posen für jeden Körper zu jedem Zeitpunkt (Trajektorien), die eine dynamische Betrachtung des Montageprozesses ermöglichen. Die Posen werden in der Simulation über Verkettungen von homogenen Transformationen mit Bezug zum Welt-Koordinatensystem der Montagestation ausgedrückt. Abbildung 6.12 zeigt beispielhaft, wie die Koordinatentransformationen angewendet werden. Hierbei ist ein Empfänger $\{E\}$ an einem Produkt $\{P\}$ befestigt, das wiederum von einem Roboterwerkzeug $\{W\}$ gehalten wird. Das Produkt fungiert in dem Beispiel sowohl als Mess- als auch als Handhabungsobjekt. Das Roboterwerkzeug wird zur Roboterbasis $\{B\}$ referenziert, welches durch die Transformation ${}^{\mathrm{S}}\mathrm{T}_{\mathrm{B}}$ im Welt-Koordinatensystem der Montagestation $\{S\}$ ausgedrückt wird. Ebenso werden weitere Körper wie z.B. die Vorrichtung $\{V\}$ referenziert. Der Empfänger lässt sich im Beispiel über folgende Pose mit Bezug zu $\{S\}$ bestimmen:

$$ {}^{\mathrm{S}}\mathrm{T}_{\mathrm{E}} = {}^{\mathrm{S}}\mathrm{T}_{\mathrm{B}} * {}^{\mathrm{B}}\mathrm{T}_{\mathrm{W}} * {}^{\mathrm{W}}\mathrm{T}_{\mathrm{P}} * {}^{\mathrm{P}}\mathrm{T}_{\mathrm{E}} \tag{6.48} $$

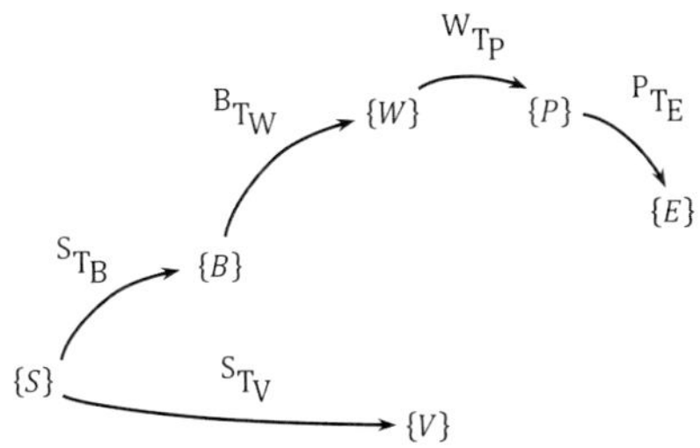

Legende
- $\{S\}$ Koordinatensystem der Montagestation
- $\{B\}$ Koordinatensystem der Roboterbasis
- $\{W\}$ Koordinatensystem des Roboterwerkzeugs
- $\{P\}$ Koordinatensystem des Produkts
- $\{E\}$ Koordinatensystem des Empfängers
- $\{V\}$ Koordinatensystem der Vorrichtung
- $^{S}T_{B}$ Koordinatentransformation von $\{S\}$ nach $\{B\}$

Abbildung 6.12: Beispiel einer Koordinatentransformation zur Definition räumlicher Beziehungen zwischen Objekten während des Montageprozesses

Die ersten beiden Schritte der virtuellen Messung müssen einmalig pro Anwendungsfall bzw. Optimierung durchlaufen werden, da sie während der Optimierung nicht verändert werden. Schritt drei befasst sich mit der Modellierung der Sichtstrahlen. Sichtstrahlen werden als Zylinder (konvexer Körper) mit einem Durchmesser von 0,1 mm und der Länge entsprechend des euklidischen Abstandes zwischen Sender und Empfänger modelliert. Die zugrundeliegenden Senderpositionen werden dem Partikel und die Empfängerpositionen der Trajektorienberechnung entnommen.

Anschließend erfolgt in Schritt vier die Prüfung der Sichtverbindungen, die über den Gilbert-Johnson-Keerthi-Algorithmus umgesetzt wird [GILB88, S. 193–203]. Hierbei werden Kollisionen zwischen den Sichtstrahlen und Körpern der Montageumgebung geprüft. Sender und Empfänger werden hierbei nicht als potenzielle Kollisionsobjekte betrachtet. Da die Sichtstrahlen abhängig von der Konfiguration sind, werden die Schritte drei und vier pro Iteration für jeden Partikel durchgeführt. Eine Ausnahme stellen statische Messungen dar. Sofern ein Empfänger während des Montageprozesses seine Position nicht verändert, wird die Sichtverbindung nur im ersten Zeitschritt geprüft.

Ausgangsgrößen der virtuellen Messung

Ausgangsgrößen der virtuellen Messung stellen die Empfängertrajektorien sowie der Status der Sichtverbindungen dar. Die Empfängertrajektorien setzen sich aus zeitabhängigen Empfängerpositionen über n_e Empfänger zusammen. Der Status der Sichtverbindungen (1 = Sicht vorhanden, 0 = keine Sicht) wird für jede Sender-Empfänger-Verbindung beschrieben. Tabelle 6.11 und Tabelle 6.12 zeigen die Datenformate der Ausgangsgrößen, über die eine anschließende Bewertung der Partikel erfolgen kann.

Tabelle 6.11: Datenformat zur Beschreibung der Empfängertrajektorien

t	e_1			…	e_{n_e}		
1	$ex_{1,1}$	$ey_{1,1}$	$ez_{1,1}$	…	$ex_{n_e,1}$	$ey_{n_e,1}$	$ez_{n_e,1}$
⋮	⋮	⋮	⋮	…	⋮	⋮	⋮
T	$ex_{1,T}$	$ey_{1,T}$	$ez_{1,T}$	…	$ex_{n_e,T}$	$ey_{n_e,T}$	$ez_{n_e,T}$

Tabelle 6.12: Datenformat zum zeitabhängigen Status der Sichtverbindung zwischen Sendern und Empfängern

t	$e_{\mathrm{LOS},1}$			…	$e_{\mathrm{LOS},\mathrm{n}_e}$		
1	$e_{s,1,1}$	…	$e_{s,\mathrm{n_S},1}$	…	$e_{s,1,1}$	…	$e_{s,\mathrm{n_S},1}$
⋮	⋮	⋮	⋮	…	⋮	⋮	⋮
T	$e_{s,1,T}$	…	$e_{s,\mathrm{n_S},T}$	…	$e_{s,1,T}$	…	$e_{s,\mathrm{n_S},T}$

6.4.2 Parameteroptimierung für eine schnelle und robuste Konvergenz

Die Wahl der Parameter für die PSO beeinflusst die Effizienz und Zuverlässigkeit der Optimierung [WANG14b, S. 722]. Eine ungeeignete Wahl der Parameterwerte kann zu einer sog. Schwarmexplosion führen, die sich durch divergente Partikelbewegungen ausdrückt [BONY17, S. 9]. In diesem Abschnitt wird die Parametereinstellung für den in Abschnitt 6.3 konzipierten Algorithmus vorgestellt.

Zunächst werden die Parameter und ihre möglichen Wertebereiche festgelegt. Anschließend werden geeignete Parameterwerte mithilfe einer Bayesschen Optimierung bestimmt. Diese Methode wurde gewählt, da die Bewertungsfunktion (siehe Gl. (6.20)) in keiner geschlossenen Form vorliegt, Funktionswerte jedoch über eine Simulation (virtuelle Messung) bestimmt werden können. Zudem eignet sich die Methode besonders für nicht-konvexe Probleme mit zeitintensiven Berechnungen und kann auf diskrete sowie kontinuierliche Wertebereiche angewendet werden [BROC10, S. 2–6]. Beides kann nach den Erkenntnissen aus Abschnitt 6.1.1 für das vorliegende Optimierungsproblem angenommen werden. Ergebnis der Bayesschen Optimierung stellen Parameterwerte nach einem Ersatzmodell und Parameterwerte nach berechneten Werten dar. Das Ersatzmodell beschreibt den Parameterraum in Abhängigkeit der Kosten der Bewertungsfunktion. Auf Basis dieser Modellannahme werden die optimalen Werte ohne eine Berechnung der Kosten bestimmt. Die berechneten Werte hingegen beziehen sich auf im Laufe der Parameteroptimierung bestimmte Kosten und beschreiben hierbei die Werte mit den geringsten Kosten. Um zu entscheiden, welche Werte berücksichtigt werden sollen, wird eine Konfiguration für eine beispielhafte Anwendung 10-mal durchgeführt. Es wird sich dann für die Einstellung mit den geringsten Kosten und der schnellsten Konvergenz entschieden. Abbildung 6.13 zeigt den beschriebenen Prozess zur Parametereinstellung.

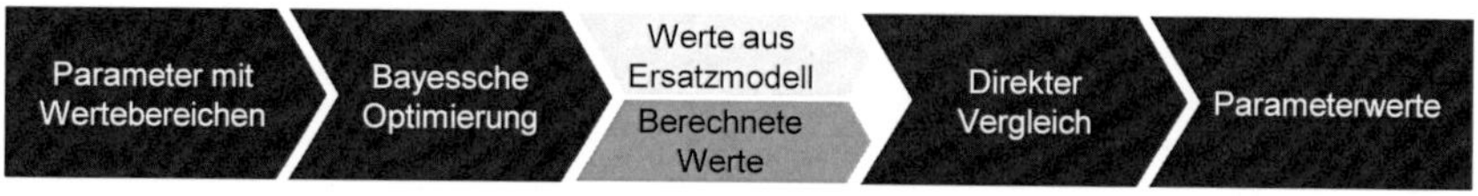

Abbildung 6.13: Schritte zur Parametereinstellung der Partikelschwarmoptimierung

Wertebereiche der einzustellenden Parameter

Eine Übersicht aller einzustellenden Parameter und ihrer Wertebereiche zeigt Tabelle 6.13. Die untere Grenze des Wertebereichs der Partikelanzahl $\mathrm{n_p}$ wird aufgrund der gewählten Von-Neumann-Topologie, die fünf benachbarte Partikel voraussetzt, auf den Wert 5 gesetzt.

Für die obere Grenze empfiehlt WEICKER eine Anzahl von 20 bis 60 Partikeln [WEIC15, S. 181]. Daher wird der Mittelwert von 40 Partikeln als obere Grenze für die Parameteroptimierung festgelegt. Zur Eingrenzung des maximalen Trägheitsfaktors β_{max} wird sich an den Untersuchungen von BAI orientiert. Nach seinen Untersuchungen wird die schnellste Konvergenz bei Werten zwischen 0,8 und 1,2 festgestellt [BAI10, S. 180]. Nach der Arbeit von XU soll für den kognitiven und globalen sozialen Faktor $\alpha_{1,max} + \alpha_{2,max} \leq 4$ gelten [XU15, S. 2074–2079]. Als obere Grenze wird daher der Wert 4 für beide Faktoren angenommen. Nach unten sind die Faktoren durch 0 begrenzt, da negative Werte nicht sinnvoll sind. Diese Eingrenzung wird ebenfalls für den in dieser Arbeit ergänzten Faktor $\alpha_{3,max}$ vorgenommen. Die minimalen Faktoren (β_{min}, $\alpha_{1,min}$, $\alpha_{2,min}$, $\alpha_{3,min}$), die eine lineare Abnahme der Faktoren α_1, α_2 und α_3 über die Iterationszahl bewirken, sind entsprechend zwischen den Werten ihrer maximalen Faktoren (β_{max}, $\alpha_{1,max}$, $\alpha_{2,max}$, $\alpha_{3,max}$) und dem Wert 0 zu wählen.

Tabelle 6.13: Wertebereiche der einzustellenden Parameter

Parameter	Zeichen	Wertebereich	Ausprägung
Partikelanzahl	n_p	$[5, 40]$	diskret
Maximaler Trägheitsfaktor	β_{max}	$[0{,}8, 1{,}2]$	kontinuierlich
Minimaler Trägheitsfaktor	β_{min}	$[0, \beta_{max}]$	kontinuierlich
Maximaler kognitiver Faktor	$\alpha_{1,max}$	$[0, 4]$	kontinuierlich
Minimaler kognitiver Faktor	$\alpha_{1,min}$	$[0, \alpha_{1,max}]$	kontinuierlich
Maximaler globaler sozialer Faktor	$\alpha_{2,max}$	$[0, 4]$	kontinuierlich
Minimaler globaler sozialer Faktor	$\alpha_{2,min}$	$[0, \alpha_{2,max}]$	kontinuierlich
Maximaler lokaler sozialer Faktor	$\alpha_{3,max}$	$[0, 4]$	kontinuierlich
Minimaler lokaler sozialer Faktor	$\alpha_{3,min}$	$[0, \alpha_{3,max}]$	kontinuierlich
Geschwindigkeitsbegrenzungsfaktor	v_{rel}	$[0, 1]$	kontinuierlich
Initiale Schwarmkonfiguration	-	[zufällig, kreisförmig]	diskret

Der Geschwindigkeitsbegrenzungsfaktor v_{rel} legt die maximale Geschwindigkeit der Partikel fest. Bei einem Wert von 1 kann ein Partikel eine Geschwindigkeit erreichen, um in einer Iteration den gesamten Suchraum zu durchqueren. Daher wird dieser Wert für die untere Grenze auf den Wert 0 und für die obere Grenze auf den Wert 1 festgelegt. Zur Initialisierung des Partikelschwarms werden zwei Verfahren getestet, zum einen die standardmäßige zufällige Verteilung der Partikel und zum anderen eine kreisförmige Verteilung der Partikel (siehe Abschnitt 6.2.1).

Durchführung und Ergebnis der Parameteroptimierung

Zur Durchführung der Bayesschen Optimierung werden Testfälle benötigt, an denen die unterschiedlichen Parametereinstellungen anhand der erreichten Kosten nach erfolgter PSO bewertet werden können. Um den Rechenaufwand zu reduzieren, wird ein repräsentativer LMAS-Prozess ausgewählt. Für den Prozess wird angenommen, dass sich die hieraus ermittelten Parameterwerte auf weitere LMAS-Prozesse übertragen lassen. Der Prozess wird daher so gestaltet, dass er die Haupteigenschaften eines mittels verteilter LSM-Systeme messtechnisch-gestützten LMAS-Prozesses umfasst (siehe Abbildung 6.14):

- Die räumliche Dimension der Montagestation wird an der Großbauteilmontage ausgerichtet: Grundfläche von 20 x 20 m^2 und einer Höhe von 5 m.
- Es werden Vorrichtungen und Montageressourcen eingesetzt, die sich während des Prozesses nicht bewegen: ein Sechsachsroboter, ein mit einem Produkt belades FTF und drei Vorrichtungen.
- Es werden Montageressourcen eingesetzt, die sich während des Prozesses bewegen: ein Sechsachsroboter mit vertikaler Bewegung des Endeffektors und die Bewegung eines FTF mit beladenem Produkt entlang zweier linearer Pfade.
- Verteilung des LSM-Systems innerhalb der Montagestation: vier Sender, zwei Empfänger an dynamischen Montageressourcen und zwei Empfänger an statischen Montageressourcen.

Eine Erhöhung der Anzahl dynamischer Montageressourcen oder der Komponenten des Messsystems würde die Rechenzeit der Bayesschen Optimierung deutlich erhöhen. Daher wird von komplexeren Montageprozessen in der Parameteroptimierung abgesehen.

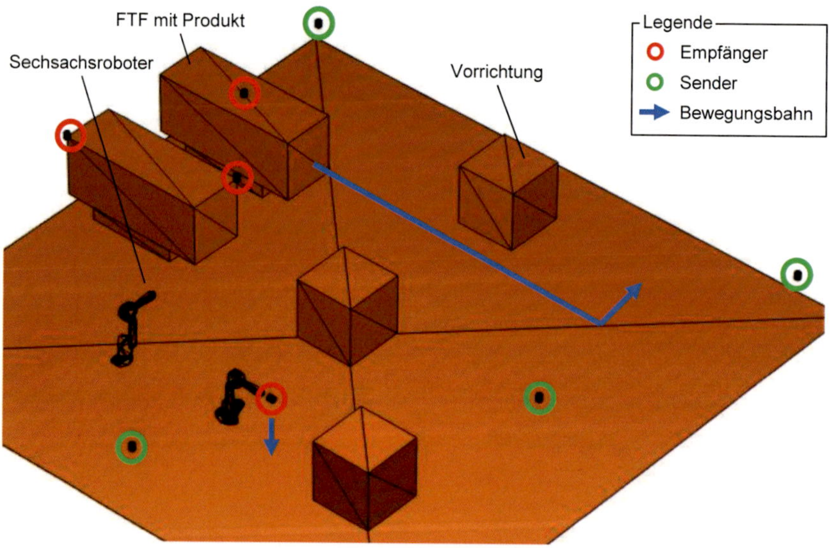

Abbildung 6.14: Simulation zur Bestimmung der optimalen Parameter

Für den Prozess wird das iGPS aufgrund der höheren Komplexität des Messunsicherheitsmodells und eine Abtastfrequenz $f_a = 2\,\mathrm{Hz}$ über eine Prozessdauer $\mathrm{T_p} = 18\,\mathrm{s}$ gewählt. Abbildung 6.14 zeigt den beschriebenen Prozess. Für die Durchführung der Bayesschen Optimierung wird der PSO-Algorithmus mehrfach mit verschiedenen Parametereinstellungen ausgeführt. Je Iteration der Bayesschen Optimierung wird ein Update des Ersatzmodells vorgenommen, das die Parametereinstellung in Abhängigkeit der resultierenden Kosten der PSO-Bewertungsfunktion modelliert. Die Bayessche Optimierung wird mit 142 Iterationen durchlaufen. Als Abbruchkriterium der PSO wird die maximale Iterationszahl gewählt, sodass entweder nach 500 Iterationen oder nach 20 Iterationen ohne Verbesserung von $gBest$ abgebrochen wird. Zur Implementierung der Bayesschen Optimierung wird der *Bayesian Optimization Algorithm* von MATLAB verwendet. Für die Bayessche Optimierung wird die „ARD Matern 5/2" Kovarianzfunktion genutzt, um das Ersatzmodell durch einen Gauß-Prozess zu bestimmen. Die Funktion „expected-improvement-per-second-plus" (MATLAB-Standardoption) wird als Akquisitionsfunktion gewählt, um die Parametereinstellung der nächsten Iteration vorzugeben. [MAT21a] In dem linken Graphen von Abbildung 6.15 sind alle 142 Durchläufe der PSO für die Bayessche Optimierung gezeigt.

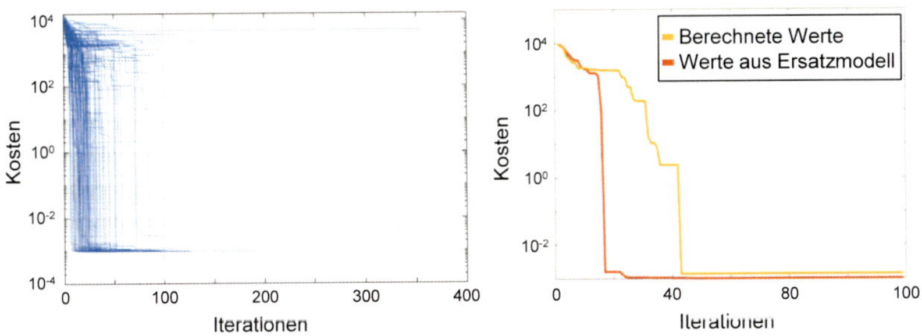

Abbildung 6.15: Einzelversuche der Bayesschen Optimierung (links) und Vergleich der Parameterwerte von Modellwerten und beobachteten Werten (rechts)

Es ist deutlich zu erkennen, dass einzelne Parametereinstellungen zu keiner Konvergenz (Kosten $\gg 10^{-3}$) führen, was die Bedeutung valider Parameterwerte in dem vorliegenden Problem unterstreicht. Im rechten Graphen von Abbildung 6.15 sind die über 10 Wiederholungen gemittelten Kosten der zwei Parametereinstellungen, nach den berechneten Werten und nach dem Ersatzmodell, gegenübergestellt. Da die Parametereinstellung aus dem Ersatzmodell eine schnellere (ca. 20 Iterationen frühere) Konvergenz mit geringeren finalen Kosten bewirkt, werden die Parameterwerte aus dem Ersatzmodell verwendet. Die aus dem Ersatzmodell extrahierten Parameterwerte sind in Tabelle 6.14 dargestellt. Mit dieser Einstellung wird die entworfene Konfigurationsoptimierung in den Folgeabschnitten verifiziert (Abschnitt 6.4.3) und validiert (Abschnitt 6.5 und Kapitel 7).

Tabelle 6.14: Ermittelte Parametereinstellung der Partikelschwarmoptimierung

Parameter	Zeichen	Wert
Partikelanzahl	n_p	34
Maximaler Trägheitsfaktor	β_{max}	1,097
Minimaler Trägheitsfaktor	β_{min}	1,008
Maximaler kognitiver Faktor	$\alpha_{1,max}$	2,183
Minimaler kognitiver Faktor	$\alpha_{1,min}$	0,961
Maximaler globaler sozialer Faktor	$\alpha_{2,max}$	1,233
Minimaler globaler sozialer Faktor	$\alpha_{2,min}$	0,668
Maximaler lokaler sozialer Faktor	$\alpha_{3,max}$	3,65
Minimaler lokaler sozialer Faktor	$\alpha_{3,min}$	2,346
Geschwindigkeitsbegrenzungsfaktor	v_{rel}	0,268
Initiale Schwarmkonfiguration	-	zufällig

6.4.3 Verifizierung der Konfigurationsoptimierung am Anwendungsfall

Am Anwendungsfall der Parameteroptimierung konnte bereits gezeigt werden, dass die Konfigurationsoptimierung für einen abstrakten LMAS-Prozess und unter Verwendung des iGPS über mehrere Wiederholungen konvergiert. In diesem Abschnitt wird eine zusätzliche Verifizierung durchgeführt, um zu prüfen, ob

- sich die Konfigurationsoptimierung auf reale industrielle Anwendungen innerhalb von LMAS übertragen lässt,
- sich sowohl Lasertracker als auch das iGPS anwenden lassen,
- eine unterschiedliche Senderanzahl berücksichtigt werden kann und
- die Konfigurationsoptimierung einen Rückschluss auf die Prozessfähigkeit ermöglicht.

Zur Berücksichtigung eines realen Prozesses wird die Flügelmontage ausgewählt, die einen Schritt in der Endmontage von Passagierflugzeugen darstellt (siehe Abschnitt 2.2.1). Hierfür wird eine Montagestation mit den Maßen 35 x 60 x 15 m^3 verwendet. Ein auf zwei FTF stationär gelagerter Flugzeugrumpf und ein auf einem FTF gelagerter Flugzeugflügel stellen die Fügepartner des Montageprozesses dar. Während des Prozesses bewegt sich das FTF mit dem Flügel über eine Strecke von 8 m in x-Richtung auf den Rumpf bis zum Erreichen der Montageposition zu. In der Nähe von Flügel und Rumpf befinden sich außerdem zwei stationäre Arbeitsbühnen. Die Empfänger der Messsysteme werden am Rumpf (vier Stück) und am Flügel (drei Stück) befestigt, um die Pose der Bauteile messen zu können. Ein Auszug aus der Simulation zur beschriebenen Montageumgebung ist in Abbildung 6.16 dargestellt. Die genauen Maße der Objekte sowie die Positionen der Empfänger können dem Anhang (siehe Tabelle F.1 und Tabelle F.2) entnommen werden.

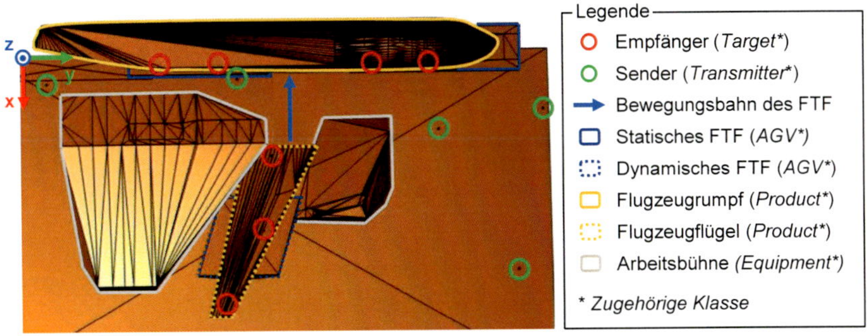

Abbildung 6.16: Flugzeugflügelmontage als Anwendungsfall zur Verifizierung der Konfigurationsoptimierung

Die Konfigurationsoptimierung wird am beschriebenen Anwendungsfall sowohl für das iGPS als auch für Lasertracker mit der ermittelten Parametereinstellung durchgeführt. Im virtuellen Messprozess wird hierbei eine Abtastfrequenz von $f_a = 0{,}25\,Hz$ für eine Prozessdauer von $T_p = 80\,s$ gewählt, was einer Anzahl von $T = 20$ Zeitschritten und einer räumlichen Diskretisierung von 0,4 m entspricht. Das Abbruchkriterium wird nach maximal $k_{max} = 500$ Iterationen oder 60 Iterationen ohne Verbesserung (Minimierung) von $gBest$ erfüllt. Insgesamt wird die Konfigurationsoptimierung je Messsystem 20-mal durchgeführt, um Rückschlüsse auf die Robustheit hinsichtlich einer sicheren Konvergenz zu erlauben. Hierbei darf der gesamte Raum der Montagestation als potenzieller Aufstellort für die Sender berücksichtigt werden.

Konfigurationsoptimierung des iGPS

Das iGPS wird in dem Anwendungsfall für eine Anzahl von $n_S = 5$ Sendern konfiguriert. Abbildung 6.17 zeigt die Verläufe der Kosten der Bewertungsfunktion über die Anzahl der Iterationen für die 20 Wiederholungen sowie die resultierende Verteilung der Sender.

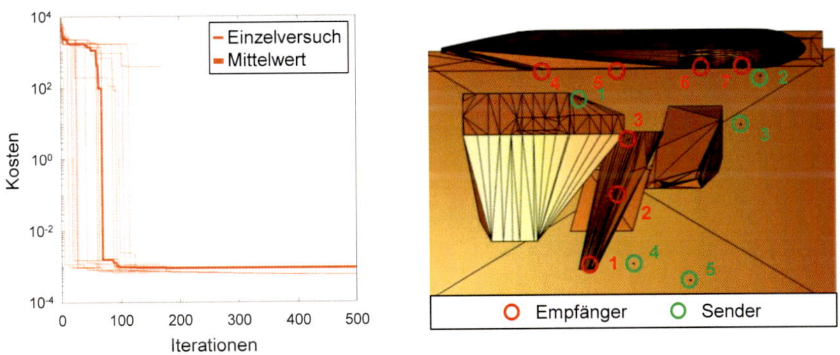

Abbildung 6.17: Kosten über die Iterationsanzahl (links) und finale Konfiguration (rechts) des iGPS im Anwendungsfall der Verifizierung

Die Positionen der Sender aus der besten Konfiguration der 20 Durchläufe sind dem Anhang zu entnehmen (siehe Tabelle F. 3). Insgesamt konvergieren 18 von 20 Optimierungen. Unter den 18 konvergierten Optimierungen findet eine Erfüllung der RB nach frühestens vier, spätestens 98 und gemittelt nach 69 Iterationen statt. Nach 265 Iterationen greift bei 16 von 18 konvergierten Optimierungen das Abbruchkriterium, das nach 60 Iterationen ohne Verbesserung von $gBest$ zutrifft. Zwei Durchläufe benötigen die maximale Anzahl von 500 Iterationen.

Konfigurationsoptimierung von Lasertrackern

Für die Anwendung der Lasertracker wird eine Anzahl von $n_s = 3$ Sendern verwendet, damit jedem dynamischen Empfänger je ein Lasertracker zugeordnet werden kann. Analog zur Durchführung beim iGPS zeigt Abbildung 6.18 die Kosten während der Konfigurationsoptimierung der Lasertracker. Die Positionen der Sender aus der besten Konfiguration sind dem Anhang (siehe Tabelle F. 3) zu entnehmen. Es ist deutlich zu erkennen, dass die einzelnen Durchläufe weniger streuen und schneller konvergieren als bei der Konfigurationsoptimierung des iGPS. Es konvergieren alle 20 Durchläufe, wobei frühestens nach vier und spätestens nach elf Iterationen alle RB erfüllt sind. Nach 203 Iterationen greift bei 19 von 20 Optimierungen das Abbruchkriterium, das nach 60 Iterationen ohne Verbesserung aktiv wird. Nur eine Optimierung benötigt die maximale Anzahl von 500 Iterationen.

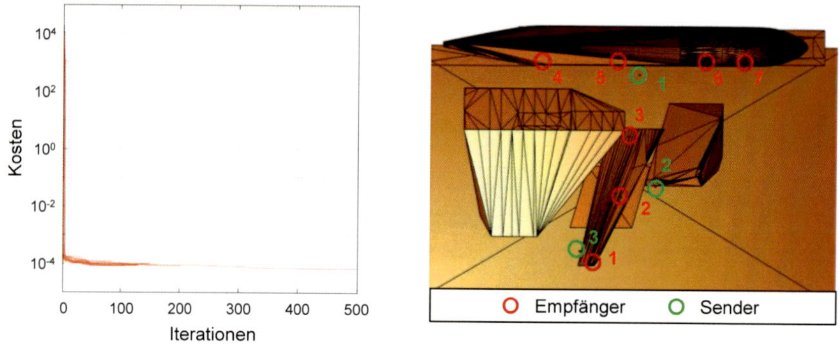

Abbildung 6.18: Kosten über die Iterationsanzahl (links) und finale Konfiguration (rechts) der Lasertracker im Anwendungsfall der Verifizierung

Die unterschiedlichen Kostenverläufe der beiden Messsysteme bestätigen die Annahme, dass die Konfiguration des iGPS komplexer und entsprechend rechenintensiver zu lösen ist. Dies ist vor allem durch die RB der Mindestanzahl an drei Sichtverbindungen, aber auch durch die höhere Anzahl an Sendern beim iGPS zu begründen. Dennoch kann eine erfolgreiche Funktion der Konfigurationsoptimierung des iGPS auf Basis der Simulationsdaten nachgewiesen werden, da 18 von 20 Durchläufen konvergieren und somit eine Erfolgsquote von 90% erreicht wird. Um die Reproduzierbarkeit der Güte der Konfiguration zu untersuchen, wird im Folgenden auf die resultierende Messunsicherheit und korrelierende Prozessfähigkeit eingegangen.

A-priori-Bewertung der Prozessfähigkeit nach der Konfigurationsoptimierung

Zur Bewertung der Prozessfähigkeit einer Messung muss eine Annahme zur Toleranz getroffen werden. Am Beispiel der Flügelmontage wird eine positionsbezogene Toleranz von 2 mm vorausgesetzt. Nach DIETRICH resultieren aus dieser Toleranzangabe folgende Grenzen bzgl. der Prozessfähigkeit einer Messung eines Empfängers e_l zum Zeitpunkt t (siehe Gl. (4.2)) [DIET17, S. 6–8]:

- ein *fähiger* Prozess für eine Messunsicherheit von $u_{l,t} \leq 0{,}2\ mm$,
- ein *bedingt fähiger* Prozess für eine Messunsicherheit von $0{,}2\ mm < u_{l,t} < 0{,}6\ mm$ und
- ein *nicht fähiger* Prozess für eine Messunsicherheit von $u_{l,t} \geq 0{,}6\ mm$.

Zur Überprüfung dieser Grenzen werden die einzelnen Messunsicherheiten der eingesetzten Empfänger, die über die virtuelle Messung bestimmt wurden, pro simulierten Zeitschritt betrachtet. Der Montageprozess umfasst 20 Zeitschritte, woraus 20 Messungen der Empfängerposition je Empfänger resultieren. Abbildung 6.19 zeigt die entsprechenden Verläufe separat für die Messungen von iGPS und Lasertrackern der jeweils besten Konfiguration aus den 20 Wiederholungen.

Beim iGPS sind fünf von sieben Messungen bedingt fähig und weisen Messunsicherheiten über die Zeitschritte zwischen 0,5 mm und 0,6 mm auf. Eine Messung ist über den gesamten Prozess im nicht fähigen Bereich bei einer Messunsicherheit von ca. 0,84 mm. Eine weitere Messung verläuft zunächst im nicht fähigen Bereich bei abnehmender Messunsicherheit und betritt bei Zeitschritt acht den bedingt fähigen Bereich. Hier ist der Einfluss der Dynamik des Prozesses zu erkennen. Aufgrund einer zusätzlicher Sichtverbindung (von drei auf vier Sichtverbindungen) wird die Messunsicherheit zwischen den Zeitschritten sieben und acht deutlich reduziert. Ein Verhalten in die andere Richtung zu einer größeren Messunsicherheit ist bei einer anderen Messung zwischen den Zeitschritten 18 und 19 zu beobachten. Die genauen Verläufe zur Anzahl der Sichtverbindungen über die Zeitschritte sind Abbildung F.5 des Anhangs zu entnehmen. Insgesamt findet eine Schwankung der Messunsicherheit aufgrund der Prozessdynamik von 0,301 mm statt, was 15% der geforderten Toleranz entspricht.

Die Messunsicherheiten der Lasertracker-Messungen verlaufen alle im fähigen Bereich auf einem deutlich niedrigeren Messunsicherheitsniveau zwischen 0,019 mm und 0,126 mm. Die Schwankung der Messunsicherheit aufgrund der Prozessdynamik fällt ebenfalls mit 0,065 mm (3% der Toleranz) geringer aus.

Fazit der Verifizierung

Die gewählte Darstellungsweise der Empfänger-spezifischen Messunsicherheiten über die Prozessdauer ermöglicht eine A-priori-Bewertung der Prozessfähigkeit. Ebenso können mithilfe dieser Graphen Konfigurationen aus unterschiedlichen Optimierungsdurchläufen verglichen werden. Eine beispielhafte Gegenüberstellung der jeweils besten und schlechtesten validen Konfiguration ist in Abbildung F.1 im Anhang dargestellt. Über den Anwendungsfall konnte gezeigt werden, dass sich die Konfigurationsoptimierung auf industrielle Prozesse innerhalb LMAS anwenden lässt. Die Anwendung von iGPS und

Lasertrackern belegen, dass für die Konfiguration unterschiedliche Messsysteme und ihre Senderanzahl berücksichtigt werden können sowie, dass aus der Optimierung valide Konfigurationen resultieren.

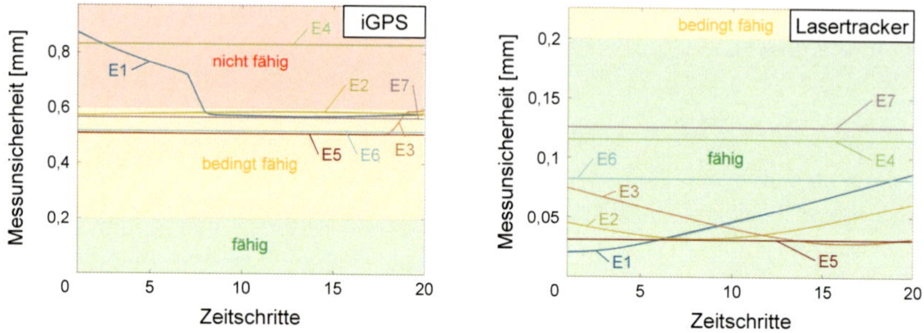

Abbildung 6.19: Gegenüberstellung der Prozessfähigkeit über die Prozesszeit von iGPS- (links) und Lasertracker-Messung (rechts)

6.5 Lösbarkeit bei zunehmender Komplexität des Lösungsraumes

Um die Einsatzmöglichkeiten der entwickelten Konfigurationsoptimierung neben dem betrachten Anwendungsfall genauer zu untersuchen, wird in diesem Abschnitt die Lösbarkeit bei unterschiedlicher Komplexität des Lösungsraumes betrachtet. Das Vorgehen basiert auf der Validierungsmethode „Extreme Condition Test“ nach SARGENT [SARG10, S. 187]. Der Lösungsraum wird über die Parameter der Montageumgebung und des verteilten LSM-Systems definiert (siehe Übersicht zu Montageressourcen in Abbildung 4.5). In diesem Kontext definiert sich die Lösbarkeit eines Konfigurationsproblems analog zum vorherigen Abschnitt über die Konvergenz der Kosten der Bewertungsfunktion, was einem Erfüllen aller RB entspricht. Um Rückschlüsse auf wesentliche Eigenschaften des Montage- bzw. Messsystems zu ermöglichen, werden für einen vollfaktoriellen Versuchsplan die Faktoren in Tabelle 6.15 verwendet. Unter dem Faktor der Stationsgröße ist hierbei die Kantenlänge einer quadratischen Stationsfläche zu verstehen. Außerdem wird das iGPS für die Untersuchung betrachtet, da es im Hinblick auf die Konfiguration den komplexesten Fall darstellt (siehe Abbildung 6.17 und Abbildung 6.18).

6.5.1 Erstellung von Testfällen mit unterschiedlicher Komplexität

Da die Konfiguration ein NP-schweres Optimierungsproblem beschreibt (siehe Anhang Teil C), wird ein nichtlineares Verhalten zwischen der Laufzeit zum Lösen eines Konfigurationsproblems und den Stufen eines Faktors angenommen. Folglich werden drei Stufen je Faktor gewählt, um ein nichtlineares Verhalten beschreiben zu können. Tabelle 6.15 zeigt die gewählten Stufen der Faktoren, deren Komplexität von Stufe eins bis drei zunimmt. Die oberen bzw. unteren Grenzen entsprechen einem Minimal- bzw. Maximalszenario einer Großbauteilmontage.

Tabelle 6.15: Faktorstufen zur Untersuchung der Performanz des Planungswerkzeugs

Einflussgröße	Faktoren und Stufen (1-3)								
Messsystem	Anzahl Sender			Anzahl Empfänger			Anteil dynamischer Messungen		
	4	8	12	6	10	14	0%	50%	100%
Montageumgebung	Stationsgröße [m]			Abdeckungsgrad Sperrflächen			Volumenabdeckung durch Sichthindernisse		
	50	30	10	30%	40%	50%	10%	20%	30%

Abbildung 6.20 illustriert die Ableitung der Testfälle aus den beschriebenen Faktorstufen. Um den Rechenaufwand unter einer vollfaktoriellen Versuchsdurchführung rational zu gestalten, werden zwei Testreihen gebildet, in denen die Variationen von Messsystem (Testreihe 1) und Montageumgebung (Testreihe 2) getrennt betrachtet werden. Hieraus resultieren für drei Faktoren mit jeweils drei Stufen $3^3 = 27$ Einzeltests je Testreihe. Um dennoch eine Untersuchung bei einer Variation aus der anderen Testreihe (Messsystem oder Montageumgebung) zuzulassen, wird für jede Testreihe ein einfacher und ein schwieriger Fall aus der jeweils anderen Testreihe berücksichtigt, sodass sich insgesamt $2 * 27 + 2 * 27 = 108$ Einzeltests ergeben.

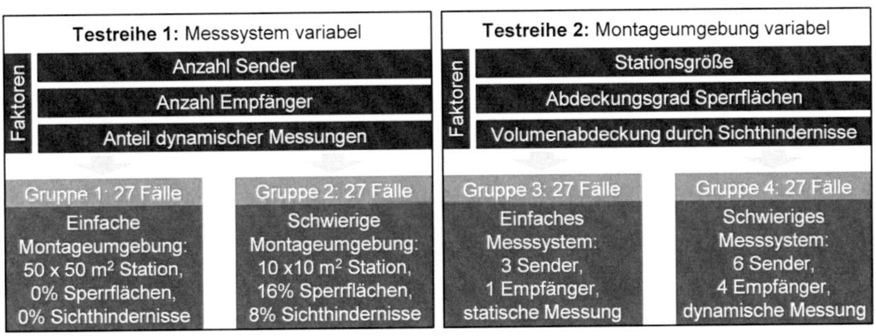

Abbildung 6.20: Ableitung der Testfälle zur Untersuchung der Performanz

Zur Generierung der 108 Testfälle wird das Messsystem bzw. die Montageumgebung gemäß der Faktorstufen skaliert. Hierbei werden folgende Regeln eingehalten:

- Die quadratische Stationsfläche wird in 100 (10 x 10) Felder eingeteilt.
- Es werden die Objekte Produkt, FTF und Vorrichtung als potenzielle Sichthindernisse verwendet.
- Ein einzelnes Sichthindernis bzw. eine einzelne Sperrfläche nimmt ein Feld ein und wird entsprechend abhängig von der Stationsgröße in ihrer Größe verändert.
- Die Größen von FTF (1 x 1 x 0,3 m^3) und Produkten (1 x 1 x 1,2 m^3) bleiben unverändert.
- Die Höhe der Vorrichtungen entspricht der Höhe der Station (5 m).
- Empfänger werden zentral auf dem Produkt und Produkte auf einem FTF platziert.

- Bewegungen von FTF erfolgen geradlinig über eine Feldlänge.
- Die zeitliche Diskretisierung von Bewegungen erfolgt so, dass immer 20 Zeitschritte resultieren.

In Abbildung 6.21 ist beispielhaft die Skalierung der Stationsgröße dargestellt. Die Skalierung der weiteren Faktoren kann dem Anhang (Teil G) entnommen werden. Bei jedem einzelnen Testfall wird sichergestellt, dass mindestens eine Lösung für eine Konfiguration existiert (siehe grün markierte Senderpositionen für eine mögliche Lösungskonfiguration in Abbildung 6.21).

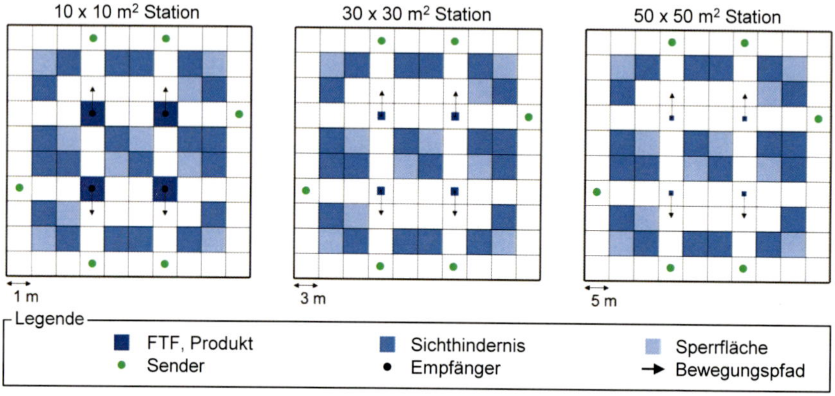

Abbildung 6.21: Skalierung der Stationsgröße über die Faktorstufen

Abbildung 6.22 zeigt Auszüge aus der MATLAB-Simulation, in der die Testfälle implementiert wurden. Zu sehen sind die einfachen und schwierigen Bedingungen von Montageumgebung (für die Testgruppen 1 und 2) und Messsystem (für die Testgruppen 3 und 4).

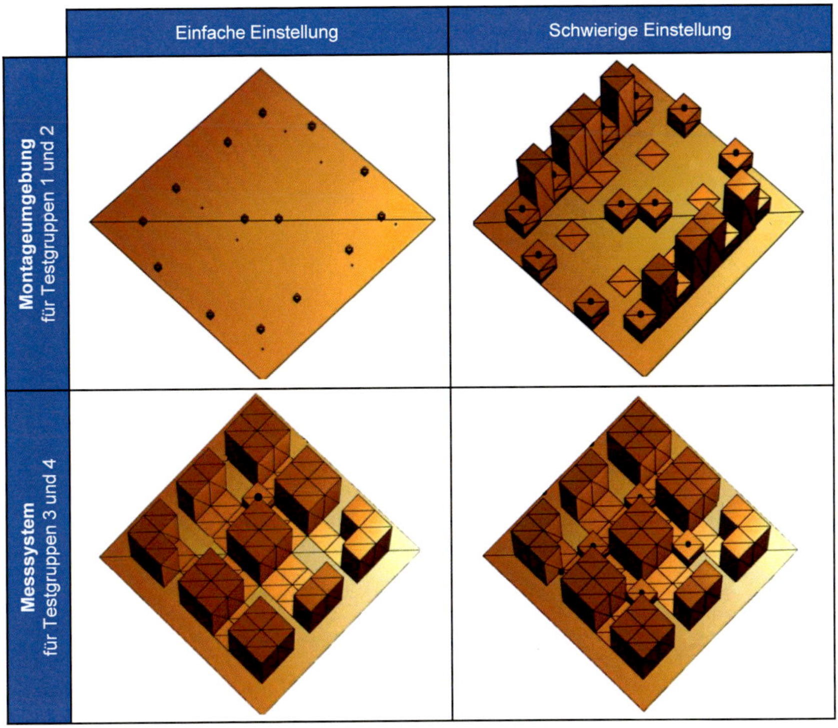

Abbildung 6.22: Einfache und schwierige Einstellung von Messsystem und Montageumgebung

6.5.2 Erfolgsquote der Lösungskonfigurationen

Im folgenden Abschnitt wird auf die Erfolgsquoten der durchgeführten Konfigurationsoptimierungen über die 108 Testfälle eingegangen. In Abbildung 6.23 sind die Ergebnisse aus den Testgruppen 1 und 2 dargestellt, in denen die Einstellung des Messsystems hinsichtlich der Faktoren Senderanzahl, Empfängeranzahl und Anteil dynamischer Messungen über drei Stufen (siehe Tabelle 6.15) verändert wird. Die Ergebnisse von Testgruppe 1, die in der einfachen Montageumgebung (mit einer Stationsgröße von 50 x 50 m^2 ohne Sichthindernisse und Sperrflächen) erzeugt wurden, belegen eine Konvergenz über alle 27 Testfälle. Wie die Ergebnisse von Testgruppe 2 zeigen, stellt die schwierigere Montageumgebung (mit einer Stationsgröße von 10 x 10 m^2, 8% Sichthindernissen und 16% Sperrflächen) eine deutlich größere Herausforderung dar. Insgesamt konvergieren hier nur drei der 27 Testfälle. Hinsichtlich der Senderanzahl findet die häufigste Konvergenz (22%) bei einer Anzahl von acht Sendern statt. Dies kann auf die kleine Stationsgröße zurückgeführt werden, die den Parameterraum für eine valide Konfiguration aufgrund von einzuhaltenden Mindestabständen zwischen Sendern und Empfängern (siehe Tabelle 4.5) stark einschränkt. Gleiches gilt für die Empfängeranzahl. Hinsichtlich des Anteils dynamischer Messungen ist kein Trend erkennbar. Aufgrund der stark unterschiedlichen Konvergenzraten zwischen der ersten und zweiten Testgruppe lässt sich zusammenfassend sagen, dass die gewählte Montageumgebung für die erste Testgruppe zu trivial und für die zweite Testgruppe zu komplex gewählt wurde.

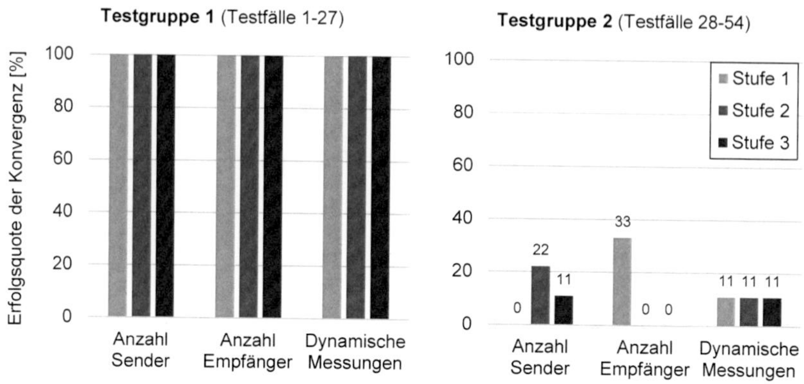

Abbildung 6.23: Erfolgsquoten hinsichtlich der Konvergenz von Testgruppen 1 und 2 (einfache und schwierige Montageumgebung) bei einer Variation des Messsystems

Abbildung 6.24 beinhaltet die Ergebnisse der Testreihen 3 und 4. Hier wurde die Montageumgebung gemäß ihrer Faktoren (Stationsgröße, Anteil an Sperrflächen und Anteil an Sichthindernissen) variiert. In beiden Testgruppen ist der Trend zu erkennen, dass bei steigender Komplexität bzw. Faktorstufe die Erfolgsquote der Konvergenz abnimmt. Dieser Trend tritt verstärkt bei Testgruppe 4 unter Verwendung der schwierigen Messsystemeinstellung auf. Beispielsweise sinkt die Erfolgsquote bei einer Verringerung der Stationsgröße in Testgruppe 3 von 100% auf 56% und in Testgruppe 4 von 78% auf 0%. Demnach stellt eine höhere Anzahl an Sendern und Empfängern insbesondere bei kleinen Stationsgrößen eine Schwierigkeit für die Konfigurationsoptimierung dar.

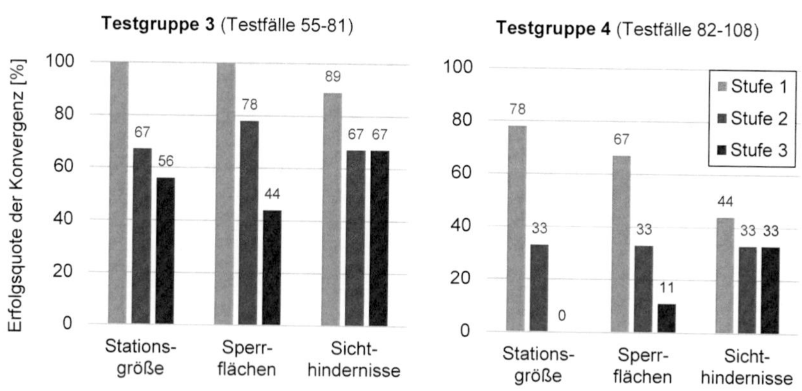

Abbildung 6.24: Erfolgsquoten hinsichtlich der Konvergenz von Testgruppen 3 und 4 (einfache und schwierige Einstellung des Messsystems) bei einer Variation der Montageumgebung

Ebenso ist in beiden Testgruppen der Anteil an Sichthindernissen der Faktor mit den geringsten Erfolgsquoten bei Faktorstufe 1. Dieses Verhalten unterstreicht, dass die abbildungsgenaue Modellierung von Montageumgebung und Sichtstrahlen Potenzial zur Verbesserung bietet, da die groben konvexen Hüllkörper den Raum für valide Konfigurationen zusätzlich einschränken.

Abbildung 6.25 zeigt eine Übersicht der konvergierten und nicht konvergierten Testfälle und geht im Detail auf die Erfolgsquoten der Randbedingungen RB2 (Kollisionen), RB3 (Mindestanzahl an Sichtverbindungen), RB4 (Mindestabstand zwischen Sendern und Empfängern) und RB6 (Mindestabstand zwischen Sendern ein. RB1 (Suchraumgrenzen) wird implizit immer über den Dekoder-Ansatz vor jeder Iteration erfüllt. RB5 (maximaler Elevationswinkel) und RB7 (Höchstabstand zwischen Sender und Empfänger) führen bei einer Verletzung zu einem Verlust der Sichtverbindung und sind daher in RB3 enthalten. Zudem beinhaltet die Abbildung Informationen zur Erfüllung der RB nach der Initialisierung sowie nach der letzten Iteration der PSO, um den Mehrwert der Optimierung bewerten zu können. Insgesamt konnte über 108 Testfälle in 60 Testfällen eine konvergente Lösung gefunden werden. Dies entspricht einer Erfolgsquote von 55 %. Sowohl bei den konvergierten als auch bei den nicht konvergierten Testfällen entsteht der größte Mehrwert der Konfigurationsoptimierung durch eine Steigerung der Erfolgsquote von RB2 und RB3, die als harte RB und somit besonders relevante RB eingestuft wurden (siehe Tabelle 6.7).

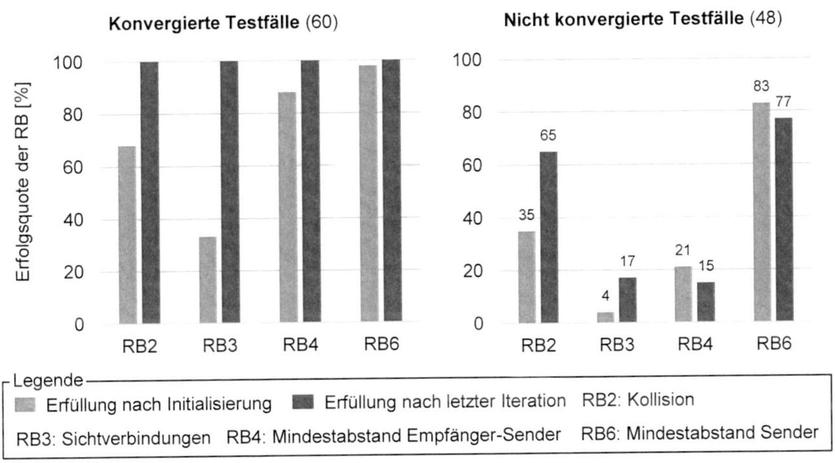

Abbildung 6.25: Erfolgsquoten hinsichtlich der Erfüllung einzelner Randbedingungen bei konvergierten und nicht konvergierten Testfällen

Fazit zur Lösbarkeit unterschiedlich komplexer Lösungsräume

Insgesamt konnte für die einfache Einstellung von Montageumgebung und Messsystem (Testgruppen 1 und 3) eine hohe Erfolgsquote von 87% hinsichtlich einer Konvergenz erreicht werden. Dies zeigt, dass die Konfigurationsoptimierung über die 47 von 54 verschieden komplexen Testfälle ihre Funktion erfüllt und hierbei bis zu 12 Sender und 14 Empfänger verwendet werden können. Hingegen belegen die geringen Erfolgsquoten in Testgruppe 2, dass insbesondere kleine Stationsflächen (< 10 x 10 m^2) schwierig für die Konfigurationsoptimierung zu lösen sind. Der Verlauf des Faktors der Stationsgröße in Testgruppe 3 verdeutlicht diesen Zusammenhang, bei dem die Reduktion der Stationsgröße von 50 x 50 m^2 auf 10 x 10 m^2 mit einer Reduktion der Erfolgsquote von 100% auf 56% korreliert. Im Hinblick auf Sperrflächen kann sowohl bei Testgruppe 3 als auch bei Testgruppe 4 bei einem Flächenanteil bis 30% von einer Erfolgsquote von über 67% ausgegangen werden. Der Anteil der Sichthindernisse erreicht bei einem Volumenanteil von 20% des Stationsvolumens einen kritischen Wert. Bei Messsystemen mit mehr als drei Sendern und einem Empfänger konnte hier nur eine geringe Erfolgsquote von 33% nachgewiesen werden. Hauptauslöser für nicht konvergente Verläufe stellen die Verletzungen der RB zur Mindestanzahl an Sichtverbindungen (RB3) und des Mindestabstandes zwischen Sender und Empfänger (RB4) dar. RB4 fällt bei geringeren Stationsgrößen stärker ins Gewicht, da der Anteil verfügbarer Lösungsräume, die zu validen Konfigurationen führen, abnimmt. Gleiches gilt für RB3 in Bezug auf die Zunahme an Sichthindernissen.

Abschließend lässt sich zusammenfassen, dass obwohl die Mehrheit der Testfälle konvergiert, Potenzial für eine Verbesserung der Erfolgsquote insbesondere bei kleineren Stationen vorhanden ist. Hierbei sollte vornehmlich auf eine stärkere Berücksichtigung der zweiten und dritten RB eingegangen werden, um eine Konvergenz in kleineren Stationen zu ermöglichen. Auf Basis der Erkenntnisse aus den Simulationsergebnissen sollten folgende Lösungsansätze für eine Verbesserung der Konvergenzeigenschaften zukünftig untersucht werden:

- Die Sichtverbindung wird in dieser Arbeit binär bewertet (Sicht vorhanden oder nicht vorhanden). Die euklidische Distanz zwischen einem unterbrochenen Sichtstrahl und der Oberfläche des geschnittenen Körpers kann zusätzlich genutzt werden, um eine *gradientenbasierte Bewertung* der Sichtverbindung vorzunehmen. Auf diese Weise kann die Richtung der Optimierung beeinflusst werden, sodass eine schnellere Konvergenz in einen Bereich ohne Sichtunterbrechung erfolgen kann.
- Bei komplexen Geometrien zu modellierender physischer Objekte wird der Lösungsraum der Konfigurationsoptimierung durch den Einsatz konvexer Hüllkörper reduziert. Dies kann sich negativ auf das Konvergenzverhalten und korrelierende Rechenzeiten der Optimierung auswirken. Für eine abbildungsgenauere Simulation physischer Objekte und kürzere Rechenzeiten können Algorithmen aus dem Bereich Gaming verwendet werden. Das Verfahren der *Octree-Collision-Detection* wird z.B. zur echtzeitfähigen Kollisionserkennung von dynamischen Objekten eingesetzt und kann auch in dieser Arbeit für eine Verbesserung des Konvergenzverhaltens verwendet werden [GOUD21, S. 929f., LAZA21, S. 315].

Um die Bedeutung der Simulationsergebnisse auf die industrielle Praxis in der Großbauteilmontage zu hinterfragen, können die Faktoren auf das Anwendungsbeispiel der Flügelmontage (siehe Abbildung 6.16) bezogen werden. Die beschriebene Flügelmontage kann über eine Stationsgröße von 50 x 50 m^2, einen Sperrflächenanteil 30%, einen Sichthindernisanteil von 20% sowie anhand der schwierigen Einstellung des Messsystems beschrieben werden. In Testgruppe 4 würde dies Stufe 1 der Stationsgröße, Stufe 1 der

Sperrflächen und Stufe 2 der Sichthindernisse entsprechen, wonach von einer Erfolgsquote zwischen 33% und 78% auszugehen ist. Tendenziell ist hier der höhere Wert der Erfolgsquote anzunehmen, da die vielen einzelnen Sichthindernisse in den Testfällen die Multimodalität des Optimierungsproblems im Vergleich zu einem zusammenhängenden Sichthindernis (z.B. einem Flugzeugrumpf) verstärken und die Suche nach der optimalen Lösungskonfiguration erschweren.

6.6 Zwischenfazit zur Konfigurationsoptimierung

Ziel von Kapitel 6 war die Entwicklung eines Optimierungsalgorithmus, mithilfe dessen ein verteiltes LSM-System automatisiert für einen LMAS-Prozess konfiguriert werden kann. Hierfür wurde auf Basis von Literaturerkenntnissen und der Charakterisierung des Optimierungsproblems die Partikelschwarmoptimierung als geeigneter globaler Optimierungsalgorithmus ausgewählt. Der Algorithmus wurde so modifiziert, dass unterschiedliche verteilte LSM-Systeme mit ihren zulässigen Arbeitsbereichen und spezifischen Messunsicherheitsmodellen berücksichtigt werden können. Die Methode des virtuellen Messprozesses wurde zur Simulation von Messungen innerhalb von LMAS angepasst, um Randbedingungen für valide Messungen zu berücksichtigen. Der Anwendungsfall der Flugzeugflügelmontage hat gezeigt, dass die modifizierte Partikelschwarmoptimierung sowohl für das iGPS als auch für Lasertracker für eine messunsicherheitsoptimierte Konfiguration anwendbar ist. Die zuvor definierten Messunsicherheitsmodelle ermöglichen hierbei eine a-priori-Bestimmung der Prozessfähigkeit. Die anschließende Untersuchung zur Lösbarkeit unterschiedlich komplexer Konfigurationsprobleme hat zudem gezeigt, dass die Konfigurationsoptimierung bei kleineren Stationen (< 10 x 10 m^2) mit hohem Sperrflächen- und Sichthindernisanteil (> 30% der Stationsfläche) geringe Erfolgsquoten erreicht. Da solche Ausprägungen der Umgebung für die Großbauteilmontage unüblich sind, wird diese Erkenntnis hinsichtlich der Eignung der Konfigurationsoptimierung für die industrielle Praxis als unkritisch betrachtet. Für eine Nutzung der Konfigurationsoptimierung in kleineren Stationen sollte eine gradientenbasierte Bewertung von Sichtunterbrechungen erfolgen, um die Erfolgsquote der Konvergenz zu erhöhen. Zur weiteren Verbesserung der Performanz in Bezug auf die Geschwindigkeit der Berechnung einer optimierten Konfiguration können echtzeitfähige Algorithmen zur Kollisionserkennung, wie beispielsweise Octree-Collision-Detection, in zukünftigen Arbeiten eingesetzt werden.

Das Ergebnis des Kapitels stellt ein simulationsbasierter Optimierungsalgorithmus dar, der unter Berücksichtigung zulässiger Arbeitsbereiche verteilter LSM-Systeme und räumlicher Restriktionen einer dynamischen LMAS-Umgebung Konfigurationen unter Minimierung der Messunsicherheit bestimmt. Folglich kann die dritte forschungsleitende Frage positiv beantwortet werden.

7 Validierung der Konfigurationsoptimierung

In den vorherigen Kapiteln wurden das iGPS-Messunsicherheitsmodell sowie die Partikelschwarmoptimierung verifiziert und validiert. Es konnte innerhalb der Simulation gezeigt werden, dass die Messunsicherheit als prozessübergeordnete Zielgröße minimiert werden kann und Konfigurationen mit validen Messungen ermittelt werden können. Dieses Kapitel adressiert die Übertragbarkeit von Modelldaten auf die reale Montageumgebung. Hierfür wird in Abschnitt 7.1 die Abbildungsgenauigkeit der virtuellen Messung hinsichtlich der simulierten Sichtstrahlen untersucht. Abschnitt 7.2 widmet sich der Frage, in welchem Maße die Minimierung der Messunsicherheit auf die reale Messung übertragen werden kann. Für beide Abschnitte werden separate Versuche durchgeführt, auf die im Folgenden eingegangen wird.

7.1 Abbildungsgenauigkeit der virtuellen Messung

Der Begriff der Abbildungsgenauigkeit ist nach VDI-Richtlinie 3633 als Grad der Realitätstreue des Modells definiert [VDI18, S. 3]. Die Abbildungsgenauigkeit soll nicht so detailliert wie möglich, sondern so detailliert wie zur Zielerfüllung nötig ausgelegt werden. Eine zu hohe Abbildungsgenauigkeit würde einen überproportionalen Anstieg der Kosten für ein Simulationsexperiment verursachen. [VDI14, S. 6–22]

Da sich die entwickelte Konfigurationsoptimierung dem Werkzeug der virtuellen Messung bedient, soll diese hinsichtlich der Abbildungsgenauigkeit tiefergehend untersucht werden. Grundlage für die Bildung der Zielgröße der Messunsicherheit stellen Informationen zur Sichtverbindung dar. Die geometrische Beschreibung des Sichtstrahls und der Montageumgebung bedingt hierbei den Status der Sichtverbindung (siehe Abbildung 6.10). Für einen virtuellen Messprozess wird die Abbildungsgenauigkeit wie folgt definiert:

$$Abbildungsgenauigkeit = \frac{Anzahl\ korrekt\ simulierter\ Sichtverbindungen}{Gesamtanzahl\ betrachteter\ Sichtverbindungen} \quad (7.1)$$

7.1.1 Versuchsaufbau zur Untersuchung der Abbildungsgenauigkeit

Zur Untersuchung der Abbildungsgenauigkeit wird ein Versuch in Anlehnung an einen LMAS-Prozess umgesetzt. Das Produkt stellt hierbei eine LKW-Kabine dar, die auf einer Freifläche von 10 x 10 m platziert wird. Über einen Sechsachsroboter (Typ ABB IRB4600), der vor der Kabine platziert wird, wird eine Bearbeitung der Kabine nachgestellt. Hierbei bewegt der Roboter seinen Endeffektor linear und horizontal entlang der Kabine. Zur Positionsmessung des Endeffektors wird ein iGPS verwendet, welches sich aus sechs Sendern und einem Empfänger zusammensetzt. Die Sender werden hierbei so aufgestellt, dass kritische Situationen während der Dynamik eines Prozesses nachgestellt werden: Drei Sender (siehe Sender 1, 2 und 5 in Tabelle 7.1) werden so platziert, dass sie eine dauerhafte Sichtverbindung zum Empfänger am Endeffektor haben. Zwei Sender (Sender 3 und 6) haben nur temporär eine Sichtverbindung und ein Sender (Sender 4) hat zu keinem Zeitpunkt eine Sichtverbindung. Mit dieser Konfiguration werden alle Fälle hinsichtlich der Sichtverbindung dargestellt, die während einer Messung in einer dynamischen Montageumgebung auftreten können (kontinuierliche Sicht, teilweise Sicht und keine Sicht).

Tabelle 7.1: Senderpositionen zur Untersuchung der Abbildungsgenauigkeit der Simulation

Sender	1	2	3	4	5	6
x [mm]	1804	96	1848	4528	8275	5985
y [mm]	2338	4346	8155	8739	3727	474
z [mm]	1240	1238	1234	1231	1228	1224

Zur Gewährleistung, dass die Posen von Roboter, Fahrerkabine und Sendern aus der Simulation denen der Realität entsprechen, wird mittels iGPS ein Stationskoordinatensystem für die Freifläche definiert. Nach der Aufstellung der Komponenten in der Versuchsumgebung werden über Referenzpunkte die Posen der Komponenten ermittelt und auf die Simulation übertragen. Die Informationen zum Status der Sichtverbindungen werden über die iGPS Software Surveyor ermittelt [NIKO16]. Hierbei wird bei jeder Messung der binäre Vektor e_{LOS} (siehe Gl. (6.22)) zu den Sichtverbindungen der einzelnen Sender-Empfänger-Paaren gespeichert. Die Messungen werden entlang des Roboterpfades und einer Gesamtstrecke von 2500 mm unter statischen Bedingungen durchgeführt. Der Roboterpfad definiert sich über 26 äquidistante Stützpunkte (mit einem Abstand von 100 mm), an denen unter statischen Bedingungen die Sichtverbindungen geprüft werden. Unter der Verwendung von 26 Einzelmessungen und sechs Sendern ergibt sich somit eine Gesamtanzahl von $26 * 6 = 156$ betrachteten Sichtverbindungen. Abbildung 7.1 zeigt den beschriebenen Versuchsaufbau zur Untersuchung der Abbildungsgenauigkeit.

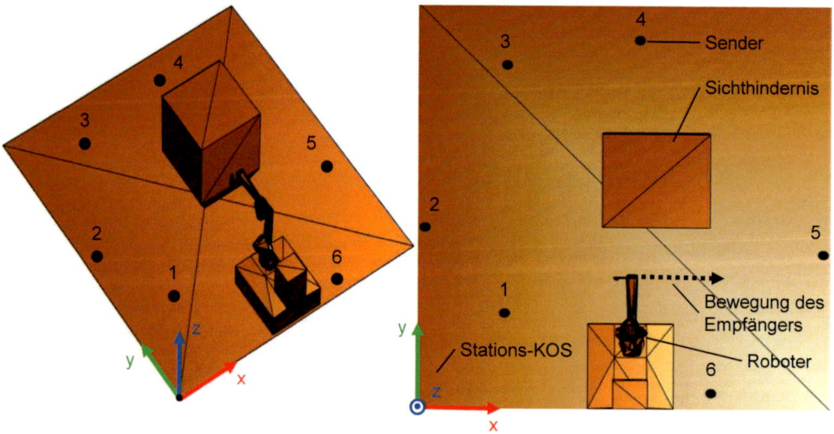

Abbildung 7.1: Aufbau der Simulation zur Untersuchung der Abbildungsgenauigkeit

7.1.2 Bewertung der Abbildungsgenauigkeit

Zur Auswertung des Versuchs wurden die erhobenen Daten drei Kategorien zugeordnet: Bei einer Übereinstimmung der Vorhersage der Sichtverbindungen aus der Simulation und den Versuchsdaten gilt die Vorhersage als *abbildungsgenau*. Bei einem Widerspruch von Simulations- und Versuchsdaten werden zwei Fehlerarten, α- und β-Fehler, unterschieden. *α-Fehler* beschreiben die Situation, wenn laut Versuchsdaten eine Sichtverbindung vorhanden ist, diese jedoch in der Simulation nicht erkannt wird. Eine Ausprägung dieses Fehlers würde zu einer konservativen Annahme verleiten, die nicht prozesskritisch ist, jedoch zu suboptimalen Konfigurationen führen kann. *β-Fehler* beschreiben den umgekehrten Fall, wenn laut Versuchsdaten keine Sichtverbindung vorliegt, diese jedoch von der Simulation vorgegeben wird. Eine Ausprägung des β-Fehlers kann demnach zu unzulässigen Konfigurationen führen und ist prozesskritisch. In Abbildung 7.2 ist die Verteilung der Simulationsdaten in die drei Kategorien dargestellt. Die Daten aus der Simulation stimmen zu 93,6% mit den Versuchsdaten überein. Die α- und β-Fehler verteilen sich auf 5,8% und 0,6%.

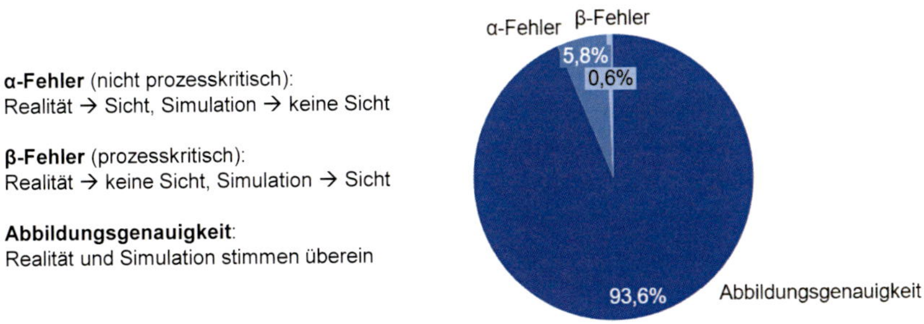

Abbildung 7.2: Abbildungsgenauigkeit und Fehlerarten der Sichtstrahlensimulation

Die Situation, die im Versuch den α-Fehler verursacht, zeigt Abbildung 7.3 (rechte Abbildung) am relevanten Sender (Sender 6). Während der Bewegung des Empfängers bewegt sich aus Sicht des Senders der Endeffektor zunehmend in das Sichtfeld zum Empfänger.

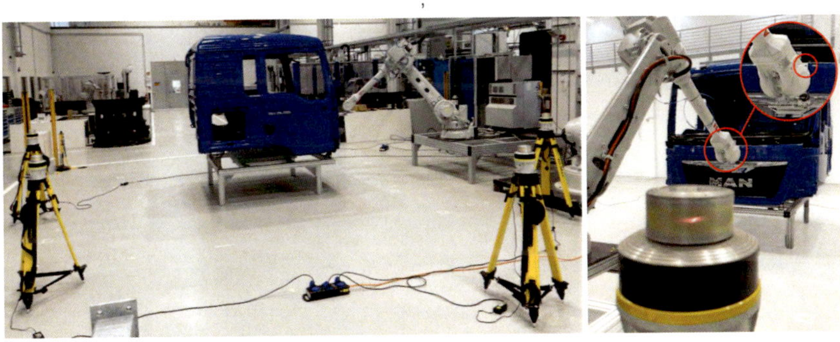

Abbildung 7.3: Versuchsumgebung zur Untersuchung der Abbildungsgenauigkeit (links) und Sichtverbindung mit α-Fehler der Simulation (rechts)

Aufgrund der Modellierung der Umgebungskomponenten mittels konvexer Hüllkörper in der Simulation wird der Endeffektor größer als in der Realität dargestellt. Abbildung 7.3 zeigt den Zustand, in dem noch eine Sichtverbindung von der iGPS-Software erkannt wird. Da das System an solchen Grenzen zwecks Prozessstabilität nicht betrieben werden sollte, wird das Auftreten des α-Fehlers für die Konfiguration als unkritisch bewertet. Der prozesskritische β-Fehler ist nur bei einem Stützpunkt bei Sender 3 aufgetreten. Dies ist auf die Unsicherheit beim manuellen Abgleich der Posen von Komponenten im Versuch und in der Simulation zurückzuführen und kann aufgrund des geringen Auftretens als unkritisch bewertet werden.

Aufgrund der hohen Übereinstimmungsrate von 93,6% und der unkritischen Bewertung der α- und β-Fehler wird die Abbildungsgenauigkeit insgesamt als hinreichend genau bewertet, um innerhalb der PSO eingesetzt werden zu können. Hierbei ist zu berücksichtigen, dass die Simulation der Sichtverbindungen mithilfe der konvexen Hüllkörper recheneffizient durchgeführt werden kann. Eine akkurate und mit der Realität übereinstimmende Positionierung der Komponenten muss hierfür jedoch in der Simulation vorbereitend erfolgen, deren Aufwand mit zunehmender Anzahl an Komponenten steigt. Die im Versuch verwendete Fahrerkabine eignet sich aufgrund ihrer quaderförmigen Geometrie zur Darstellung mittels konvexer Hüllkörper. Komplexere Geometrien können, wie für den Roboter erfolgt, als Komposition konvexer Hüllkörper beschrieben werden (siehe Abbildung 6.11). Die Simulation aus dem Versuch kann somit auch auf komplexere Montageprozesse übertragen werden und gilt somit als allgemein validiert.

7.2 Minimierungspotenzial der Messunsicherheit

Der Anwendungsfall der Verifizierung in Abschnitt 6.4.3 hat gezeigt, dass die Konfigurationsoptimierung in der Simulation eingesetzt werden kann, um Messunsicherheiten zu reduzieren und Randbedingungen zu berücksichtigen. Die Messunsicherheit des iGPS, die in Kapitel 5 modelliert wurde, berücksichtigt relevante Eingangsgrößen, die auf stochastische Messabweichungen schließen lassen. Um zu prüfen, ob sich die vom Modell prädizierten Messunsicherheiten des iGPS auf einen realen Prozess übertragen lassen und wie groß das resultierende Potenzial zur Minimierung der Messunsicherheit in der Realität ist, wird in diesem Abschnitt ein LMAS-Prozess nachgestellt und experimentell untersucht. Hierbei wird ein Referenzmesssystem verwendet, das eine Untersuchung der Messunsicherheit des iGPS ermöglicht. Für Lasertracker-Messungen kann diese Überprüfung nicht durchgeführt werden, da kein hinreichend genaues Referenzmesssystem (mit einer geforderten Messunsicherheit < 0,005 mm) für den Messbereich eines LMAS-Prozesses (bei einem Messabstand > 10 m) verfügbar ist.

7.2.1 Versuchsaufbau und Vorgehensweise der Referenzmessung

Für den Versuchsaufbau wird eine Freifläche von 9 x 10 m^2 genutzt. Im Prozess wird die Bearbeitung eines LKW-Leiterrahmen (Fahrzeugrahmen) durch einen Roboter (Typ ABB IRB4600) simuliert. Hierbei werden sowohl der Roboterendeffektor als auch der Leiterrahmen messtechnisch überwacht, um eine räumliche Referenzierung zu ermöglichen. Der Leiterrahmen wird über ein FTF in der Freifläche positioniert und verhält sich während des

Prozesses statisch. Der Endeffektor des Roboters verfügt über einen iGPS-Empfänger (Typ i5IS) und bewegt sich linear an der oberen Seite des Leiterrahmens entlang. Ebenso verfügt der Leiterrahmen über zwei Empfänger vom selben Typ, die in der Mitte und am linken Ende befestigt werden. Als zusätzliches Sichthindernis wird eine LKW-Kabine neben dem Leiterrahmen positioniert. Eine weitere Einschränkung für die Konfiguration des Messsystems stellt eine Sperrfläche von 9 x 2 m^2 dar, die den Roboter umgibt. Als Referenzmesssystem wird ein Lasertracker (Typ Leica AT960) verwendet. Über die Nutzung gemeinsamer Referenzpunkte (1,5"-Nester) werden Lasertracker und iGPS auf dasselbe Koordinatensystem referenziert, um die Messungen vergleichen zu können. Der Abgleich zwischen den Posen der eingesetzten Komponenten in der Versuchsumgebung und den zugehörigen Posen in der Simulation erfolgt auf die gleiche Weise wie in Abschnitt 7.1.1 vorgestellt. Abbildung 7.4 und Abbildung 7.6 zeigen den beschriebenen Aufbau in der Versuchs- und Simulationsumgebung.

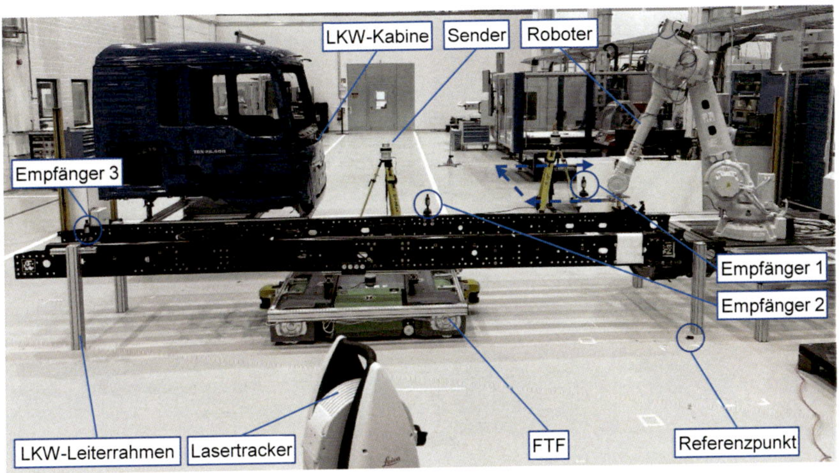

Abbildung 7.4: Versuchsumgebung zur Untersuchung der Messunsicherheitsreduktion mittels Optimierung

Für Referenzmessungen verfügen die eingesetzten i5IS-Empfänger des iGPS über 0,5"-Nester (Referenzpunkte) am Ende des oberen Detektors. Wie in Abbildung 7.5 dargestellt, wird in dieses Nest ein 0,5"-Reflektor (engl. Spherical Mounted Retroreflector, SMR) für die Messung des Lasertrackers eingelegt. Die iGPS-Messung erfolgt im Versuch über den oberen Detektor je Messposition (siehe Erläuterung zur i5IS-Funktionsweise in Tabelle 5.1). Simultan wird eine Lasertracker-Messung (Referenzmessung) am SMR durchgeführt.

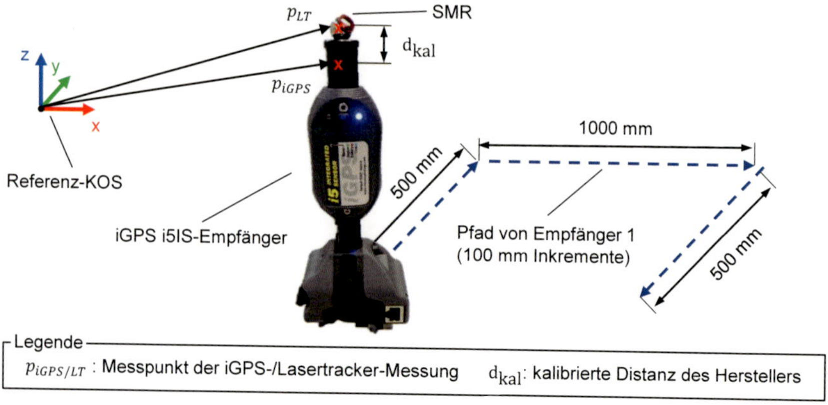

Abbildung 7.5: Versuchsaufbau zur Lasertracker-Referenzmessung mittels SMR an einem iGPS-Empfänger (Typ i5IS) und Pfad des iGPS-Empfängers

Die Messungen werden unter statischen Bedingungen mit sechs iGPS-Sendern an den Positionen von Empfänger 2 und 3 sowie entlang der 21 Stützpunkte der Trajektorie von Empfänger 1 durchgeführt. Abbildung 7.5 zeigt die Trajektorie von Empfänger 1, die sich in drei lineare, horizontal verlaufende Teiltrajektorien (über jeweils 500 mm, 1000 mm und 500 mm) unterteilt. Der Abstand zwischen den Stützpunkten bzw. Messpositionen beträgt konstant 100 mm. Jede Position wird einmal mit dem Lasertracker und in $\mathrm{N_{ref}} = 300$ Einzelmessungen (nach Gl. (5.3) mit dem iGPS gemessen.

Eignungsnachweis des Referenzmesssystems

Für eine valide Referenzmessung wird analog zur Eignung einer Toleranzprüfung (siehe Gl. (4.2) die Messunsicherheit des Referenzmesssystems $\mathrm{u_{ref}}$ und die Messunsicherheit des zu untersuchenden Messsystems u betrachtet. Hinsichtlich des vorliegenden Versuchsaufbaus setzt sich $\mathrm{u_{ref}}$ gemäß der Gaußschen Fehlerfortpflanzung aus der Messunsicherheit des Lasertrackers $\mathrm{u_{ref,LT}}$ und der Unsicherheit einer vom Hersteller kalibrierten Distanz $\mathrm{u_{d,kal}}$ in Bezug auf die Distanz $\mathrm{d_{kal}}$ (siehe Abbildung 7.5) zusammen, sodass folgender Zusammenhang gilt:

$$\mathrm{u_{ref}} = \sqrt{u_{LT,ref}^{2} + u_{d,kal}^{2}} \tag{7.2}$$

$$\mathrm{Q_{max}} = \frac{\mathrm{u_{ref}}}{u} \tag{7.3}$$

Nach dem Kalibrierschein des Herstellers beträgt $u_{\mathrm{d,kal}} = 0{,}051\,mm$. Unter Berücksichtigung der Positionen von Lasertracker und Messpunkten im Versuch und der Herstellerangaben zur Messunsicherheit des Lasertrackers $(\mathrm{u_{LT,ref}} = 15\,\mu m + \frac{6\,\mu m}{m} * d)$ wird $\mathrm{u_{LT,ref}} = 0{,}044\,mm$ angenommen [HEXA22a]. Die Positionen der Messpunkte können Tabelle H.1 des Anhangs entnommen werden. Für das iGPS wird nach der Verteilung der Messunsicherheit aus Tabelle

5.4 für eine ähnliche Fläche mit sechs Sendern $u = 0{,}720\ mm$ angenommen werden. Aus den Annahmen resultiert folgender Wert für $\mathrm{Q}_{\max}$:

$$\mathrm{Q}_{\max} = \frac{\sqrt{(0{,}044\ mm)^2 + (0{,}051\ mm)^2}}{0{,}720\ mm} = \frac{0{,}067\ mm}{0{,}720\ mm} = 0{,}093 \approx 9\% \tag{7.4}$$

Nach der Definition von DIETRICH kann der Lasertracker somit als fähiges Referenzmesssystem klassifiziert werden und wird im Folgenden verwendet [DIET17, S. 6–8].

Durchführung der Referenzmessung

Ziel der Referenzmessung ist es, je Messposition Messabweichungen Δd_i über $\mathrm{N}_{\mathrm{ref}} = 300$ Einzelmessungen des iGPS zu bestimmen. Die Messabweichungen werden in einen systematischen Anteil $\overline{\Delta d}$ (definiert über den Mittelwert) und einen zufälligen Anteil $\sigma_{\Delta d}$ (definiert über die Standardabweichung) aufgeteilt. Zur Bestimmung von Δd wird der Messwert einer Positionsmessung des iGPS p_{iGPS} mit dem Referenzmesssystem verglichen. Das Referenzmesssystem setzt sich aus dem Messwert der Positionsmessung des Lasertrackers p_{LT} und einem vom Hersteller kalibrierten Abstand $\mathrm{d}_{\mathrm{kal}}$ zwischen Detektorposition und SMR-Mittelpunkt zusammen (siehe Abbildung 7.5). Der euklidische Abstand der Messwerte p_{LT} und p_{iGPS} wird mit $\mathrm{d}_{\mathrm{kal}}$ verglichen, um auf die Messabweichung Δd zu schließen (siehe Gl. (7.5)-(7.6)).

$$\Delta d_i = \left\| p_{\mathrm{LT}} - p_{\mathrm{iGPS},i} \right\|_2 - \mathrm{d}_{\mathrm{kal}} \quad \text{mit} \quad i \in [1, \mathrm{N}_{\mathrm{ref}}] \tag{7.5}$$

$$\sigma_{\Delta d} = \sqrt{\frac{1}{\mathrm{N}_{\mathrm{ref}} - 1} \sum_{i}^{\mathrm{N}_{\mathrm{ref}}} \left(\Delta d_i - \overline{\Delta d}\right)^2} \quad \text{mit} \quad \overline{\Delta d} = \frac{1}{\mathrm{N}_{\mathrm{ref}}} \sum_{i}^{\mathrm{N}_{\mathrm{ref}}} \Delta d_i \tag{7.6}$$

Sofern keine Korrelation zwischen den Größen $\sigma_{\Delta d}$ und $\overline{\Delta d}$ vorliegt, ergibt sich die Gesamtmessunsicherheit u_{gesamt} gemäß der Gaußschen Fehlerfortpflanzung über den Beitrag der systematischen Abweichung $\overline{\Delta d}$, den Beitrag der zufälligen Abweichung $\sigma_{\Delta d}$ und den Beitrag des Referenzmesssystems $\mathrm{u}_{\mathrm{ref}}$. Für die Validierung wird die Standardunsicherheit aus dem Versuch u_{gesamt} aus Gl. (7.7) mit der Vorhersage des iGPS-Messunsicherheitsmodells u_{iGPS} aus Gl. (6.24) verglichen, um das Residuum Δu zur Abschätzung der Modellgüte zu bestimmen.

$$u_{\mathrm{gesamt}} = \sqrt{\sigma_{\Delta d}{}^2 + \left|\overline{\Delta d}\right|^2 + u_{ref}{}^2} \tag{7.7}$$

$$\Delta u = u_{\mathrm{iGPS}} - u_{\mathrm{gesamt}} \tag{7.8}$$

7.2.2 Vergleich zwischen Worst-Case- und Lösungskonfiguration

Anhand der beschriebenen Referenzmessung kann das Residuum Δu für jeden Messpunkt bestimmt werden. Um zu untersuchen, ob eine Minimierung von d_{gesamt} mithilfe der entwickelten Konfigurationsoptimierung möglich ist, wird die optimierte Konfiguration

(Lösungskonfiguration) mit einer manuell eingestellten Worst-Case-Konfiguration verglichen. Der Vergleich mit einer Worst-Case-Konfiguration ermöglicht es, das auszuschöpfende Verbesserungspotenzial durch die Konfigurationsoptimierung in einer realen Montageumgebung zu quantifizieren.

Erzeugung der Worst-Case-Konfiguration

Die Umsetzung der Worst-Case-Konfiguration basiert auf den Erkenntnissen aus Abschnitt 5.4.3 zur konfigurationsabhängigen Messunsicherheit des iGPS. Hierfür werden die Sender unter Berücksichtigung der zulässigen Arbeitsbereiche (siehe Tabelle 4.5) ungleichmäßig und auf einer Seite der Montagestation verteilt. Ebenso wird ein möglichst großer Abstand zwischen Sendern und Empfängern gewählt. Außerdem werden die Messungen mit einer möglichst niedrigen Anzahl an Sichtverbindungen durchgeführt. Aufgrund der Signalstabilität werden hierfür vier (anstelle von minimal möglichen drei) Sichtverbindungen je Empfänger verwendet. Abbildung 7.6 zeigt die im Versuch realisierte Worst-Case-Konfiguration der Sender als Auszug der Simulation. Nach dem Aufbau der Konfiguration im Versuch erfolgt wie in Abschnitt 7.2.1 ein Abgleich mit dem Aufbau der Simulation. Anschließend wird die Referenzmessung an den definierten Messpunkten zur Bestimmung von d_{gesamt} durchgeführt. Ebenso wird je Messpunkt die Messunsicherheit u_{iGPS} mithilfe des virtuellen Messprozesses und des iGPS-Messunsicherheitsmodells (ohne Einsatz der Optimierung für die Worst-Case-Konfiguration) bestimmt.

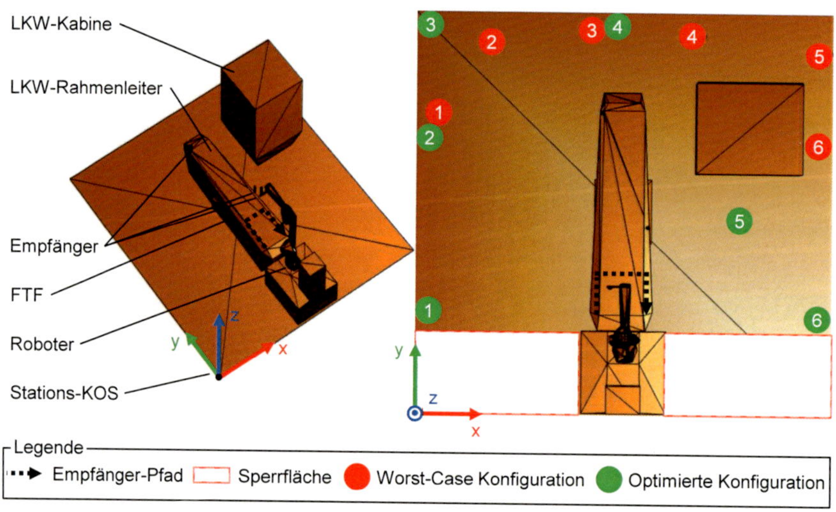

Abbildung 7.6: Komponenten der Simulation (links) und Senderverteilung der Worst-Case- und Lösungskonfiguration (rechts)

Erzeugung der Lösungskonfiguration

Die Lösungskonfiguration wird mithilfe der entwickelten Konfigurationsoptimierung bestimmt. Für die Konfiguration werden sechs Sender und die ermittelten Parameter aus Tabelle 6.14 verwendet. Analog zum Anwendungsfall der Verifizierung (Abschnitt 6.4.3) wird das Abbruchkriterium der Optimierung nach maximal 500 Iterationen oder nach 60 Iterationen ohne Verbesserung erfüllt. In Abbildung 7.7 ist der Verlauf der Kosten über die Iterationen dargestellt.

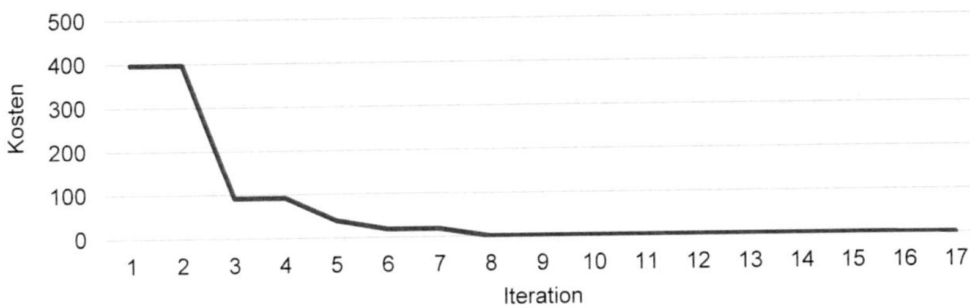

Abbildung 7.7: Konvergenzverhalten während der Konfigurationsoptimierung im Validierungsfall

Beginnend bei einem Startwert der Kosten von 397,445 erreicht die Optimierung nach acht Iterationen ihren finalen Zielwert von 0,0004. In den folgenden 60 Iterationen wird kein geringerer Kostenwert erreicht, weshalb die Optimierung nach dem Abbruchkriterium beendet wird. Der Suchraum wird hierbei entlang der z-Achse auf einen Bereich von 1250 mm bis 1700 mm eingestellt, um Konfigurationen innerhalb der möglichen Höheneinstellung der Senderstative zu berücksichtigen. Die Visualisierung der Lösungskonfiguration ist in Abbildung 7.6 zu sehen. Die genauen Positionen der Sender nach der Worst-Case- und Lösungskonfiguration können Tabelle H.3 des Anhangs entnommen werden. Die Umsetzung der Lösungskonfiguration in der Versuchsumgebung ist Abbildung 7.8 dargestellt.

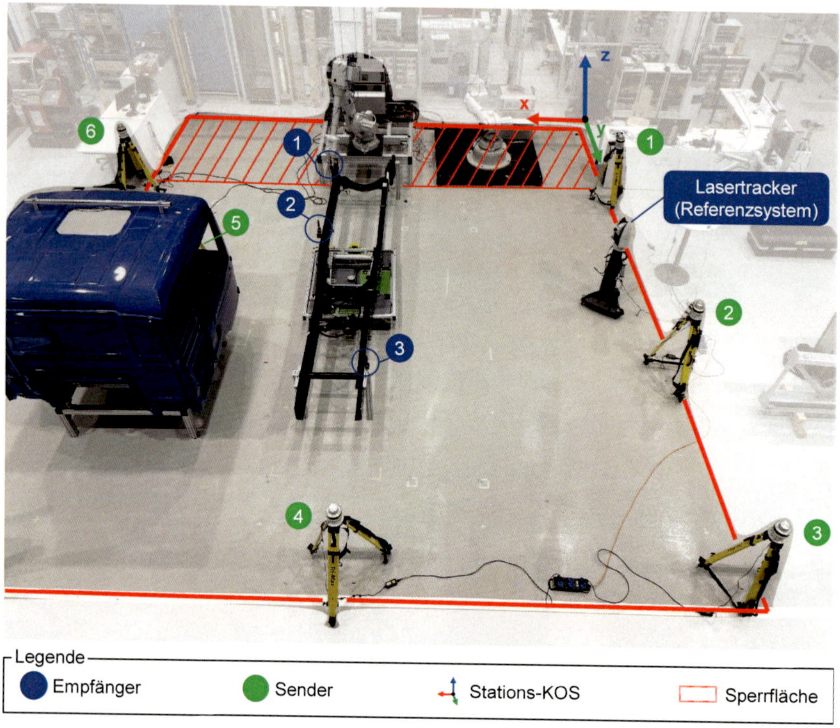

Abbildung 7.8: Versuchsaufbau mit optimierter Konfiguration zur Minimierung der Messunsicherheit

Vergleich der Konfigurationen hinsichtlich der Messunsicherheit

Zunächst werden die Messunsicherheiten auf Basis des iGPS-Messunsicherheitsmodells und die Messabweichungen im Versuch betrachtet. Anschließend erfolgt ein Vergleich, in dem die Residuen für die einzelnen Messungen gebildet werden. Die mithilfe des iGPS-Modells ermittelten Messunsicherheiten sind für die Worst-Case und Lösungskonfiguration in Abbildung 7.9 dargestellt. Der Mittelwert der Messunsicherheiten über alle 23 Messpunkte entspricht nach Gl. (6.37) der Zielgröße der Optimierung. Dieser wird über die Optimierung um 0,255 mm (von 0,709 mm auf 0,453 mm) bzw. um 36% reduziert. Die Messunsicherheiten haben hierbei eine relative Spanne von 0,440 mm bzw. 0,049 mm für die Worst-Case- bzw. Lösungskonfiguration. Lediglich bei Empfänger 3 erhöht sich die Messunsicherheit von 0,365 mm auf 0,417 mm, was unter Berücksichtigung des Mittelwertes als Zielgröße zulässig ist.

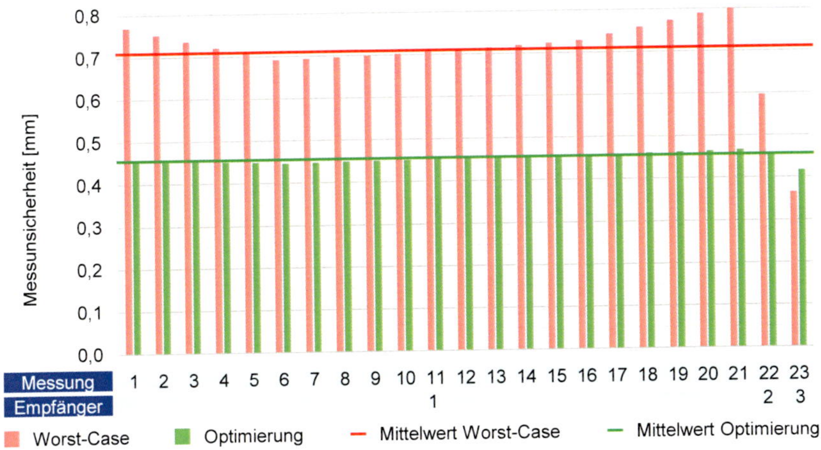

Abbildung 7.9: Vergleich der Messunsicherheiten zwischen Worst-Case und optimierter Konfiguration auf Basis der Modelldaten

Analog zur Darstellung der Modelldaten zeigt Abbildung 7.10 die mittels Referenzmessung erhobenen Messabweichungen über die 23 Messpunkte. Die Versuchsdaten zeigen, dass im Mittel die Messunsicherheit um 0,100 mm (von $\mathrm{d_{WC}} = 0{,}408\,mm$ auf $\mathrm{d_{opt}} = 0{,}308\,mm$) reduziert wird. Die relative Spanne der Messunsicherheit beträgt bei der Worst-Case-Konfiguration 0,221 mm und bei der Lösungskonfiguration 0,310 mm. Nur bei den Messpunkten 13 und 14 tritt eine Erhöhung der Messunsicherheit um 0,011 mm bzw. 0,059 mm auf.

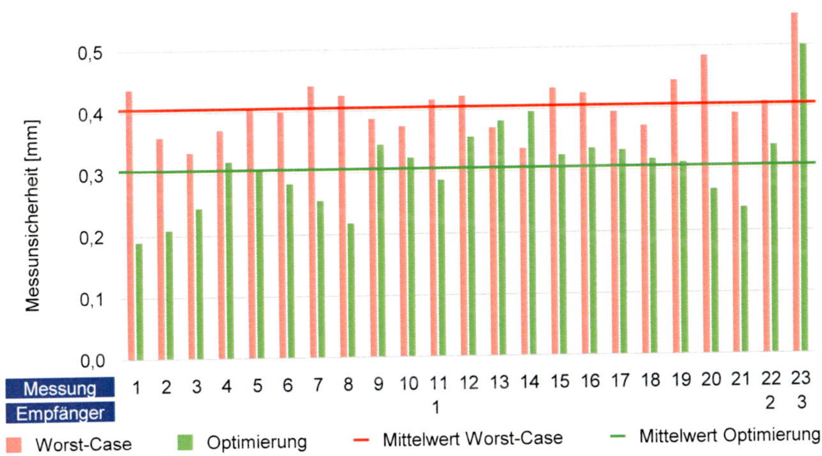

Abbildung 7.10: Vergleich der Messunsicherheiten zwischen Worst-Case und optimierter Konfiguration auf Basis der Versuchsdaten

7.2.3 Fazit zur Modellvalidität und Mehrwert für den Montageprozess

Zur Untersuchung der Validität des Messunsicherheitsmodells sind die Residuen nach Gl. (7.8) sowohl für die Worst-Case- als auch für die Lösungskonfiguration in Abbildung 7.11 dargestellt. Obwohl das Messunsicherheitsmodell auf einem validierten Modell der Messung basiert, beträgt der durchschnittliche Unterschied zwischen Modell- und Versuchsdaten in der Worst-Case-Konfiguration 0,300 mm und in der Lösungskonfiguration 0,145 mm. Folglich wird eine zu hohe Messunsicherheit vom Messunsicherheitsmodell für beide Konfigurationen angenommen.

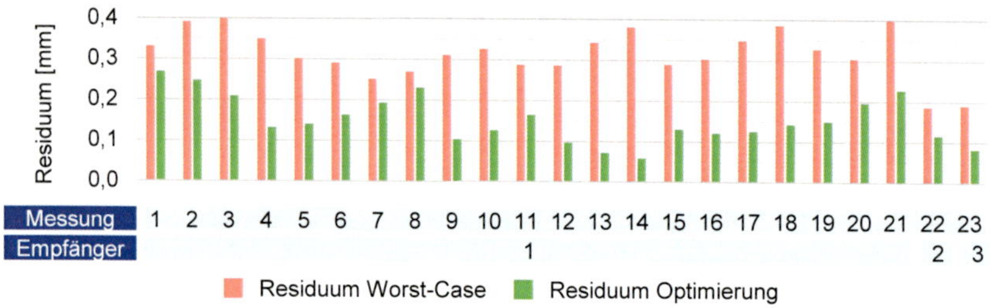

Abbildung 7.11: Verteilung der Residuen über alle Messpunkte

Dies kann darauf zurückgeführt werden, dass dem zugrundeliegenden Modell der Messung (aus Abschnitt 5.3) Eingangsgrößen fehlen, die eine genauere Positionsbestimmung, besonders bei ungünstigeren (Worst-Case-)Konfigurationen, zulassen. Eine Ursache für die vergleichsweise niedrige Messunsicherheit auf Basis der Versuchsdaten kann der vernachlässigte Beitrag der Referenzierung in der Gesamtmessunsicherheit (siehe Gl. (7.7)) darstellen. Die Referenzierung des Lasertrackers auf das Koordinatensystem des iGPS erfolgt über am Boden befestigte 1,5“-Nester, in welchen die Positionen der SMR zur Definition des Koordinatensystems gemessen werden. Neben Vibrationen am Boden können Fertigungsabweichungen von SMR und 1,5“-Nest zu einer Erhöhung Messunsicherheit beitragen. Zudem kann die Messung stochastischen Umgebungseinflüssen unterliegen, die ebenfalls vom Modell der Messung nicht erfasst wurden. Hierzu zählen beispielsweise optische Reflexionen an Oberflächen der Umgebung oder von Maschinen ausgelöste Vibrationen, die als Störgrößen auf den Laserstrahl und die Senderposition wirken können. Ein Indiz für nicht erfasste Störgrößen ist das in Abbildung 7.10 beobachtete Verhalten, dass die Messunsicherheit im optimierten Fall bei der Bewegung von Empfänger 1 in positive y-Richtung (Messpunkte 1-6) tendenziell zunimmt und in entgegengesetzte Richtung (Messpunkte 17-21) tendenziell abnimmt. Die Messunsicherheit sollte jedoch nach Modellverhalten (siehe Tabelle 5.4) in Richtung des Mittelpunktes des Senderkreises abnehmen.

Neben dem Einfluss der Störgrößen ist es ebenfalls möglich, dass das zugrundeliegende Modell der Messung zwar für die ausgewählten Versuchskonfigurationen (siehe Abschnitt 5.2.2) valide ist, sich jedoch nicht auf weitere Konfigurationen innerhalb des untersuchten Arbeitsraumes übertragen lässt. Zur tiefergehenden Prüfung der Validität des Modells der Messung werden daher weitere Versuche mit alternativen Konfigurationen zu den bereits untersuchten Konfigurationen benötigt.

Weiterhin sollte die Berücksichtigung zusätzlicher Eingangsgrößen des Modells der Messung untersucht werden, um geringere Abweichungen zwischen Versuchs- und Modelldaten zu erzielen. Als weitere Eingangsgröße kann beispielsweise der zweite Detektor des i5IS-Empfängers verwendet werden. Neben der zusätzlichen Information zur Position des Empfängers kann unter Berücksichtigung beider Detektoren auf die Rotation des Empfängers und somit auf den Winkel zwischen Sichtstrahl und Detektor als weitere Eingangsgröße geschlossen werden.

Eine Validität des Messunsicherheitsmodells kann aufgrund der signifikanten Abweichungen zwischen Modell- und Versuchsdaten daher nur für die in Abschnitt 5.2.2 untersuchten Konfigurationen bestätigt werden. Das Messunsicherheitsmodell sollte mit den oben genannten Maßnahmen geprüft und weiterentwickelt werden.

Die in dieser Arbeit entwickelte Konfigurationsoptimierung kann dennoch dafür eingesetzt werden, um die Messunsicherheit über die Dauer eines Montageprozesses zu minimieren, wie die systematische Reduktion der Messunsicherheit in Abbildung 7.11 unterstreicht. Die gemittelte Reduktion der Messunsicherheit im Versuch beträgt 0,100 mm, was unter Berücksichtigung der Unsicherheit des Referenzmesssystems einer statistisch signifikanten Verbesserung entspricht. Für den Montageprozess bedeutet dies eine relevante Verringerung der minimal prüfbaren Toleranz TOL_{min}. Zur Quantifizierung des Einflusses werden ein Eignungskenngrößenwert von $\text{Q}_{\text{max}} = 20\%$ und die gemittelten Messunsicherheiten auf Basis der Versuchsdaten betrachtet.

$$\text{TOL}_{\text{min,WC}} = \frac{\text{d}_{\text{WC}}}{\text{Q}_{\text{max}}} \cdot 100\% = \frac{0{,}408\ \text{mm}}{20\%} \cdot 100\% = 2{,}042\ mm \tag{7.9}$$

$$\text{TOL}_{\text{min,opt}} = \frac{\text{d}_{\text{opt}}}{\text{Q}_{\text{max}}} \cdot 100\% = \frac{0{,}308\ \text{mm}}{20\%} \cdot 100\% = 1{,}539\ mm \tag{7.10}$$

Die minimal prüfbare Toleranz würde somit von 2,042 mm ($\text{TOL}_{\text{min,WC}}$) in der Worst-Case-Konfiguration auf 1,539 mm ($\text{TOL}_{\text{min,opt}}$) in der Lösungskonfiguration um 25% reduziert.

8 Kritische Reflexion der Forschungsergebnisse

Nach Abschluss der Validierung widmet sich dieses Kapitel der kritischen Reflexion der Forschungsergebnisse zur Beantwortung der forschungsleitenden Fragen und übergeordneten Forschungsfrage (Abschnitt 8.1) sowie der kritischen Reflexion der gewählten Forschungsmethodik (Abschnitt 8.2).

8.1 Beantwortung der Forschungsfrage

Das Ziel dieser Arbeit stellte die Entwicklung eines Planungswerkzeugs zur Konfiguration verteilter LSM-Systeme in rekonfigurierbaren Montageumgebungen dar. Auf Basis der Evaluierung bestehender Forschungsansätze und praxisorientierter Anwendungsfälle wurde die übergeordnete Forschungsfrage formuliert:

Kann die Messunsicherheit von Positionsmessungen unter Veränderung der Konfiguration verteilter LSM-Systeme für rekonfigurierbare Montageprozesse mittels simulationsbasierter Optimierungsalgorithmen minimiert werden?

Die Forschungsfrage wurde in drei forschungsleitende Fragen unterteilt. Eine Übersicht der gestellten Anforderungen an die Entwicklung sowie deren erreichten Erfüllungsgrade (EG) nach der abgeschlossenen Entwicklung zeigt Tabelle 8.1. Die Beurteilung der EG wird im folgenden Abschnitt erläutert, um die forschungsleitenden Fragen und abschließend die übergeordnete Forschungsfrage beantworten zu können.

Tabelle 8.1: Erfüllungsgrade (EG) der Anforderungen an die Entwicklung der Konfigurationsoptimierung

ID	Anforderung	EG
A1	Einbeziehung räumlicher und zeitlicher Abhängigkeiten zwischen Montageressourcen	↑
A2	Berücksichtigung von Stationskonfigurationen	↑
A3	Berücksichtigung aller physischen Montageressourcen nach LMAS-Definition	↑
A4	Berücksichtigung unterschiedlicher, verteilter LSM-Systeme	↑
A5	Berücksichtigung der messsystemspezifischen Arbeitsbereiche	↑
A6	Planung statischer sowie dynamischer Messungen	↗
A7	Freie Skalierung des Messequipments (Anzahl der Sender und Empfänger)	↑
A8	Verwendung der Messunsicherheit als Zielgröße	↑
A9	Automatisierte Konfiguration ohne Benutzervorgaben	↑
A10	Keine Vereinfachung des Lösungsraumes	↗
A11	Konvergenz zum globalen Optimum in unabhängigen Versuchen	↗
A12	Signifikante Reduktion der Messunsicherheit durch die Optimierung	↑

↑ Anforderung vollständig erfüllt ↗ Verbesserungspotenzial erkannt

Die erste forschungsleitende Frage motiviert sich über den herausgestellten Bedarf verteilter LSM-Systeme in LMAS zur hochpräzisen Montage von Großbauteilen und adressiert die relevanten Wirkzusammenhänge zur Konfigurationsoptimierung verteilter LSM-Systeme in LMAS. An den Beispielen des Lasertrackers und des iGPS wurden technische Einsatzbedingungen verteilter LSM-Systeme identifiziert, die als Randbedingungen in die Konfigurationsoptimierung einfließen. Zusätzlich wurden Anwendungsfälle verteilter LSM-Systeme betrachtet, um Anforderungen an die Konfigurationsoptimierung zu definieren und einen Einsatz in der industriellen Praxis zu ermöglichen. Auf Basis erkannter Wirkzusammenhänge wurde eine Methodik zur Konfigurationsoptimierung entwickelt, in der das Prinzip des virtuellen Messprozesses in das Konzept der simulationsbasierten Optimierung überführt wurde. Die neue Methodik ermöglicht über ihren modularen Aufbau den Einsatz unterschiedlicher verteilter LSM-Systeme und die Berücksichtigung beliebiger Montageszenarien nach dem LMAS-Ressourcenmodell, womit die erste forschungsleitende Frage beantwortet wird.

Für die Verwendung multiangulierender Messsysteme innerhalb der Konfigurationsoptimierung bedarf es eines Modells zur konfigurationsabhängigen Bestimmung der Messunsicherheit. Diesen Bedarf adressiert die zweite forschungsleitende Frage. Die Entwicklung des Modells erfolgte nach dem Vorgehen nach GUM. Ein Modell der Messung wurde auf Basis numerischer Optimierung gebildet und über Versuchsdaten validiert. Das hieraus abgeleitete Messunsicherheitsmodell kann für beliebige Konfigurationen (innerhalb der Versuchsparameter) die Messunsicherheit bestimmen. Dennoch hat die Referenzmessung mit einem Lasertracker gezeigt, dass die hiermit erfasste Messunsicherheit deutlich niedriger ist. Daher sollten sich zukünftige Arbeiten mit weiteren Eingangsgrößen, wie beispielsweise dem Winkel zwischen Sichtstrahl und Detektoroberfläche, in der Modellbildung befassen, um die Messgröße genauer bestimmen zu können. Weiterhin werden dynamische Messunsicherheitsbeitrage nicht berücksichtigt (siehe A6 in Tabelle 8.1) und sollten in zukünftigen Arbeiten adressiert werden. Da insgesamt 93% der durchgeführten Versuche eine statistische Validität des Modells der Messung nachgewiesen haben, darf nach GUM das abgeleitete Messunsicherheitsmodell als valide eingestuft werden, sodass die zweite forschungsleitende Frage positiv beantwortet wird.

Das entwickelte Messunsicherheitsmodell wird zur Bestimmung der Zielgröße im Rahmen der Konfigurationsoptimierung eingesetzt. Auf die Entwicklung eines Optimierungsalgorithmus zur Minimierung der Messunsicherheit unter Veränderung der Konfiguration und Berücksichtigung eines LMAS-Prozesses geht die dritte forschungsleitende Frage ein. Auf Basis einer Partikelschwarmoptimierung wurde ein Algorithmus modifiziert, sodass unterschiedliche verteilte LSM-Systeme mit ihren zulässigen Arbeitsbereichen und spezifischen Messunsicherheitsmodellen berücksichtigt werden können. Die Methode des virtuellen Messprozesses wurde zur Simulation von Messungen innerhalb von LMAS angepasst. Im Rahmen der Verifizierung der Konfigurationsoptimierung konnten Lasertracker und iGPS als repräsentative Untermenge verteilter LSM-Systeme erfolgreich für den industriellen Anwendungsfall der Flugzeugflügelmontage konfiguriert werden. Dies belegt die Fähigkeit der Konfigurationsoptimierung, unterschiedliche verteilte LSM-Systeme mit spezifischen

Arbeitsbereichen und Messunsicherheitsmodellen konfigurieren zu können. Eine Herausforderung stellt die Konvergenz des Optimierungsalgorithmus bei kleinen Montagestationen (< 10 x 10 m^2) mit hohem Sperrflächen- und Sichthindernisanteil dar. Für ein besseres Konvergenzverhalten sollten in zukünftigen Arbeiten der Einsatz einer gradientenbasierten Bewertung der Sichtverbindungen und eine feinere Modellierung der physischen Objekte, z.B. mittels Octree-Collision-Detection, untersucht werden (siehe A10 und A11 in Tabelle 8.1). Da kleine Stationen in der Großbauteilmontage unüblich sind (z.B. 60 x 35 m^2 in der Flugzeugendmontage), wird diese Erkenntnis hinsichtlich der Eignung der Konfigurationsoptimierung für die industrielle Praxis als unkritisch betrachtet, sodass die dritte forschungsleitende Frage positiv beantwortet wird.

Nach der kritischen Reflexion der Forschungsergebnisse sowie der positiven Beantwortung der forschungsleitenden Fragen kann die übergeordnete Forschungsfrage aus Kapitel 3 wie folgt beantwortet werden:

Ja, die Messunsicherheit von Positionsmessungen kann durch Optimierung der Konfiguration verteilter LSM-Systeme für rekonfigurierbare Montageprozesse mittels simulationsbasierter Optimierungsalgorithmen minimiert werden.

8.2 Reflexion der Forschungsmethodik

Ziel der Arbeit war die Entwicklung eines Planungswerkzeugs zur Konfiguration verteilter LSM-Systeme in rekonfigurierbaren Montageumgebungen. Die Motivation für diese Entwicklung basiert auf Problemen in der industriellen Praxis, fähige Messprozesse bedarfsgerecht zu realisieren. Daher wurde sich zu Beginn der Arbeit für die Forschungsmethodik nach ULRICH und die „Strategie angewandter Forschung“ entschieden, wonach die Gliederung dieser Arbeit in Abschnitt 1.2 erfolgte. Anhand der vorgegebenen Struktur konnten praxisrelevante Probleme sowie problemrelevante Theorien systematisch in Kapitel 2 erkannt und zielgerichtet in einen Forschungsbedarf in Kapitel 3 überführt werden. Ausgehend vom identifizierten Forschungsbedarf wurde der Methodik nach ULRICH gefolgt, Modelle für unterschiedliche Teilprobleme zu entwickeln und zu validieren. In Kapitel 4 wurde ausgehend von Anforderungen industrieller Anwendungsfälle und dem erkannten Forschungsdefizit eine Methodik zur Konfiguration verteilter LSM-Systeme abgeleitet, die sich aus zwei Teilmodellen zusammensetzt. Das erste Teilmodell adressierte die Messunsicherheitsbestimmung verteilter, multiangulierender LSM-Systeme am Beispiel des iGPS in Kapitel 5. Das zweite Teilmodell wurde in Kapitel 6 erarbeitet und beinhaltete die simulationsbasierte Optimierung der Konfiguration und wurde an das erste Teilmodell gekoppelt, um die Messunsicherheit als Zielgröße zu verwenden. Die Teilmodelle des Planungswerkzeugs sowie seine wesentlichen Ein- und Ausgangsgrößen sind in Abbildung 8.1 dargestellt. Aufgrund der zu Beginn definierten Ein- und Ausgangsgrößen der beiden Teilmodelle konnten diese unabhängig voneinander verifiziert und validiert werden. Das entstandene Planungswerkzeug zur Konfiguration verteilter LSM-Systeme wurde in Kapitel 7 in einem beispielhaften LMAS-Prozess geprüft, um eine abschließende Beratung für eine Implementierung in der Praxis in Kapitel 8 abzuleiten. Die von ULRICH vorgesehene Methodik konnte demnach zur systematischen Erarbeitung der Forschungsergebnisse beitragen und kann daher in ihrer Umsetzung innerhalb dieser Arbeit als erfolgreich bewertet werden.

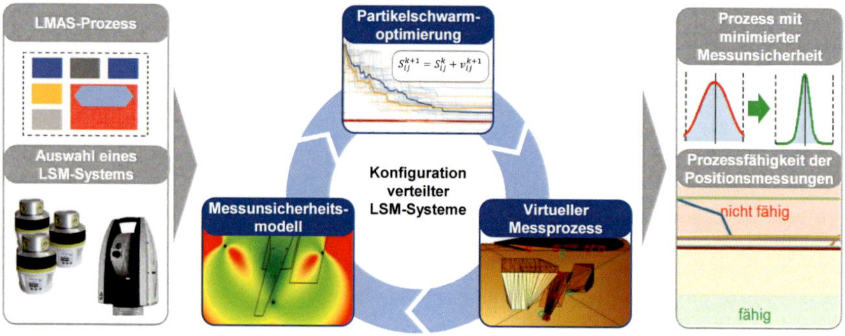

Abbildung 8.1: Visualisierung des entwickelten Planungswerkzeugs zur Konfiguration verteilter LSM-Systeme in rekonfigurierbaren Montageumgebungen

9 Zusammenfassung und Ausblick

9.1 Zusammenfassung der Forschungsergebnisse

Eine Möglichkeit zur schnellen Adaption an neue Anforderungen von Produkten und Prozessen stellen rekonfigurierbare Montagesysteme dar. Linienlose mobile Montagesysteme nutzen die Mobilität von Montageressourcen, um sich auf einer Freifläche gemäß individueller Produktanforderungen neu anzuordnen. Dies stellt besonders in der Großbauteilmontage (z.B. in der Montage von Flugzeugen) einen Vorteil hinsichtlich der Flexibilität im Vergleich zu starren, vorrichtungsbasierten Montageansätzen dar. Zur Befähigung der flexiblen Anordnung der Montageressourcen (wie z.B. mobiler Roboter oder fahrerloser Transportfahrzeuge) werden zeitabhängige Positionsdaten mit Unsicherheiten im Submillimeterbereich über den Bereich der gesamten Montage benötigt. Messsysteme aus der Klasse der Large-Scale Metrology können dies mittels optischer Messungen umsetzen. Die Messunsicherheit schwankt jedoch abhängig von den Umgebungseinflüssen, den Sichtverbindungen sowie Winkeln und Distanzen zwischen Sendern und Empfängern des Messsystems. Ziel der vorliegenden Arbeit war es daher, ein Planungswerkzeug zu entwickeln, das eine Konfiguration der Sender unter Berücksichtigung der Montageumgebung ermöglicht und hierbei eine a-priori-Bestimmung der Prozessfähigkeit zulässt.

Kapitel 1 hebt den Bedarf an hochpräzisen Positionsdaten zur linienlosen und mobilen Montage von Großbauteilen hervor. Basierend auf dem industriellen Bedarf wird die Herausforderung der Konfiguration verteilter Large-Scale Metrology Systeme zur Erhebung von Positionsdaten erläutert, wofür als Ziel der Arbeit ein Planungswerkzeug entwickelt wird. Ausgerichtet an der Zielsetzung der Arbeit werden die gewählte Forschungsmethodik der Arbeit nach ULRICH und der heuristische Bezugsrahmen zur inhaltlichen Abgrenzung vorgestellt.

In Kapitel 2 wird der Stand der Technik zur Anwendung verteilter Large-Scale Metrology Systeme und bestehenden Ansätzen zur Konfiguration untersucht. Es wird zusammengefasst, dass existierende Planungshilfen in der Wissenschaft sich nur auf einzelne, spezifische Messsysteme beziehen und die Konfiguration in der industriellen Praxis manuell unter hohem Zeitaufwand erfolgt. Ein besonders geringer Kenntnisstand wurde hierbei für multiangulierende Messsysteme herausgestellt. Diese sind für Anwendungen in linienlosen mobilen Montagesystemen jedoch besonders vorteilhaft, da sie simultan mehrere Positionen messen können.

In Kapitel 3 wird der Forschungsbedarf aus dem Stand der Technik abgeleitet. Es wird festgehalten, dass eine Automatisierung der Konfiguration bisher nur unter starker Vereinfachung der Umgebung oder mithilfe von Heuristiken, die zu suboptimalen Konfigurationen führen, gelingt. Hieran anknüpfend werden Forschungsfragen formuliert, mit dem Ziel eine Konfigurationsoptimierung unter Minimierung der Messunsicherheit für verteilte Large-Scale Metrology Systeme zu entwickeln.

Ausgehend von Anwendungsfällen werden Anforderungen an die Entwicklung der Konfigurationsoptimierung in Kapitel 4 erhoben. Hieraus resultiert eine Methodik für die Umsetzung des Planungswerkzeugs. Basierend auf dem Ansatz der simulationsbasierten Optimierung wird über einen virtuellen Messprozess, der Wechselwirkungen zwischen Messsystem und Montageumgebung zur Bestimmung der Messunsicherheit als Zielgröße berücksichtigt, die Bewertung einer Konfiguration umgesetzt.

Kapitel 5 befasst sich mit der Entwicklung eines Messunsicherheitsmodells für multiangulierende Messsysteme am Beispiel des Indoor-GPS. Hierbei wird das Vorgehen nach GUM befolgt. Mithilfe des entwickelten Modells können Messunsicherheiten von Positionsmessungen abhängig von der Konfiguration der Sender bestimmt werden. Sowohl ein Feldversuch als auch ein Vergleich mit vorhandenem Modellwissen aus dem Stand der Forschung bestätigen die Validität des Modells.

In Kapitel 6 wird ein Partikelschwarmalgorithmus als geeignetes Lösungsverfahren zur Konfiguration verteilter Large-Scale Metrology Systeme bestimmt und modifiziert, um die Messunsicherheit über die Dauer des Montageprozesses zu minimieren. Der Algorithmus wurde so angepasst, dass unterschiedliche verteilte Messsysteme der Large-Scale Metrology Systeme mit ihren zulässigen Arbeitsbereichen und spezifischen Messunsicherheitsmodellen verwendet werden können. Am Anwendungsfall der Flugzeugflügelmontage konnte gezeigt werden, dass die modifizierte Partikelschwarmoptimierung sowohl für ein Indoor-GPS als auch für Lasertracker zur Konfiguration eigesetzt werden kann und Prozessfähigkeiten der Messungen a-priori mittels virtueller Messprozesse bestimmt werden können. Eine Untersuchung zu den Grenzen der Einsatzfähigkeit des Algorithmus hat dargelegt, dass kleinere Montagestationen (< 10 m) teilweise nicht konfiguriert werden können, was ein Potenzial für zukünftige Verbesserungen darstellt.

Die entwickelte Konfigurationsoptimierung wird in Kapitel 7 validiert. Die Validierung erfolgt unter Einsatz eines iGPS in einem beispielhaften Prozess. In einer Versuchsumgebung konnte mithilfe eines Referenzmesssystems nachgewiesen werden, dass die optimierte Konfiguration zu einer signifikanten Reduktion der Messunsicherheit im Vergleich zu einer Worst-Case-Konfiguration führt. Im Prozess wurde hierbei eine durchschnittliche Reduktion der Messunsicherheit um 0,100 mm (von 0,408 mm auf 0,308 mm) erreicht, wodurch eine relative Reduktion der minimal prüfbaren Montagetoleranz von 25% möglich ist.

Kapitel 8 reflektiert die erarbeiteten Forschungsergebnisse zur Beantwortung der Forschungsfragen. Es wird zusammengefasst, dass verteilte Large-Scale Metrology Systeme mithilfe des Planungswerkzeugs für vorgegebene Montageumgebungen unter Minimierung der Messunsicherheit konfiguriert werden können.

Das Ergebnis der Arbeit stellt ein validiertes Planungswerkzeug dar, das die Messunsicherheit als Zielgröße in der Konfigurationsoptimierung verwendet, womit die Prozessfähigkeit der Messung a-priori bestimmt werden kann. Der hierbei verwendete modellbasierte Ansatz, der Schnittstellen zwischen den Teilmodellen des Optimierungsalgorithmus, des virtuellen Messprozesses und des Messunsicherheitsmodells vorsieht, ermöglicht eine breite Anwendung und Übertragbarkeit auf weitere optische Messsysteme.

9.2 Ausblick über zukünftige Forschungsfragen

Aus dem abgeschlossenen Forschungsprozess resultieren neue Fragestellungen, die in zukünftigen Forschungsarbeiten adressiert werden können. Zur Weiterentwicklung der Ergebnisse aus dieser Arbeit sollten die angesprochenen Verbesserungspotenziale (siehe Tabelle 8.1) berücksichtigt werden. Eine Herausforderung stellt die Verbesserung des Konvergenzverhaltens des Optimierungsalgorithmus insbesondere bei kleineren Montagestationen oder Montagestationen mit vielen Sichthindernissen dar. Eine Möglichkeit zur Verbesserung könnte eine intelligente Initialisierung der Partikelschwarmoptimierung sein. Beispielsweise könnten historische Konfigurationen auf Ähnlichkeiten mit neuen, zu konfigurierenden Montagesystemen untersucht werden. Ähnliche, bereits genutzte Konfigurationen könnten dann dazu verwendet werden, eine Senderanzahl und die Initialisierung der Partikelschwarmoptimierung vorzugeben. Für eine Ähnlichkeitsanalyse könnten sich Verfahren aus dem Bereich des maschinellen Lernens oder Fourier-Deskriptoren eignen.

In dieser Arbeit wurden vornehmlich einfache Montageumgebungen aus der industriellen Praxis mit einzelnen großen Objekten untersucht. Hierauf lässt sich die umgesetzte Modellierung der Umgebungsobjekte über konvexe Hüllkörper effektiv anwenden. Bei komplexeren Geometrien würden die Hüllkörper zu einer stärkeren Einschränkung möglicher valider Senderpositionen führen. Ebenso erfordert die hieran anknüpfende Kollisionserkennung zwischen Sichtstrahlen und Umgebungsobjekten eine hohe Rechenleistung, die mit zunehmender Prozessdauer bzw. Dynamik exponentiell zunimmt. Eine sowohl recheneffizientere als auch abbildungsgenauere Möglichkeit zur Modellierung von Umgebungsobjekten kann über die sog. Octree-Collision-Detection erfolgen. Hierbei werden Körper von Objekten über eine Vielzahl von Würfeln beschrieben und bei Bewegungen dynamisch angepasst.

Neben diesen Möglichkeiten zur Weiterentwicklung sollte das Planungswerkzeug in der industriellen Großbauteilmontage, wie z.B. der Flugzeugendmontage, eingesetzt werden, um Prüfprozesse zu konfigurieren und hinsichtlich der Prozessfähigkeit a-priori abzusichern. Für einen breiten Einsatz können neue Messunsicherheitsmodelle weiterer Messsysteme ergänzt werden. Neben Systemen aus der Klasse der Large-Scale Metrology können ebenso kamerabasierte Systeme aufgenommen werden, die eine hohe industrielle Relevanz in der Montage besitzen.

Über die Integration weiterer Messsysteme könnten neue Anwendungsfelder für das Planungswerkzeug erschlossen werden. Beispielsweise könnte die Platzierung von Kameras auf Baustellen zur Echtzeitüberwachung adressiert werden. In aktuellen Forschungsprojekten im universitären Umfeld, wie dem „Internet of Construction“, werden zunehmend automatisierte und mobile Maschinen eingesetzt, deren Positionen für eine übergeordnete, algorithmenbasierte Entscheidungen bekannt sein müssen [MÜNK21]. Das Planungswerkzeug könnte mittels des virtuellen Messprozesses die räumliche Entwicklung der Baustelle berücksichtigen und optimale Positionen zum Aufstellen der Kameras für die gesamte Phase der Baustelle vorgeben.

Anhand der Beispiele aus der industriellen und universitären Forschung wird die Bedeutung des Planungswerkzeugs sowohl für die Konfiguration verteilter Large-Scale Metrology Systeme als auch für weitere Messsystemklassen und Technologien deutlich.

Literaturverzeichnis

[7DK21] 7D Kinematic Metrology: 6th Generation Technology Further Increases iGPS Usability & Performance. URL: https://7dkmetrology.com/7dk-1/products [Stand: 15.01.2021]

[7DK22] 7D Kinematic Metrology: Products - 6th Generation Technology Further Increases iGPS Usability & Performance. URL: https://7dkmetrology.com/7dk-1/products [Stand: 12.05.2022]

[ABB22] ABB AG: RobotStudio. URL: https://new.abb.com/products/robotics/robotstudio [Stand: 12.05.2022]

[ADAM14] Adams, G.: Next Generation Mobile Robotic Drilling and Fastening Systems. In: SAE Technical Paper Series. (Reihe: SAE Technical Paper Series. Aufl.: SAE International, 2014

[AIRB18] Lindner, M.: 4th Line A320 FAL Hamburg. URL: https://mediacentre.airbus.com/mediacentre/search?0&access=searchText&q=4th+line [Stand: 11.08.2022]

[AKEW12] Akewar, M. C.: Grid Based Wireless Mobile Sensor Network Deployment with Obstacle Adaptability. In: International Journal of Wireless & Mobile Networks, 4. Jg., 2012, Nr. 5, S. 21–34

[ANDE52] Anderson, T. W.; Darling, D. A.: Asymptotic Theory of Certain "Goodness of Fit" Criteria Based on Stochastic Processes. In: The Annals of Mathematical Statistics, 23. Jg., 1952, Nr. 2, S. 193–212

[ARSE14] Arsenault, R.; Poulin, A.; Côté, P.; Brissette, F.: Comparison of Stochastic Optimization Algorithms in Hydrological Model Calibration. In: Journal of Hydrologic Engineering, 19. Jg., 2014, Nr. 7, S. 1374–1384

[AUTO22] Automated Precision Europe GmbH: Radian datasheet. URL: https://apimetrology.com/de/radian/ [Stand: 12.05.2022]

[BÄCK02] Bäck, T. (Hrsg.): Handbook of evolutionary computation. Aufl. Bristol: Inst. of Physics Publ, 2002

[BAI10] Bai, Q.: Analysis of Particle Swarm Optimization Algorithm. In: Computer and Information Science, 3. Jg., 2010, Nr. 1

[BANS11] Bansal, J. C.; Singh, P. K.; Saraswat, M.; Verma, A.; Jadon, S. S.; Abraham, A.: Inertia Weight strategies in Particle Swarm Optimization. In: Abraham, A. (Hrsg.): Third World Congress on Nature and Biologically Inspired Computing (NaBIC), 2011. 19 - 21 Oct. 2011, Salamanca, Spain ; proceedings. Aufl. Piscataway, NJ: IEEE, 2011, S. 633–640

[BAUE16] Bauernhansl, T.; Krüger, J.; Reinhart, G.; Schuh, G.: WGP-Standpunkt Industrie 4.0 (2016)

[BEHE14] Beheshti, Z.; Shamsuddin, S. M.; Sulaiman, S.: Fusion Global-Local-Topology Particle Swarm Optimization for Global Optimization Problems. In: Mathematical Problems in Engineering, 2014. Jg., 2014, S. 1–19

[BEHR14] Behrens, B.-A.; Nyhuis, P.; Overmeyer, L.; Bentlage, A.; Rüther, T.; Ullmann, G.: Towards a definition of large scale products. In: Production Engineering, 8. Jg., 2014, Nr. 1-2, S. 153–164

[BELI01 Beliveau, S.; Barrientos, E.; Beliveau, Y.; Hedges, T.: Low Cost 2D Position Measurement System and Method, 26.02.2001

[BELL19] Bellmann, V.: Bewertung der Leistungsfähigkeit von Montagesystemen. (Reihe: Berichte aus dem IFA, 4/2019). 1. Erstausgabe Aufl. Garbsen: TEWISS, 2019

[BERT19] Bertelsmeier, F.: Einsatz eines Cyber-Physischen Produktionssystems zur flexiblen Positionierung und Ausrichtung von dünnwandigen Großbauteilen. Dissertation. Aachen, 2019

[BEYE16] Beyerer, J.; Puente León, F.; Frese, C.: Automatische Sichtprüfung. Grundlagen, Methoden und Praxis der Bildgewinnung und Bildauswertung. 2., erweiterte und verbesserte Auflage Aufl. Berlin, Heidelberg: Springer Vieweg, 2016

[BIAG03] Biagioni, E. S.; Sasaki, G.: Wireless sensor placement for reliable and efficient data collection. In: Sprague, R. H. (Hrsg.): Proceedings of the 36th Annual Hawaii International Conference on System Sciences. Abstracts and CD-ROM of full papers 6-9 January, 2003, Big Island, Hawaii. Aufl. Los Alamitos, Calif: IEEE Computer Society Press, 2003, 10 pp

[BOEI14] Boeing: A Futuristic View Of The 777 Fuselage Build. URL: http://www.boeing.com/features/2014/07/bca-777-fuselage-07-14-14.page [Stand: 12.05.2022]

[BOEI20] Boeing: Commercial Market Outlook 2020-2039. URL: https://asianaviation.com/wp-content/uploads/Boeing-forecast.pdf [Stand: 12.05.2022]

[BÖLT94] Bölte, A.: Modelle und Verfahren zur innerbetrieblichen Standortplanung. (Reihe: Physica-Schriften zur Betriebswirtschaft, 48). Aufl. Heidelberg: Physica-Verlag HD, 1994

[BONE03] Bone, G. M.; Capson, D.: Vision-guided fixtureless assembly of automotive components. In: Robotics and Computer-Integrated Manufacturing, 19. Jg., 2003, Nr. 1-2, S. 79–87

[BONY17] Bonyadi, M. R.; Michalewicz, Z.: Particle Swarm Optimization for Single Objective Continuous Space Problems: A Review. In: Evolutionary computation, 25. Jg., 2017, Nr. 1, S. 1–54

[BRIE19] Briegleb, V.: Roboter im Flugzeugbau: Airbus automatisiert A320-Produktion. URL: https://www.heise.de/newsticker/meldung/Roboter-im-Flugzeugbau-Airbus-automatisiert-A320-Produktion-4544052.html [Stand: 12.05.2021]

[BROC10] Brochu, E.; Cora, V. M.; Freitas, N. de: A Tutorial on Bayesian Optimization of Expensive Cost Functions, with Application to Active User Modeling and Hierarchical Reinforcement Learning (Dezember 2010)

[BUCK19a] Buckhorst, A. F.; Kluge-Wilkes, A.; Schmitt, R. H.: Flying Metrology and Defect Identification for Aircraft Surface Inspection. In: PhotonicsViews, 16. Jg., 2019, Nr. 1, S. 68–71

[BUCK19b] Buckhorst, A. F.; Huettemann, G.; Grahn, L.; Schmitt, R. H.: Assignment, Sequencing and Location Planning in Line-less Mobile Assembly Systems. In: Schüppstuhl, T. a. T. K. a. R. J. (Hrsg.): Tagungsband des 4. Kongresses Montage Handhabung Industrieroboter. Aufl. Berlin, Heidelberg: Springer Berlin Heidelberg, 2019, S. 227–238

[CARL10] Carlo Ferri; Luca Mastrogiacomo; Julian Faraway: Sources of variability in the set-up of an indoor GPS. In: International Journal of Computer Integrated Manufacturing, 23. Jg., 2010, Nr. 6, S. 487–499

[CORV11] Corves, B.; Müller, R.; Esser, M.; Hüsing, M.; Janßen, M.; Riedel, M.; Vette, M.: Rekonfigurierbare Montagesysteme für das Großbauteilhandling. In: Brecher, C. (Hrsg.): Integrative Produktionstechnik für Hochlohnländer. Aufl. Berlin, Heidelberg: Springer Berlin Heidelberg, 2011, S. 1015–1057

[DAMU12] Damuut, L. P.; Gu, D.: A Survey of Deterministic Vs. Non-Deterministic Node Placement Schemes in WSNs. In: Yurish, S. (Hrsg.): SENSORCOMM 2012. The Sixth International Conference on Sensor Technologies and Applications WSNSCM 2012, the Second International Workshop on Sensor Networks for Supply Chain Management August 19-24, 2012, Rome, Italy. Aufl. Wilmington, DE, USA: IARIA, 2012

[DEME11] Demeester, F. e. a.: Referenzsysteme für wandlungsfähige Produktion. In: Brecher, C. et al. (Hrsg.): Wettbewerbsfaktor Produktionstechnik: Aachener Perspektiven. Aufl. Herzogenrath: Shaker, 2011

[DEUT91] DIN ISO 2768-1:1991-06 (Juni 1991): Allgemeintoleranzen; Toleranzen für Längen- und Winkelmaße ohne einzelne Toleranzeintragung

[DIET17] Dietrich, E.; Schulze, A.: Eignungsnachweis von Prüfprozessen. Prüfmittelfähigkeit und Messunsicherheit im aktuellen Normenumfeld. 5., überarbeitete Auflage Aufl. München: Hanser, 2017

[DIN17] DIN EN ISO 1101 (2017): Geometrische Produktspezifikation (GPS) - Geometrische Tolerierung - Tolerierung von Form, Richtung, Ort und Lauf

[DROU18] Drouot, A.; Zhao, R.; Irving, L.; Sanderson, D.; Ratchev, S.: Measurement Assisted Assembly for High Accuracy Aerospace Manufacturing∗∗The reported research has been funded by the EPSRC grant EP/K018205/1. In: IFAC-PapersOnLine, 51. Jg., 2018, Nr. 11, S. 393–398

[DUWE22] Duwe-3d AG: PolyWorks - Das smarte, digitale Ökosystem für die 3D-Koordinatenmesstechnik. URL: https://www.duwe-3d.de/de/products/polyworks [Stand: 12.05.2022]

[ELBE05] Elbeltagi, E.; Hegazy, T.; Grierson, D.: Comparison among five evolutionary-based optimization algorithms. In: Advanced Engineering Informatics, 19. Jg., 2005, Nr. 1, S. 43–53

[ELMA09] ElMaraghy, H. A. (Hrsg.): Changeable and Reconfigurable Manufacturing Systems. Aufl. London: Springer London, 2009

[FLYN21] Flynn, R.; McRae, N.; Thompson, S.: Case Study of a Fuselage Join Automation. In: The Journal of the CMSC, 16. Jg., 2021, Nr. 1, S. 18–25

[FORB11] Forbes, A.; Hughes, B.; Sun, W.: Uncertainty calculations for multistation coordinate measuring systems. (vetraulich, nicht zitierfähig) (2011)

[FORB16] Forbes, A. B.: Reference Model and Algorithms For Multi-Station Coordinate Metrology. In: 21st IMEKO World Congress "Measurement in research and industry". Prague, Czech Republic, August 30-September 4, 2015. Aufl. Red Hook: Curran Associates, 2016, S. 1848–1853

[FRAN11] Franceschini, F.; Galetto, M.; Maisano, D.; Mastrogiacomo, L.; Pralio, B.: Distributed large-scale dimensional metrology. New insights. Aufl., 2011

[GALE10] Galetto, M.; Pralio, B.: Optimal sensor positioning for large scale metrology applications. In: Precision Engineering, 34. Jg., 2010, Nr. 3, S. 563–577

[GALE15] Galetto, M.; Mastrogiacomo, L.; Maisano, D.; Franceschini, F.: Cooperative fusion of distributed multi-sensor LVM (Large Volume Metrology) systems. In: CIRP Annals, 64. Jg., 2015, Nr. 1, S. 483–486

[GAMA20] GAMA - General Aviation Manufacturers Association: General Aviation 2019 Databook and 50th Anniversary Edition. URL: https://gama.aero/wp-content/uploads/GAMA_2019Databook_ForWebFinal-2020-02-19.pdf [Stand: 12.05.2022]

[GAME17] Gameros, A.; Lowth, S.; Axinte, D.; Nagy-Sochacki, A.; Craig, O.; Siller, H. R.: State-of-the-art in fixture systems for the manufacture and assembly of rigid components: A review. In: International Journal of Machine Tools and Manufacture, 123. Jg., 2017, S. 1–21

[GARG20] Garg, S.; Patel, R. B.: What is Data Fidelity. URL: https://www.igi-global.com/dictionary/self-managed-system-for-distributed-wireless-sensor-networks/83962 [Stand: 21.04.2020]

[GEN96] Gen, M.; Cheng, R.: A survey of penalty techniques in genetic algorithms. In: Proceedings of 1996 IEEE International Conference on Evolutionary Computation (ICEC '96). May 20-22, 1996, Symposion & Toyoda Auditorium, Nagoya University, Japan. Aufl. Piscataway, N.J: Institute of Electrical and Electronics Engineers, 1996, S. 804–809

[GILB88] Gilbert, E. G.; Johnson, D. W.; Keerthi, S. S.: A fast procedure for computing the distance between complex objects in three-dimensional space. In: IEEE Journal on Robotics and Automation, 4. Jg., 1988, Nr. 2, S. 193–203

[GOUD21] Gouda, M.; Mirza, J.; Weiß, J.; Ribeiro Castro, A.; El-Basyouny, K.: Octree-based point cloud simulation to assess the readiness of highway infrastructure for autonomous vehicles. In: Computer-Aided Civil and Infrastructure Engineering, 36. Jg., 2021, Nr. 7, S. 922–940

[GRES17] Greschke, P.; Schönemann, M.; Thiede, S.; Herrmann, C.: Matrix Structures for High Volumes and Flexibility in Production Systems. In: Procedia CIRP, 17. Jg., 2017, S. 160–165

[GRUN19] Grunert, D. a. J. S. a. L. T. a. G. A. a. H. G. a. S. R.: Service-oriented Information Model for the Model-Driven Control of Dynamically Interconnected Assembly Systems. In: Schüppstuhl, T. a. T. K. a. R. J. (Hrsg.): Tagungsband des 4. Kongresses Montage Handhabung Industrieroboter. Aufl. Berlin, Heidelberg: Springer Berlin Heidelberg, 2019, S. 23–33

[HANS18] Hansen, J. O.; Kampker, A.; Triebs, J.: Approaches for flexibility in the future automobile body shop: results of a comprehensive cross-industry study. In: Procedia CIRP, 72. Jg., 2018, S. 995–1002

[HAUP04] Haupt, R. L.; Haupt, S. E.: Practical genetic algorithms. 2. ed. Aufl. Hoboken, NJ: Wiley-Interscience, 2004

[HEDG01 Hedges, T.; Beliveau, S.; Pratt, T.; Slater, R.; Sobel, J.: Aparatus and Method for Determining Position, 26.02.2001

[HEXA22a] Hexagon: Leica Absolute Tracker AT960. URL: https://www.hexagonmi.com/products/laser-tracker-systems/leica-absolute-tracker-at960 [Stand: 12.05.2022]

[HEXA22b] Hexagon: Leica Absolute Tracker AT960-SR Scanpaket. URL: https://www.hexagonmi.com/de-DE/products/laser-tracker-systems/leica-absolute-tracker-at960-scanner-bundle [Stand: 12.05.2022]

[HOSK88] Hoska, D.: Fixtureless Assembly Manufacturing. In: Manufacturing Engineering, 1988, Nr. 100, S. 49–54

[HUET16] Huettemann, G.; Gaffry, C.; Schmitt, R. H.: Adaptation of Reconfigurable Manufacturing Systems for Industrial Assembly – Review of Flexibility Paradigms, Concepts, and Outlook. In: Procedia CIRP, 52. Jg., 2016, S. 112–117

[HUGH10] Hughes, B.; Sun, W.; Forbes, A.; Lewis, A.: Determining laser tracker alignment errors using a network measurement. In: Journal of the CMSC, 5. Jg., 2010, S. 26–32

[HUGH11] Hughes, B.; Forbes, A.; Lewis, A.; Sun, W.; Veal, D.; Nasr, K.: Laser tracker error determination using a network measurement. In: Measurement Science and Technology, 22. Jg., 2011, Nr. 4, S. 45103

[HÜTT17] Hüttemann, G.; Göppert, A.; Lettmann, P.; Schmitt, R. H.: Dynamically Interconnected Assembly Systems – Concept Definition, Requirements and Applicability Analysis. In: Schmitt, R.; Schuh, G. (Hrsg.): 7. WGP-Jahreskongress Aachen, 5.-6. Oktober 2017. Aufl. Aachen: Apprimus Wissenschaftsverlag, 2017, S. 261–268

[HÜTT19] Hüttemann, G.; Buckhorst, A. F.; Schmitt, R. H.: Modelling and Assessing Line-less Mobile Assembly Systems. In: Procedia CIRP, 81. Jg., 2019, S. 724–729

[HÜTT21] Hüttemann, G.: Model-based a priori analysis of line-less mobile assembly systems. Modellbasierte a priori Bewertung von linienlosen Montagesystemen. (Reihe: Fertigungsmesstechnik et Qualitätsmanagement, Band 6/2021). 1. Auflage Aufl. Aachen: Apprimus Verlag, 2021

[IOFF15] Ioffe, S.; Szegedy, C.: Batch Normalization: Accelerating Deep Network Training by Reducing Internal Covariate Shift. In: International Conference on Machine Learning, 2015, S. 448–456

[ISEN19] Isenberg, C.: Auf spektraler Kodierung basierendes, ortsauflösendes Messverfahren - λ-GPS. (Reihe: Fertigungsmesstechnik et Qualitätsmanagement, Band 30/2019). 1. Auflage Aufl. Aachen: Apprimus Verlag, 2019

[IWAS06] Iwasaki, N.; Yasuda, K.; Ueno, G.: Dynamic parameter tuning of particle swarm optimization. In: IEEJ Transactions on Electrical and Electronic Engineering, 1. Jg., 2006, Nr. 4, S. 353–363

[JANß15] Janßen, M.: Selbstoptimierende Montage schalenförmiger Großbauteile mit rekonfigurierbaren Handhabungssystemen. (Reihe: Ergebnisse aus der Produktionstechnik Fertigungstechnik & Qualitätsmanagement, 2015,11). 1. Aufl. Aufl. Aachen: Apprimus-Verl., 2015

[JING21] Jingtao, F.; Xiang, H.; Qi, Z.; Ziyue, Z.; Zhufeng, S.: Placement Optimization of iGPS Transmitter Based on Immune Optimization Algorithm. In: Laser and Optoelectronics Progress, 58. Jg., 2021, Nr. 12

[JOIN08] JCGM 100:2008 (September 2008): Evaluation of measurement data — Guide to the expression of uncertainty in measurement

[JOSH15] Joshi, A.; Kale, S.; Chandel, S.; Pal, D.: Likert Scale: Explored and Explained. In: British Journal of Applied Science & Technology, 7. Jg., 2015, Nr. 4, S. 396–403

[KENN02] Kennedy, J.; Mendes, R.: Population structure and particle swarm performance. In: Proceedings of the 2002 Congress on Evolutionary Computation, CEC'02. May 12-17, 2002, Hilton Hawaiian Village Hotel, Honolulu, Hawaii. Aufl. Piscataway, NJ: IEEE Service Center, 2002, S. 1671–1676

[KENN95] Kennedy, J.; Eberhart, R.: Particle Swarm Optimization. In: 1995 IEEE International Conference on Neural Networks. Proceedings, the University of Western Australia, Perth, Western Australia, 27 November-1 December 1995. Aufl. New York, Piscataway, NJ: Institute of Electrical and Electronics Engineers, 1995, S. 1942–1948

[KIRA14] Kiranyaz, S.; Ince, T.; Gabbouj, M.: Multidimensional Particle Swarm Optimization for Machine Learning and Pattern Recognition. (Reihe: Adaptation, Learning, and Optimization, 15). Aufl. Berlin, Heidelberg, s.l.: Springer Berlin Heidelberg, 2014

[KLEP16] Kleppmann, W.: Versuchsplanung. Produkte und Prozesse optimieren. (Reihe: Praxisreihe Qualitätswissen). 9., überarbeitete Auflage Aufl. München, Wien: Hanser, 2016

[KORE10] Koren, Y.; Shpitalni, M.: Design of reconfigurable manufacturing systems. In: Journal of Manufacturing Systems, 29. Jg., 2010, Nr. 4, S. 130–141

[KRAP15] Krappig, R.; Schmitt, R.: Systematisch zum Ziel. Von der individuellen Messaufgabe zum optimalen Messkonzept. Carl-Hanser-Verlag (2015)

[KUBI77] Kubicek, H.: Heuristische Bezugsrahmen und heuristisch angelegte Forschungsdesigns als Elemente einer Konstruktionsstrategie empirischer Forschung. In: Empirische und handlungstheoretische Forschungskonzeptionen in der Betriebswirtschaftslehre. Aufl., 1977

[KÜHN18] Kühne, F.: So geht Airbus die Zukunft des Flugzeugbaus an. URL: https://www.airliners.de/so-airbus-zukunft-flugzeugbaus/46906?utm_campaign=readmore&utm_medium=articlebox&utm_source=air [Stand: 12.05.2022]

[KUKA22] KUKA AG: KUKA.Sim. URL: https://www.kuka.com/en-de/products/robot-systems/software/planning-project-engineering-service-safety/kuka_sim [Stand: 12.05.2022]

[LAND11] Landeta, B.; Suterio Ricardo; Trabasso G. Luis: A Metrologycal Analysis Of The iGPS System Focusing On Its Main Sources Of Uncertainties. URL: https://nanopdf.com/download/a-metrologycal-analysis-of-the-igps-system-focusing-on-its-sources-of-uncertaint_pdf [Stand: 12.05.2022]

[LATI07] Latiff, N. M. A.; Tsimenidis, C. C.; Sharif, B. S.: Performance Comparison of Optimization Algorithms for Clustering in Wireless Sensor Networks. In: IEEE International Conference on Mobile Adhoc and Sensor Systems, 2007. MASS 2007 Pisa, Italy, 8 - 11 Oct. 2007. Aufl. Piscataway, NJ: IEEE Service Center, 2007, S. 1–4

[LAZA21] Lazaridis, L.; Papatsimouli, M.; Kollias, K.-F.; Sarigiannidis, P.; Fragulis, G. F.: Hitboxes: A Survey About Collision Detection in Video Games. In: Fang, X. (Hrsg.): HCI in Games: Experience Design and Game Mechanics. Third International Conference, HCI-Games 2021, Held as Part of the 23rd HCI International Conference, HCII 2021, Virtual Event, July 24–29, 2021, Proceedings, Part I. (Reihe: Springer eBook Collection. 12789). 1st ed. 2021 Aufl. Cham: Springer International Publishing; Imprint Springer, 2021, S. 314–326

[LEAC19] Leach, R.; Bointon, P.; Feng, X.; Lawes, S.D.A.; Piano, S.; Senin, N.; Sims-Waterhouse, D.; Stavroulakis, P.; Su, R.; Syam, W.; Thomas, M.: Information-rich manufacturing metrology. In: Ratchev, S. (Hrsg.): Precision Assembly in the Digital Age. (Reihe: IFIP Advances in Information and Communication Technology. 530). Aufl. Cham: Springer, 2019, S. 145–157

[LEVE60] Levene, H.: Robust tests for equality of variances. In: Contributions to Probability and Statistics: Essays in Honor of Harold Hotelling, 1960, S. 278–292

[LJAS20] Ljasenko, S.; Lohse, N.; Justham, L.: Dynamic vs dedicated automation systems - a study in large structure assembly. In: Production & Manufacturing Research, 8. Jg., 2020, Nr. 1, S. 35–58

[LYNN18] Lynn, N.; Ali, M. Z.; Suganthan, P. N.: Population topologies for particle swarm optimization and differential evolution. In: Swarm and Evolutionary Computation, 39. Jg., 2018, S. 24–35

[MAIS08] Maisano, D. A.; Jamshidi, J.; Franceschini, F.; Maropoulos, P. G.; Mastrogiacomo, L.; Mileham, A. R.; Owen, G. W.: Indoor GPS: system functionality and initial performance evaluation. In: International Journal of Manufacturing Research, 3. Jg., 2008, Nr. 3, S. 335

[MARG03] Marguet, B.; Ribere, B.: Measurement-Assisted Assembly Applications on Airbus Final Assembly Lines. In: Automated Fastening Conference & Exposition. Aufl.: SAE International, 2003

[MARO14] Maropoulos, P. G.; Muelaner, J. E.; Summers, M. D.; Martin, O. C.: A new paradigm in large-scale assembly--research priorities in measurement assisted assembly. In: The International Journal of Advanced Manufacturing Technology, 70. Jg., 2014, Nr. 1, S. 621–633

[MÄRZ11] März, L.; Krug, W.; Rose, O.; Weigert, G. (Hrsg.): Simulation und Optimierung in Produktion und Logistik. Praxisorientierter Leitfaden mit Fallbeispielen. (Reihe: VDI-Buch, 130). Aufl. Berlin, Heidelberg: Springer-Verlag Berlin Heidelberg, 2011

[MAT21a] The MathWorks Inc.: MATLAB. Bayesian Optimization Algorithm. Aufl. Natick, Massachusetts, 2021

[MAT21b] The MathWorks Inc.: MATLAB. Aufl. Natick, Massachusetts, 2021

[MEIß20] Meißner, M.; Massalski, L.: Modeling the electrical power and energy consumption of automated guided vehicles to improve the energy efficiency of production systems. In: The International Journal of Advanced Manufacturing Technology, 110. Jg., 2020, Nr. 1-2, S. 481–498

[MEND19] Mendoza-Silva, G. M.; Torres-Sospedra, J.; Huerta, J.: A Meta-Review of Indoor Positioning Systems. In: Sensors (Basel, Switzerland), 19. Jg., 2019, Nr. 20

[MINI17] Minitab, Inc.: Minitab. Aufl., 2017

[MOHA19] Mohapatra, R.; Talesara, R. R.; Saloni Govil; Snehanshu Saha; Dhavala, S. S.: A new approach for Momentum Particle Swarm Optimization (2019)

[MONT17] Montavon, B.; Peterek, M.; Schmitt, R.: Communication Architecture for Multiple Distributed Large Volume Metrology Systems. In: International Symposium on Systems Engineering 2017, 2017

[MONT19] Montgomery, D. C.: Design and analysis of experiments. 10. ed. Aufl. Hoboken, NJ: Wiley, 2019

[MONT21] Montavon, B.: Virtual Reference Frame Based on Distributed Large-Scale Metrology Providing Coordinates as a Service. (Reihe:

Ergebnisse aus der Produktionstechnik, 27). 1. Auflage Aufl. Aachen: Apprimus Verlag, 2021

[MUEL10] Muelaner, J. E.; Cai, B.; Maropoulos, P. G.: Large-volume metrology instrument selection and measurability analysis. In: Proceedings of the Institution of Mechanical Engineers, Part B: Journal of Engineering Manufacture, 224. Jg., 2010, Nr. 6, S. 853–868

[MUEL14] Muelaner, J. E.; Maropoulos, P. G.: Large Volume Metrology Technologies for the Light Controlled Factory. In: Procedia CIRP, 25. Jg., 2014, S. 169–176

[MUEL20] Mueller, T.; Huber, M.; Schmitt, R.: Modelling complex measurement processes for measurement uncertainty determination. In: International Journal of Quality & Reliability Management, 37. Jg., 2020, Nr. 3, S. 494–516

[MÜLL11] Müller, R.; Esser, M.; Mbarek, T.; Biyiklioglu, N.; Quinders, S.: Development of Modular Low Cost Automation Systems for Aircraft Assembly. In: Aerospace Technology Conference and Exposition. Aufl.: SAE International, 2011

[MÜNK21] Münker, S.; Wildemann, P. R.; Göppert, A.; Brell-Cokcan, S.; Schmitt, R. H.: Online capability-based resource allocation for on-site construction operations utilizing digital twin models. In: Construction Robotics, 5. Jg., 2021, Nr. 3-4, S. 211–226

[MUÑO09] Muñoz Zavala, A. E.; Hernández Aguirre, A.; Villa Diharce, E. R.: The singly-linked ring topology for the particle swarm optimization algorithm. In: Rothlauf, F. (Hrsg.): Proceedings of the 11th Annual conference on Genetic and evolutionary computation - GECCO '09. Aufl. New York, New York, USA: ACM Press, 2009, S. 65

[NEW22] New River Kinematics: SpatialAnalyzer. URL: https://www.kinematics.com/ [Stand: 12.05.2022]

[NICK18] Nicksch, C.; Storm, C.; Bertelsmeier, F.; Schmitt, R. H.: Predictive Control for Robot-Assisted Assembly in Motion within Free Float Flawless Assembly. In: Schüppstuhl, T.; Tracht, K.; Franke, J. (Hrsg.): Tagungsband des 3. Kongresses Montage Handhabung Industrieroboter. Aufl. Berlin, Heidelberg: Springer Berlin Heidelberg, 2018, S. 231–239

[NICK19] Nicksch, C.; Buckhorst, A. F.; Meyer, W.; Baryliszyn, P.; Schmitt, R. H.: Vorrichtungslose Montage von Karosseriebauteilen. Virtuelle Montage für flexible Fügeprozesse im automobilen Prototypenbau mittels Laserradar. In: wt Werkstattstechnik online, 109. Jg., 2019, Nr. 9, S. 628–633

[NICK20] Nicksch, C.; Kluge-Wilkes, A.; Huber, M.; Schmitt, R. H.: Global Reference System for factory-wide integration of metrology enabling flexible automation in aeroplane assembly – requirements, concept and suitable technologies. In: Procedia Manufacturing, 52. Jg., 2020, S. 89–94

[NICK22a] Nicksch, C.; Hüttner, A. K.; Schmitt, R. H.: Transmitter Positioning of Distributed Large-Scale Metrology Within Line-Less Mobile Assembly Systems. In: Schüppstuhl, T.; Tracht, K.; Raatz, A. (Hrsg.): Annals of

Scientific Society for Assembly, Handling and Industrial Robotics 2021. (Reihe: Springer eBook Collection. 1st ed. 2022 Aufl. Cham: Springer International Publishing; Imprint Springer, 2022, S. 15–26

[NICK22b] Nicksch, C.; Sabzehi, M.; Schmitt, R. H.: Virtual indoor-GPS for measurement uncertainty determination in reconfigurable environments. In: Prod. Eng. Res. Devel., 16. Jg., 2022, Nr. 4, S. 545–560

[NIKO12] Nikon Metrology: iGPS for Dynamic Tracking and Alignment. URL: https://www.nikonmetrology.com/images/brochures/ispace-dynamic-tracking-en.pdf [Stand: 12.05.2022]

[NIKO16] Nikon Metrology: Surveyor 3.1. User Manual (2016)

OECD08 Handbook on constructing composite indicators. Methodology and user guide: OECD. Paris, 2008

[O'MA21] O'Malley, T.; Bursztein, E.; Long, J.; Chollet, F.; Jin, H.; Invernizzi, L.: KerasTuner. URL: https://keras.io/keras_tuner/ [Stand: 12.05.2022]

[PADU99] Padula, S. L.; Kincaid, R. K.: Optimization Strategies for Sensor and Actuator Placement. National Areonatuics and Space Administration, Nr. NASA/TM-1999-209126. Hampton, Virginia (1999)

[PFEI10] Pfeifer, T.; Schmitt, R.: Fertigungsmesstechnik. 3., überarb. und erw. Aufl. Aufl. München: Oldenbourg, 2010

[PFEI19] Pfeifer, T.; Montavon, B.; Peterek, M.; Hughes, B.: Artifact-free coordinate registration of heterogeneous Large-Scale Metrology systems. In: CIRP Annals, 68. Jg., 2019, Nr. 1, S. 503–506

[PUTT78] Puttock, M. J.: Large-scale Metrology. In: Gen Assem of CIRP, 28th, Manuf Technol, 27. Jg., 1978, Nr. 1, S. 351–356

[QUIN17] Quinders, S.: Virtueller Prototyp zur Optimierung und Absicherung der Konfiguration messtechnisch gestützter und roboterbasierter Montagesysteme. Dissertation. Aachen, 2017

[REIN07] Reinhart, G.; Werner, J.: Flexible Automation for the Assembly in Motion. In: CIRP Annals, 56. Jg., 2007, Nr. 1, S. 25–28

[RIOS13] Rios, L. M.; Sahinidis, N. V.: Derivative-free optimization. A review of algorithms and comparison of software implementations. In: Journal of Global Optimization, 56. Jg., 2013, Nr. 3, S. 1247–1293

[SAEZ20] Saez, M.; Spicer, P.: Robot-to-Robot Collaboration for Fixtureless Assembly: Challenges and Opportunities in the Automotive Industry. In: Volume 2: Manufacturing Processes; Manufacturing Systems; Nano/Micro/Meso Manufacturing; Quality and Reliability. Aufl.: American Society of Mechanical Engineers, 2020

[SARG10] Sargent, R. G.: Verification and Validation of Simulation Models. In: Proceedings of the 2010 Winter Simulation Conference, 2010, S. 183–198

[SCHM10] Schmitt, R.; Nisch, S.; Schonberg, A.; Demeester, F.; Renders, S.: Performance evaluation of iGPS for industrial applications. In: Mautz, R. (Hrsg.): International Conference on Indoor Positioning and Indoor

Navigation (IPIN), 2010. Zurich, Switzerland, 15 - 17 Sept. 2010. Aufl. Piscataway, NJ: IEEE, 2010, S. 1–8

[SCHM12] Schmitt, R.; Schönberg, A.: Indoor-GPS (Global Positioning System). In: Weckenmann, A. (Hrsg.): Koordinatenmesstechnik. Flexible Strategien für funktions- und fertigungsgerechtes Prüfen. 2., vollständig überarb. Aufl. Aufl. München: Carl Hanser, 2012

[SCHM14a] Schmitt, R.; Kimmelmann, W.; Quinders, S.: Koordinatenmesstechnik für große Volumina befähigt Roboter zur automatisierten LKW-Montage am Fließband. In: Koordinatenmesstechnik 2014. Schlüsseltechnologie für die Produktion von morgen ; 9. VDI-Fachtagung ; Braunschweig, 19. und 20. November 2014. (Reihe: VDI-Berichte. 2243). Aufl. Düsseldorf: VDI-Verl., 2014

[SCHM14b] Schmitt, R. H.; Böttcher, C.; Hüttemann, G.; Janßen, M.: Präzisionsfertigung und -montage von Großbauteilen. In: Brecher, C. et al. (Hrsg.): Integrative Produktion. Industrie 4.0 - Aachener Perspektiven ; [AWK, Aachener Werkzeugmaschinen-Kolloquium 2014, 22. bis 23. Mai ; Tagungsband. Aufl. Aachen: Shaker, 2014, S. 405–426

[SCHM16] Schmitt, R. H.; Peterek, M.; Morse, E.; Knapp W.; Galetto, M.: Advances in Large-Scale Metrology – Review and future trends. In: CIRP Annals - Manufacturing Technology, 2016, Nr. 65, S. 643–665

[SCHM17a] Schmitt, R. H.; Göppert, A.; Hüttemann, G.; Lettmann, P.: Frei verkettete wandlungsfähige Montage. In: Schuh, G. (Hrsg.): AWK Aachener Werkzeugmaschinen-Kolloquium 2017 Internet of Production für agile Unternehmen. 1. Auflage Aufl. Aachen: Apprimus Verlag, 2017, S. 339–368

[SCHM17b] Schmitt, R. H.; Voigtmann, C.: Sensorinformationen als Dienst – Baustein der vernetzten Produktion. In: tm - Technisches Messen, 84. Jg., 2017, Nr. 5

[SCHÖ15] Schönemann, M.; Herrmann, C.; Greschke, P.; Thiede, S.: Simulation of matrix-structured manufacturing systems. In: Journal of manufacturing systems, 37. Jg., 2015, Nr. Part 1, S. 104–112

[SCHÖ17] Schönberg, A.: Steigerung der Prozesfähigkeit gewandelter Montagezellen durch Selbstreferenz. Dissertation. Aachen, 2017

[SIEM22] Siemens Industry Software Inc.: Tecnomatix Plant Simulation. URL: https://www.plm.automation.siemens.com/global/en/products/manufacturing-planning/plant-simulation-throughput-optimization.html [Stand: 12.05.2022]

[SIMP22] SimPlan AG: Simulationssoftware Plant Simulation. URL: https://www.simplan.de/software/plant-simulation/ [Stand: 12.05.2022]

[STIL20] Stillig, J.; Parspour, N.: Advanced Manufacturing based on the Intelligent Floor An Infrastructure Platform for the Convertible Production in the Factory of the Future. In: 20th IEEE Mediterranean Electrotechnical Conference. IEEE MELECON 2020 live events, June 15-18, 2020 virtual conference proceedings. Aufl. Piscataway, NJ: IEEE, 2020, S. 248–253

[STOR21] Storm, C.; Hose, H.; Schmitt, R. H.: State Estimation and Model-Predictive Control for Multi-Robot Handling and Tracking of AGV Motions Using iGPS. In: IEEE/RSJ International Conference on Intelligent Robots and Systems (IROS) (Hrsg.): Aufl., 2021

[SUCA22] Sucan, I.; Kay, J.: urdf. Package Summary. URL: http://wiki.ros.org/urdf [Stand: 12.05.2022]

[SUN15] Sun, F. L.; Zhao, G.; Wang, W.: Analysis method of iGPS measurement uncertainty spatial distribution. In: Journal of Beijing Univeristy of Aeronautics and Astronautics, 41. Jg., 2015, Nr. 1, S. 174–180

[TYRR20] Tyrrell, M.: Machining a future. URL: https://www.aero-mag.com/amrc-machining-boeing-sheffield-220120/ [Stand: 12.05.2022]

[ULRI81] Ulrich, H.: Die Betriebswirtschaftslehre als anwendungsorientierte Sozialwissenschaft. In: Geist, M.; Köhler, R. (Hrsg.): Die Führung des Betriebes. Curt Sandig zu seinem 80. Geburtstag gewidmet. Aufl. Stuttgart: Poeschel, 1981

[VDA10] VDA Band 5 (2010): Prüfprozesseignung

[VDI14] VDI 3633 Blatt 1 (Dezember 2014): Simulation von Logistik-, Materialfluss und Produktionssystemen

[VDI18] VDI 3633 (Mai 2018): Simulation von Logistik-, Materialfluss- und Produktionssystemen

[VDI19] VDI/VDE 2600 Blatt 2 (2019): Prüfprozessmanagement

[VDI20] VDI 3633 Blatt 12 (Juli 2020): Simulation von Logistik-, Materialfluss- und Produktionssystemen

[VDI90] VDI 2860 (1990): Montage- und Handhabungstechnik; Handhabungsfunktionen, Handhabungseinrichtungen; Begriffe, Definitionen, Symbole

[VEDO19] Vedova, M. D. L. D.; Berri, P. C.; Re, S.: A Comparison of Bio-Inspired Meta-Heuristic Algorithms for Aircraft Actuator Prognostics. In: Beer, M.; Zio, E. (Hrsg.): Proceedings of the 29th European Safety and Reliability Conference (ESREL). Aufl. Singapore: Research Publishing Services, 22.09.2019 - 26.09.2019, S. 1064–1071

[VISU20] Visual Components GmbH: Visual Components. URL: https://www.visualcomponents.com/

[WANG11] Wang, Z.; Mastrogiacomo, L.; Franceschini, F.; Maropoulos, P.: Experimental comparison of dynamic tracking performance of iGPS and laser tracker. In: The International Journal of Advanced Manufacturing Technology, 56. Jg., 2011, Nr. 1-4, S. 205–213

[WANG14a] Wang, Z.; Forbes, A.; Maropoulos, P. G. (Hrsg.): Laser tracker position optimization. Aufl., 2014

[WANG14b] Wang, H.; Geng, Q.; Qiao, Z.: Parameter tuning of particle swarm optimization by using Taguchi method and its application to motor design. In: 2014 4th IEEE International Conference on Information Science and Technology. Aufl.: IEEE, 2014, S. 722–726

[WANG19] Wang, H.; Shao, Z.; Fan, Z.; Han, Z.: Configuration optimization of laser tracker stations for position measurement in error identification of heavy-duty machine tools. In: Measurement Science and Technology, 30. Jg., 2019, Nr. 4, S. 45009

[WEIC15] Weicker: Evolutionäre Algorithmen. Aufl.: Springer Fachmedien Wiesbaden, 2015

[WEIG11] Weigert, G.; Rose, O.: Stell- und Zielgrößen. In: März, L. et al. (Hrsg.): Simulation und Optimierung in Produktion und Logistik. Praxisorientierter Leitfaden mit Fallbeispielen. (Reihe: VDI-Buch. 130). Aufl. Berlin, Heidelberg: Springer-Verlag Berlin Heidelberg, 2011, S. 29–39

[WELC47] Welch, B. J.: The generalisation of student's problems when several different population variances are involved. In: Biometrika, 34. Jg., 1947, Nr. 1-2, S. 28–35

[WIEN07] Wiendahl, H.-P.; ElMaraghy, H. A.; Nyhuis, P.; Zäh, M. F.; Wiendahl, H.-H.; Duffie, N.; Brieke, M.: Changeable Manufacturing - Classification, Design and Operation. In: CIRP Annals, 56. Jg., 2007, Nr. 2, S. 783–809

[WOLP97] Wolpert, D. H.; Macready, W. G.: No free lunch theorems for optimization. In: IEEE Transactions on Evolutionary Computation, 1. Jg., 1997, Nr. 1, S. 67–82

[XION12] Xiong, Z.; Zhu, J. G.; Zhao, Z. Y.; Yang, X. Y.; Ye, S. H.: Workspace Measuring and Positioning System Based On Rotating Laser Planes. In: Mechanika, 18. Jg., 2012, Nr. 1

[XU06] Xu, K.; Takahara, G.; Hassanein, H.: On the robustness of grid-based deployment in wireless sensor networks. In: Onoe, S. (Hrsg.): Proceedings of the 2006 international conference on Wireless communications and mobile computing. Aufl. New York, NY: ACM, 2006, S. 1183

[XU15] Xu, M.; Gu, J.: Parameter selection for particle swarm optimization based on Stochastic multi-objective optimization. In: Proceedings, 2015 Chinese Automation Congress. 27-29 November, 2015, Wuhan, China. Aufl. Piscataway, NJ: IEEE, 2015, S. 2074–2079

[YOUN08] Younis, M.; Akkaya, K.: Strategies and techniques for node placement in wireless sensor networks: A survey. In: Ad Hoc Networks, 6. Jg., 2008, Nr. 4, S. 621–655

[ZHU16] Zhu, X.; Zheng, L.; Tang, X.: Configuration Optimization of Laser Tracker Stations for Large-scale Components in Non-uniform Temperature Field Using Monte-carlo Method. In: Procedia CIRP, 56. Jg., 2016, S. 261–266

Liste der veröffentlichten Teilergebnisse

Teile der Ergebnisse dieser Arbeit wurden zuvor über Zeitschriften- und Journalbeiträge sowie über Beiträge zu wissenschaftlichen Konferenzen publiziert. Diese Publikationen resultieren aus der Tätigkeit des Autors am Lehrstuhl für Fertigungsmesstechnik und Qualitätsmanagement am Werkzeugmaschinenlabor (WZL) der RWTH Aachen University. Im Folgenden sind diese Publikationen nach dem Datum der Veröffentlichung aufgelistet:

1. Huber, Meike; Nicksch, Christoph; Schmitt, Robert Heinrich: Data fusion of local and global sensors within a Global Reference System in aeroplane assembly. In: tm – Technisches Messen, Berlin: De Gruyter, 89. Jg., 2022, Nr. 4. URL: https://doi.org/10.1515/teme-2022-0008.
2. Nicksch, Christoph; Sabzehi, Mielad; Schmitt, Robert Heinrich: Virtual indoor-GPS for measurement uncertainty determination in reconfigurable environments. In: Prod. Eng. Res. Devel., Berlin: Springer Nature, 16. Jg., 2022, Nr. 4, S. 545-560. URL: https://publications.rwth-aachen.de/record/842456.
3. Nicksch, Christoph; Hüttner, Karl Alexander; Schmitt, Robert Heinrich: Transmitter Positioning of Distributed Large-Scale Metrology Within Line-Less Mobile Assembly Systems. In: Annals of Scientific Society for Assembly, Handling and Industrial Robotics 2021 / Schüppstuhl, Thorsten; Tracht, Kirsten; Raatz, Annika (Hg.), Cham: Springer International Publishing, 2022, S. 15-26. URL: https://doi.org/10.1007/978-3-030-74032-0_2.
4. Huber, Meike; Nicksch, Christoph; Schmitt, Robert Heinrich: Messunsicherheitsbestimmung bei der Datenfusion lokaler und globaler Messtechnik zur Sektionsmontage im Flugzeugbau. In: 10. VDI-Fachtagung – Messunsicherheit praxisgerecht bestimmen, 10.-11. November 2021, Erfurt / VDI Wissensforum GmbH (Hg.), Düsseldorf: VDI, 2021, S. 47-62.
5. Nicksch, Christoph; Kluge-Wilkes, Aline; Huber, Meike; Schmitt, Robert Heinrich: Global Reference System for factory-wide integration of metrology enabling flexible automation in aeroplane assembly – requirements, concept and suitable technologies. In: Proceedings of the 5th International Conference on System-Integrated Intelligence (SysInt 2020), 11.-13. November 2020, Bremen / Thoben, Klaus-Dieter; Denkena, Berend; Lang, Walter; Trächtler, Ansgar (Hg.), 52. Jg., 2020, S. 89-94. URL: https://publications.rwth-aachen.de/record/817009.
6. Nicksch, Christoph; Buckhorst, Armin Friedrich.; Meyer, Wolfgang; Baryliszyn, Pawel; Schmitt, Robert Heinrich: Vorrichtungslose Montage von Karosseriebauteilen – Virtuelle Montage für flexible Fügeprozesse im automobilen Prototypenbau mittels Laserradar. In: wt Werkstattstechnik online / VDI Verein Deutscher Ingenieure (Hg.), Düsseldorf: VDI Fachmedien, 109. Jg., Nr. 9, 2019, S. 628-633. URL: https://publications.rwth-aachen.de/record/785430.
7. Nicksch, Christoph; Storm, Christoph; Bertelsmeier, Felix; Schmitt, Robert Heinrich: Predictive Control for Robot-Assisted Assembly in Motion within Free Float Flawless Assembly. In: Tagungsband des 3. Kongresses Montage Handhabung Industrieroboter / Schüppstuhl, Thorsten; Tracht, Kirsten; Franke, Jörg (Hg.), Berlin: Springer, 2018, S. 231-239. URL: https://publications.rwth-aachen.de/record/724044.

Betreute Abschlussarbeiten

Im Rahmen dieser Forschungsarbeit wurden zahlreiche Abschlussarbeiten betreut, deren Ergebnisse zu Teilen in die vorliegende Arbeit eingeflossen sind. Die Betreuung der Arbeiten fand am Lehrstuhl für Fertigungsmesstechnik und Qualitätsmanagement am Werkzeugmaschinenlabor (WZL) der RWTH Aachen University statt. Die nachfolgende Tabelle gibt Aufschluss über die involvierten Abschlussarbeiten (BA = Bachelorarbeit, MA = Masterarbeit) sowie deren Beitrag zum Ergebnis dieser Arbeit.

Name	Titel der Arbeit	Beitrag zu	Typ	Jahr
Eichhorn, Florian	Performanzanalyse einer Konfigurations-optimierung verteilter Large Scale Metrology Systeme für rekonfigurierbare Montageumgebungen	Kapitel 6.5	BA	2022
Hüttner, Alexander	Simulationsbasierte Optimierung der Konfiguration eines Indoor-GPS auf Basis der Messunsicherheit für messtechnisch-gestützte Prozesse in der Flugzeugendmontage	Kapitel 6.1-6.3	MA	2019
Niklas, Alexander	Simulationsbasierte Optimierung der Konfiguration von Large Scale Metrology Systemen für die linienlose mobile Flugzeugendmontage	Kapitel 6.3-6.4	BA	2021
Sabzehi, Mielad	Vergleich von numerischen Methoden und Machine Learning zur Modellierung eines Indoor-GPS für eine konfigurationsabhängige Messunsicherheitsbestimmung	Kapitel 5.3-5.4	BA	2021

Anhang

A. Anwendungsbeispiel eines verteilten Messsystems

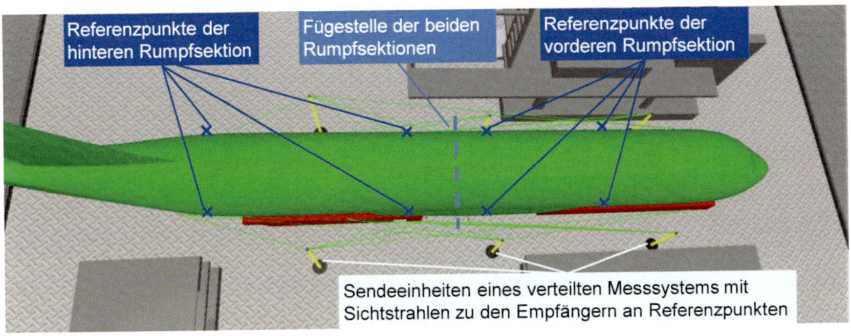

Abbildung A.1: Anwendung eines iGPS auf eine Flugzeugrumpfmontage angelehnt an [NICK20, S. 92]

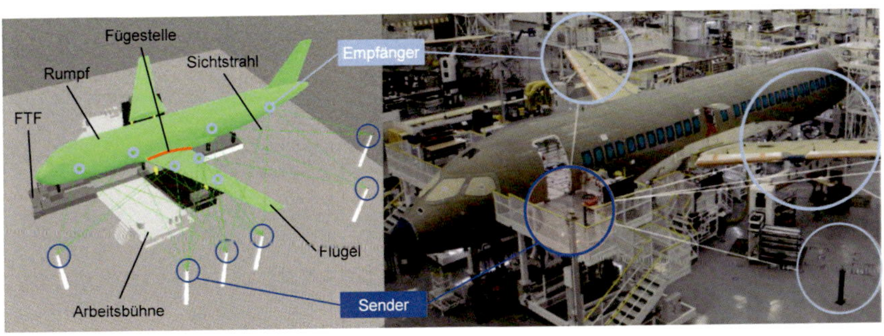

Abbildung A.2: Anwendung eines iGPS auf eine Flugzeugflügelmontage angelehnt an [NICK22b, S. 13]

B. Untersuchung der Messunsicherheit des iGPS

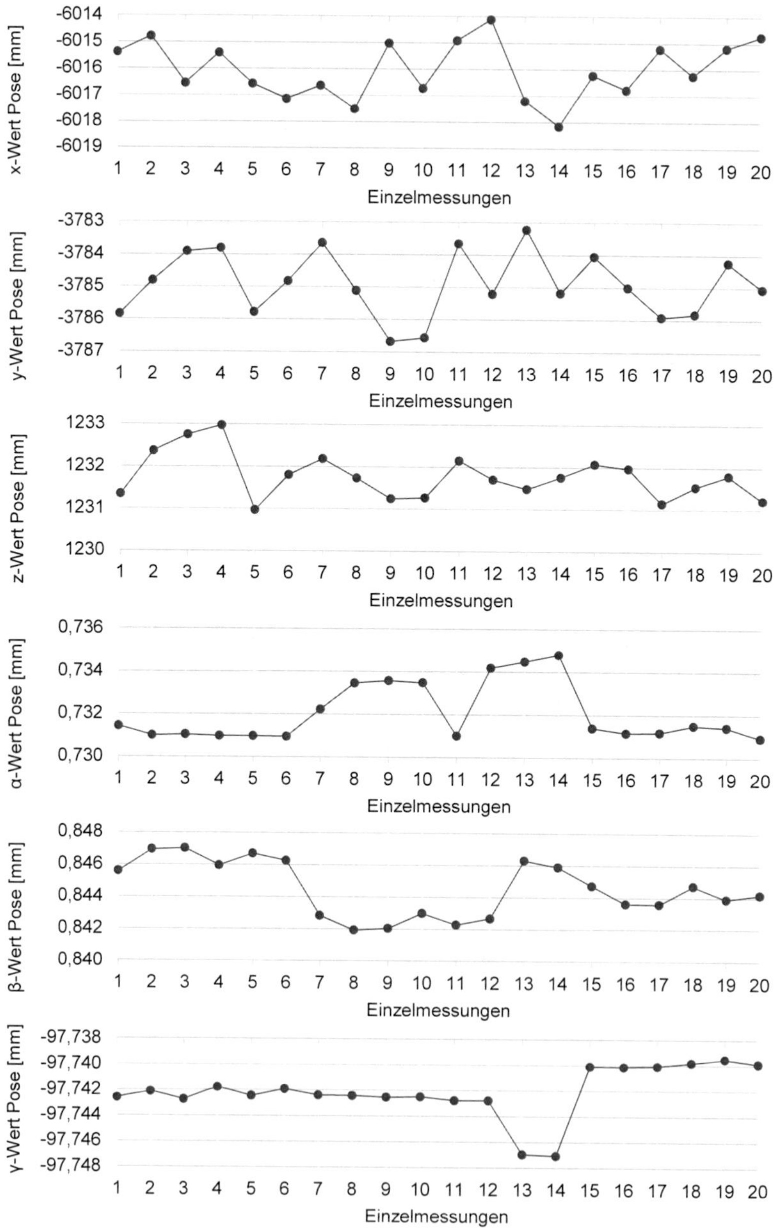

Abbildung B.1: Zeitreihendiagramm zur Untersuchung auf Störgrößen der Sender-Pose (x-, y- und z-Positionswert und α-, β- und γ-Orientierungswert)

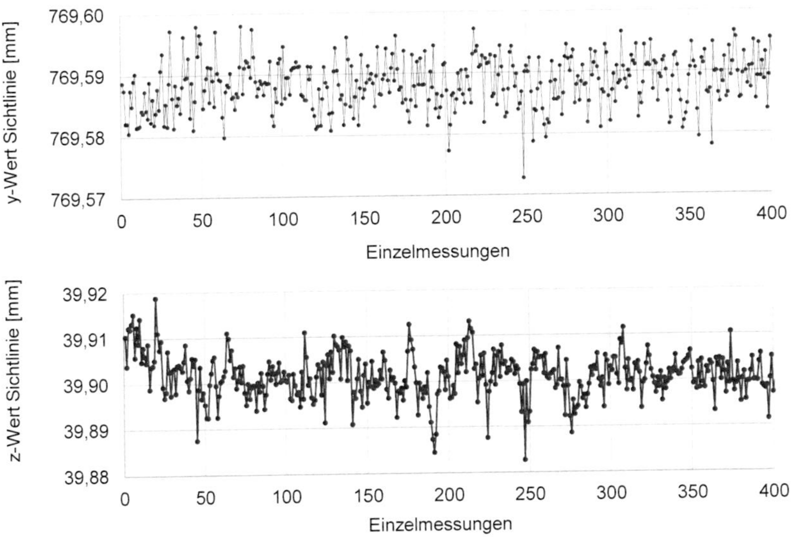

Abbildung B.2: Zeitreihendiagramme einer Sender-Sichtlinie (y- und z-Wert) zur Untersuchung von Störgrößen

Bestimmung eines Pseudoschnittpunktes

Gegeben seien die windschiefen Geraden (Sichtvektoren) $l_{W,1}$ und $l_{W,2}$:

$$l_{W,1} = s_1 + \lambda_W \cdot r_{W,1} \tag{B.1}$$

$$l_{W,2} = s_2 + \lambda_W \cdot r_{W,2} \tag{B.2}$$

Der Pseudoschnittpunkt liegt auf einem Vektor m, auch Minimaltransversale genannt, welcher orthogonal zu beiden Geraden $l_{W,1}$ und $l_{W,2}$ ist. Es gilt:

$$m = r_{W,1} \times r_{W,2} \tag{B.3}$$

Hiermit kann die minimale Distanz d_{PS} zwischen den windschiefen Geraden berechnet werden. Dies geschieht über eine orthogonale Projektion des Verbindungsvektors der beiden Sender auf die normierte Minimaltransversale:

$$d_{PS} = \left\| \frac{m}{\|m\|} \cdot (s_2 - s_1) \right\| \tag{B.4}$$

Für den Normalenvektor m_2 der Ebene E, die durch die Minimaltransversale und durch die Gerade $l_{W,2}$ aufgespannt wird, gilt:

$$m_2 = r_{W,2} \times m \tag{B.5}$$

Für den Vektor $p_{\mathrm{Lot},1}$, auch Lotfußpunkt genannt, welcher den Angriffspunkt der Minimaltransversalen auf der Geraden $l_{\mathrm{W},1}$ darstellt, gilt:

$$p_{\mathrm{Lot},1} = s_1 + \frac{(s_2 - s_1) \cdot m_2}{r_{\mathrm{W},1} \cdot m_2} r_{\mathrm{W},1} \tag{B.6}$$

Mit den zuvor definierten Größen lässt sich der Pseudoschnittpunkt p_{PS} bestimmen:

$$p_{\mathrm{PS}} = p_{\mathrm{Lot},1} + \frac{d_{\mathrm{PS}}}{2} \frac{m}{\|m\|} \tag{B.7}$$

Mit dem oben hergeleiteten Berechnungsverfahren können die Pseudoschnittpunkte aller Kombinationen von Sichtvektor-Paaren berechnet werden.

Tabelle B.1: Standardunsicherheiten des normierten Sichtvektors r_S in Versuchsreihe 1

Anzahl Sender	Distanz [m]	Öffnungs-winkel [°]	Elevations-winkel [°]	$u(r_{S,x})$ [mm]	$u(r_{S,y})$ [mm]	$u(r_{S,z})$ [mm]
3	3	180	25	0,00519	0,00436	0,00433
3	7	180	0	0,02328	0,02247	0,00466
6	7	360	0	0,00423	0,00433	0,00367
6	7	180	25	0,00398	0,00431	0,00372
3	7	360	25	0,00872	0,00482	0,01258
3	3	360	0	0,00547	0,00480	0,00445
6	3	360	25	0,00738	0,00600	0,00435
3	3	360	25	0,13305	0,03942	0,31999
3	3	180	0	0,00480	0,00380	0,00397
6	3	360	0	0,00469	0,00465	0,00399
3	7	180	25	0,00892	0,00491	0,01256
6	7	360	25	0,00450	0,00500	0,00400
3	7	360	0	0,01288	0,01173	0,00416
6	3	180	25	0,00477	0,00411	0,00355
6	7	180	0	0,00457	0,00443	0,00376
6	3	180	0	0,00523	0,00423	0,00431

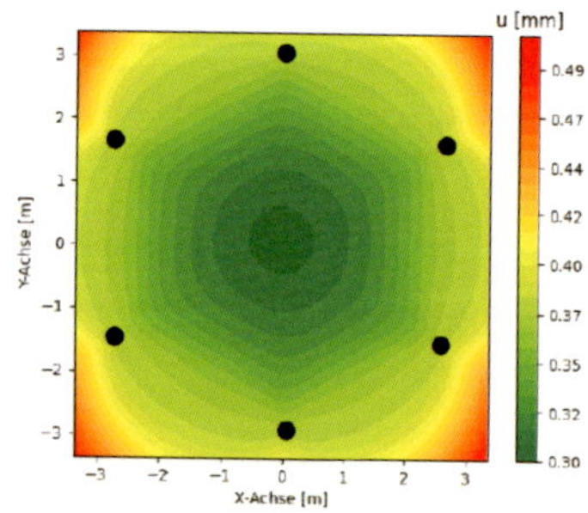

Abbildung B.3: iGPS-Konfiguration mit geringer Messunsicherheit von 0,3 mm

C. Nachweis der NP-Komplexität für eine Messsystemkonfiguration

Um die Komplexität des Konfigurationsproblems des iGPS abzuschätzen, werden folgende Annahmen getroffen. Der Suchraum Ω definiert sich über die Montageumgebung. Diese wird vereinfachend ohne Objekte und Empfänger angenommen. Wird dieser Suchraum nun diskretisiert, so kann ein Punkt im Raum als mögliche Position eines Senders aufgefasst werden. Es wird angenommen, dass die Sender nicht unterscheidbar sind. D. h. die Reihenfolge, wie die Sender auf den Positionen angeordnet werden, spielt keine Rolle. Demnach gibt es gemäß dem Binomialkoeffizienten bei N diskretisierten Positionen und $\mathrm{n_s}$ Sendern $g(N, n_s) := \binom{N}{n_s}$ viele Konfigurationsmöglichkeiten. D. h. die Laufzeit des Konfigurationsproblems ist von den Eingangsgrößen N und $\mathrm{n_s}$ abhängig. Sei $g(N, n_s)$ die Laufzeitfunktion, die abgeschätzt werden soll. Dann kann der Binomialkoeffizient folgendermaßen nach oben abgeschätzt werden:

$$g(N, n_s) = \binom{N}{n_T} := \frac{N!}{n_s! * (N - n_s)!}$$

$$= \frac{N * (N-1) * (N-2) * \ldots * (N - n_s + 1) * (N - n_s)!}{n_s! * (N - n_s)!}$$

$$= \frac{N * (N-1) * (N-2) * \ldots * (N - n_s + 1)}{n_s!} < N^{n_s} = : f(N, n_s)$$

Da die (optimale) Reichweite der Sender begrenzt ist (vgl. [LAND11, S. 1327]) und zusätzliche Sender im Allgemeinen (insbesondere bei komplexen Montageumgebungen) die Messunsicherheit reduzieren, wird angenommen, dass die Senderanzahl in einem konstanten Verhältnis κ mit N wächst: $n_s(N) := \frac{N}{\kappa},\ \kappa > 2,\ \kappa \in \mathbb{R}^+$. Es stellt sich nun die Frage, ob g nun schneller wächst als polynomiell. Dazu wird eine untere Schranke der Laufzeit bestimmt:

$$g(N, n_s) = \binom{N}{n_s} \geq \left(\frac{N - n_s}{n_s}\right)^{n_s} = \left(\frac{N - \frac{N}{\kappa}}{\frac{N}{\kappa}}\right)^{\frac{N}{\kappa}} = (\kappa - 1)^{\frac{N}{\kappa}} =: h(\kappa^{\frac{N}{\kappa}})$$

D. h. die Laufzeit von g ist nun exponentiell und wächst schneller als alle polynomiellen Funktionen: $g \in \Omega(h(N)) \approx \Omega\left(\kappa^{\frac{N}{\kappa}}\right)$. Ohne den formellen Beweis der Reduzierbarkeit von COOK erbracht zu haben (vgl. [BÖLT94, S. 69]), besteht demnach Grund zur Annahme, das Optimierungsproblem als NP-schwer zu betrachten.

D. Paarweise Vergleiche zur Auswahl eines Algorithmus

Paarweiser Vergleich Optimalitätsnähe [ARSE14]		1 simulierte Aufglühung	2 Kovarianzmatrix (evol. Strategie)	3 Kuckuk Suche	4 dynam. dimensionierte Suche	5 differentielle Evolution	6 genetischer Algorithmus	7 Harmoniesuche	8 Mustersuche	9 Partikelschwarm	10 kompl. Evolution	Summe	prozentual	normiert
1	simulierte Aufglühung		1	2	1	2	2	2	2	2	2	16	17,8%	6
2	Kovarianzmatrix (evol. Strategie)	1		2	1	2	2	2	2	2	2	16	17,8%	6
3	Kuckuk Suche	0	0		0	2	0	0	0	2	0	4	4,4%	2
4	dynam. dimensionierte Suche	1	1	2		2	2	2	2	2	2	16	17,8%	6
5	differentielle Evolution	0	0	0	0		0	0	0	0	0	0	0,0%	1
6	genetischer Algorithmus	0	0	2	0	2		0	0	2	0	6	6,7%	3
7	Harmoniesuche	0	0	2	0	2	2		2	2	1	11	12,2%	4
8	Mustersuche	0	0	2	0	2	2	0		2	1	9	10,0%	4
9	Partikelschwarm	0	0	0	0	2	0	0	0		0	2	2,2%	2
10	kompl. Evolution	0	0	2	0	2	2	1	1	2		10	11,1%	4
												90	100,0%	

Abbildung D.1: Paarweiser Vergleich der Studie [ARSE14] zum Kriterium der Optimalitätsnähe (berücksichtigte Algorithmen sind gelb hinterlegt)

Paarweiser Vergleich Optimalitätsnähe [RIOS13]	1 TOMLAB/MULTIMIN (multistart alg)	2 TOMLAB/LGO (Lipschitzian-based)	3 PSWARM (Particle Swarm)	4 MCS (Multilevel coordinate search)	5 SID-PSM (Pattern Search)	6 CMAES (Cov Matrix Evol Strategy)	7 OQNLP (scatter search algorithm)	8 FEMINSEARCH	9 TOMLAB/GLCCLUSTER	10 NOMAD	11 DAKOTA/DIRECT	12 DFO	13 SNOBFIT (branch-and-fit algorithm)	14 NEWUOA (the trust-region radius)	15 IMFL	16 HOPSPACK	17 BOBYQA	18 Adaptive SimulatedAnnealing (ASA)	19 DAKOTA/EA	20 DAKOTA/PATTERN	21 DAKOTA/SOLIS-WETS	22 GLOBAL	Summe	prozentual	normiert
1 TOMLAB/MULTIMIN (multistart alg)		2	2	2	2	2	2	2	2	2	2	2	2	2	2	2	2	2	2	2	2	2	42	9,1%	6
2 TOMLAB/LGO (Lipschitzian-based branch-and-bound)	0		2	2	2	2	2	2	2	2	2	2	2	2	2	2	2	2	2	2	2	2	40	8,7%	6
3 PSWARM (Particle Swarm)	0	0		2	2	2	2	2	2	2	2	2	2	2	2	2	2	2	2	2	2	2	38	8,2%	5
4 MCS (Multilevel coordinate search)	0	0	0		1	1	1	2	2	2	2	2	2	2	2	2	2	2	2	2	2	2	33	7,1%	5
5 SID-PSM (Pattern Search)	0	0	0	1		1	1	2	2	2	2	2	2	2	2	2	2	2	2	2	2	2	33	7,1%	5
6 CMAES (Cov Matrix Evol Strategy)	0	0	0	1	1		1	2	2	2	2	2	2	2	2	2	2	2	2	2	2	2	33	7,1%	5
7 OQNLP (scatter search algorithm)	0	0	0	1	1	1		2	2	2	2	2	2	2	2	2	2	2	2	2	2	2	33	7,1%	5
8 FEMINSEARCH	0	0	0	0	0	0	0		1	2	2	2	2	2	2	2	2	2	2	2	2	2	27	5,8%	4
9 TOMLAB/GLCCLUSTER	0	0	0	0	0	0	0	1		2	2	2	2	2	2	2	2	2	2	2	2	2	27	5,8%	4
10 NOMAD	0	0	0	0	0	0	0	0	0		1	2	2	2	2	2	2	2	2	2	2	2	23	5,0%	4
11 DAKOTA/DIRECT	0	0	0	0	0	0	0	0	0	1		2	2	2	2	2	2	2	2	2	2	2	23	5,0%	4
12 DFO	0	0	0	0	0	0	0	0	0	0	0		1	2	2	2	2	2	2	2	2	2	19	4,1%	3
13 SNOBFIT (branch-and-fit algorithm)	0	0	0	0	0	0	0	0	0	0	0	1		2	2	2	2	2	2	2	2	2	19	4,1%	3
14 NEWUOA (lower bounds for the trust-region radius)	0	0	0	0	0	0	0	0	0	0	0	0	0		1	1	1	1	2	2	2	2	12	2,6%	2
15 IMFL	0	0	0	0	0	0	0	0	0	0	0	0	0	1		1	1	1	2	2	2	2	12	2,6%	2
16 HOPSPACK	0	0	0	0	0	0	0	0	0	0	0	0	0	1	1		1	1	2	2	2	2	12	2,6%	2
17 BOBYQA	0	0	0	0	0	0	0	0	0	0	0	0	0	1	1	1		2	2	2	2	2	13	2,8%	2
18 Adaptive SimulatedAnnealing (ASA)	0	0	0	0	0	0	0	0	0	0	0	0	0	1	1	1	0		1	1	1	1	7	1,5%	1
19 DAKOTA/EA	0	0	0	0	0	0	0	0	0	0	0	0	0	0	0	0	0	1		1	1	1	4	0,9%	1
20 DAKOTA/PATTERN	0	0	0	0	0	0	0	0	0	0	0	0	0	0	0	0	0	1	1		1	1	4	0,9%	1
21 DAKOTA/SOLIS-WETS	0	0	0	0	0	0	0	0	0	0	0	0	0	0	0	0	0	1	1	1		1	4	0,9%	1
22 GLOBAL	0	0	0	0	0	0	0	0	0	0	0	0	0	0	0	0	0	1	1	1	1		4	0,9%	1
																							462	100,0%	

Abbildung D.2: Paarweiser Vergleich der Studie [RIOS13] zum Kriterium der Optimalitätsnähe (berücksichtigte Algorithmen sind gelb hinterlegt)

Paarweiser Vergleich Optimalitätsnähe [EL-A12]	1 ABC	2 BA	3 HS	4 BFOA	5 DE	6 GA	7 PSO	8 ACO	Summe	prozentual	normiert
1 ABC	–	2	2	2	2	2	2	2	14	25,0%	6
2 BA	0	–	0	0	0	0	0	0	0	0,0%	1
3 HS	0	2	–	0	0	0	0	2	4	7,1%	2
4 BFOA	0	2	2	–	0	0	0	2	6	10,7%	3
5 DE	0	2	2	2	–	2	2	2	12	21,4%	5
6 GA	0	2	2	2	0	–	0	2	8	14,3%	4
7 PSO	0	2	2	2	0	2	–	2	10	17,9%	5
8 ACO	0	2	0	0	0	0	0	–	2	3,6%	2
									56	100,0%	

Abbildung D.3: Paarweiser Vergleich der Studie [EL-A12] zum Kriterium der Optimalitätsnähe (berücksichtigte Algorithmen sind gelb hinterlegt)

Paarweiser Vergleich Optimalitätsnähe [LATI07]	1 GA	2 PSO	Summe	prozentual	normiert
1 GA	–	0	0	0,0%	1
2 PSO	2	–	2	100,0%	6
			2	100,0%	

Abbildung D.4: Paarweiser Vergleich der Studie [LATI07] zum Kriterium der Optimalitätsnähe

Paarweiser Vergleich Optimalitätsnähe [ELBE05]	1 GA	2 Memetic Algorithms	3 Particle Swarm	4 Ant-Colony	5 Shuffled frog leaping	Summe	prozentual	normiert
1 GA	–	0	0	2	2	4	20,0%	4
2 Memetic Algorithms	2	–	0	2	2	6	30,0%	5
3 Particle Swarm	2	2	–	2	2	8	40,0%	6
4 Ant-Colony	0	0	0	–	0	0	0,0%	1
5 Shuffled frog leaping	0	0	0	2	–	2	10,0%	2
						20	100,0%	

Abbildung D.5: Paarweiser Vergleich der Studie [ELBE05] zum Kriterium der Optimalitätsnähe (berücksichtigte Algorithmen sind gelb hinterlegt)

Paarweiser Vergleich Optimalitätsnähe [WETT04]

		1	2	3	4	5	6	7	8	Summe	prozentual	normiert
		coordinate Search	Hooke-Jeeves	Nelder Mead simplex 1	Nelder Mead simplex 2	GA	PSO1	PSO2	Discrete Armijo			
1	coordinate Search		2	2	2	2	0	2	2	12	21,4%	5
2	Hooke-Jeeves	0		2	2	2	0	2	2	10	17,9%	5
3	Nelder Mead simplex 1	0	0		0	2	0	0	2	4	7,1%	2
4	Nelder Mead simplex 2	0	0	2		2	0	0	2	6	10,7%	3
5	GA	0	0	0	0		0	0	2	2	3,6%	2
6	PSO1	2	2	2	2	2		2	2	14	25,0%	6
7	PSO2	0	0	2	2	2	0		2	8	14,3%	4
8	Discrete Armijo	0	0	0	0	0	0	0		0	0,0%	1
										56	100,0%	

Abbildung D.6: Paarweiser Vergleich der Studie [WETT04] zum Kriterium der Optimalitätsnähe (berücksichtigte Algorithmen sind gelb hinterlegt)

Paarweiser Vergleich Konvergenzgeschwindigkeit [ARSE14]

		1	2	3	4	5	6	7	8	9	10	Summe	prozentual	normiert
		simulierte Aufglühung	Kovarianzmatrix (evol. Strategie)	Kuckuk Suche	dynam. dimensionierte Suche	differentielle Evolution	genetischer Algorithmus	Harmoniesuche	Mustersuche	Partikelschwarm	kompl. Evolution			
1	simulierte Aufglühung		1	2	1	0	2	2	1	0	1	10	11,1%	4
2	Kovarianzmatrix (evol. Strategie)	1		2	1	1	2	2	1	0	1	11	12,2%	4
3	Kuckuk Suche	0	0		0	0	0	0	0	0	0	0	0,0%	1
4	dynam. dimensionierte Suche	1	1	2			2	2	1	0	1	10	11,1%	4
5	differentielle Evolution	2	1	2	2		2	2	2	0	1	14	15,6%	5
6	genetischer Algorithmus	0	0	2	0	0		2	0	0	0	4	4,4%	2
7	Harmoniesuche	0	0	2	0	0	0		0	0	0	2	2,2%	2
8	Mustersuche	1	1	2	1	0	2	2		1	1	11	12,2%	4
9	Partikelschwarm	2	2	2	2	2	2	2	1		2	17	18,9%	6
10	kompl. Evolution	1	1	2	1	1	2	2	1	0		11	12,2%	4
												90	100,0%	

Abbildung D.7: Paarweiser Vergleich der Studie [ARSE14] zum Kriterium der Konvergenzgeschwindigkeit (berücksichtigte Algorithmen sind gelb hinterlegt)

	Paarweiser Vergleich Konvergenzgeschwindigkeit [EL-A12]	1 ABC	2 HS	3 DE	4 PSO	5 ACO	Summe	prozentual	normiert
1	ABC		2	2	2	2	11	25,6%	5
2	HS	0		2	2	0	8	18,6%	4
3	DE	0	0		0	0	4	9,3%	1
4	PSO	0	0	2		0	8	18,6%	4
5	ACO	0	2	2	2		12	27,9%	6

Abbildung D.8: Paarweiser Vergleich der Studie [EL-A12] zum Kriterium der Konvergenzgeschwindigkeit (berücksichtigte Algorithmen sind gelb hinterlegt)

	Paarweiser Vergleich Konvergenzgeschwindigkeit [LATI07]	1 GA	2 PSO	Summe	prozentual	normiert
1	GA		0	0	0,0%	1
2	PSO	2		2	100,0%	6
				2	100,0%	

Abbildung D.9: Paarweiser Vergleich der Studie [LAT07] zum Kriterium der Konvergenzgeschwindigkeit

	Paarweiser Vergleich Konvergenzgeschwindigkeit [WETT04]	1 coordinate Search	2 Hooke-Jeeves	3 Nelder Mead simplex 1	4 Nelder Mead simplex 2	5 GA	6 PSO1	7 PSO2	8 Discrete Armijo	Summe	prozentual	normiert
1	coordinate Search		1	2	2	2	2	2	2	13	23,2%	6
2	Hooke-Jeeves	1		2	2	2	2	2	2	13	23,2%	6
3	Nelder Mead simplex 1	0	0		0	0	0	0	0	0	0,0%	1
4	Nelder Mead simplex 2	0	0	2		0	0	0	0	2	3,6%	2
5	GA	0	0	2	2		1	2	2	9	16,1%	4
6	PSO1	0	0	2	2	1		1	2	8	14,3%	4
7	PSO2	0	0	2	2	0	1		2	7	12,5%	4
8	Discrete Armijo	0	0	2	2	0	0	0		4	7,1%	3
										56	100,0%	

Abbildung D.10: Paarweiser Vergleich der Studie [WETT04] zum Kriterium der Konvergenzgeschwindigkeit (berücksichtigte Algorithmen sind gelb hinterlegt)

E. Ergänzung zur Definition der Strafterme

Berücksichtigung des Höchstabstandes zum Empfänger:

Die Bestrafung einer Verletzung des Höchstabstandes $\mathrm{D}_{\mathrm{ES,max}}$ zwischen Sendern und Empfängern wird als Verlust einer Sichtverbindung gewertet und daher innerhalb des Strafterms $c_3(S_i^k)$ berücksichtigt:

$$g_5(S_i^k) = \max\left(\left\|S_{i,s,n}^k - e_{l,t}\right\|_2 - \mathrm{D}_{\mathrm{ES,max}}, 0\right) \tag{E.1}$$

$$n_{\mathrm{LOS},l,t} = \begin{cases} n_{\mathrm{LOS},l,t} - 1, & g_5(S_i^k) > 0 \\ n_{\mathrm{LOS},l,t}, & g_5(S_i^k) \leq 0 \end{cases} \tag{E.2}$$

$$c_3(S_i^k) = f(n_{\mathrm{LOS},l,t}) \tag{E.3}$$

Berücksichtigung des Mindestabstandes zwischen Sendern: Strafterm $c_6(S_i^k)$

Wenn zwei oder mehr Sender zu dicht beieinanderstehen (Abstand $< \mathrm{D}_{\mathrm{SS,min}}$), kann dies durch Veränderung eines Senders korrigiert werden. Um eine mehrfache und ungleichmäßige Bestrafung auszuschließen wird eine Senderspezifische Bewertung nachfolgender Prozedur vorgenommen:

1. Wähle eine, beliebige *unbesuchte* Senderposition.
2. Setze die ausgewählte Senderposition auf *besucht*.
3. Berechne die Anzahl der unbesuchten Sender im Umkreis von $\mathrm{D}_{\mathrm{SS,min}}$.
4. Wiederhole Schritt 1, bis alle Senderpositionen auf *besucht* gesetzt wurden.

Die Verletzung des Mindestabstandes $\mathrm{D}_{\mathrm{SS,min}}$ der einzelnen Sender untereinander wird über den Strafterm $c_6(S_i^k)$ berücksichtigt:

$$g_6(S_i^k) = \frac{\mathrm{D}_{\mathrm{SS,min}} - \left\|S_{i,s,n}^k - S_{i,s,o}^k\right\|_2}{\mathrm{D}_{\mathrm{SS,min}}} \quad \text{mit} \quad n \neq o,\ \ n, o \in [1, \mathrm{n}_s] \tag{E.4}$$

$$c_6(S_i^k) = \begin{cases} \sum_{n=1}^{\mathrm{n_s}} g_6(S_i^k), & g_6(S_i^k) > 0 \\ 0, & g_6(S_i^k) \leq 0 \end{cases} \tag{E.5}$$

Für den Strafterm $c_5(S_i^k)$ resultiert somit ein Wertebereich von $[0, \mathrm{n_s} - 1]$.

Berücksichtigung des maximalen Elevationswinkels:

Bei Überschreiten des maximal zulässigen Elevationswinkels $\mathrm{E}_{\mathrm{ES,max}}$ wird als Verlust einer Sichtverbindung gewertet und daher innerhalb des Strafterms $c_3(S_i^k)$ berücksichtigt:

$$g_7(S_i^k) = \left|\varphi\left(S_{i,s,n}^k, e_{l,t}\right)\right| - \mathrm{E}_{\mathrm{ES,max}} \quad \text{mit} \quad 0 < \mathrm{E}_{\mathrm{ES,max}} < 90° \tag{E.6}$$

$$\varphi\left(S_{i,s,n}^k, e_{l,t}\right) = \sin^{-1}\left(\frac{z_{i,s,n}}{\left\|S_{i,s,n}^k - e_{l,t}\right\|_2}\right) \tag{E.7}$$

$$n_{\mathrm{LOS},l,t} = \begin{cases} n_{\mathrm{LOS},l,t} - 1, & g_7(S_i^k) > 0 \\ n_{\mathrm{LOS},l,t}, & g_7(S_i^k) \leq 0 \end{cases} \tag{E.8}$$

$$c_3(S_i^k) = f\left(n_{\mathrm{LOS},l,t}\right) \tag{E.9}$$

F. Verifizierung der Konfigurationsoptimierung

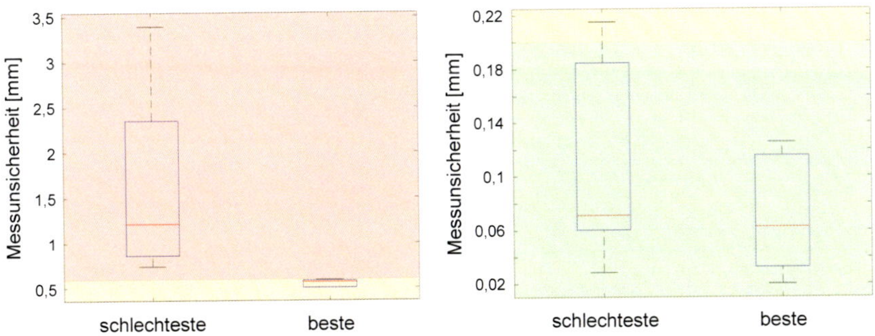

Abbildung F.1: Boxplot-Diagramme der schlechtesten und besten validen Konfigurationen von iGPS (links) und Lasertracker (rechts) im Anwendungsfall der Verifizierung

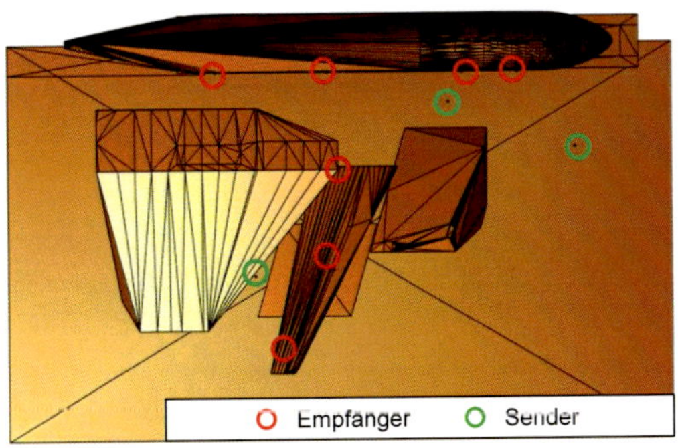

Abbildung F.2: Schlechteste valide Lasertracker-Konfiguration im Anwendungsfall der Verifizierung

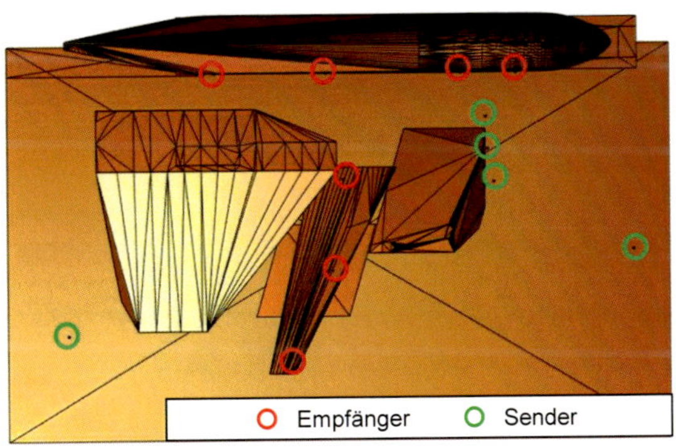

Abbildung F.3: Schlechteste valide iGPS-Konfiguration im Anwendungsfall der Verifizierung

Tabelle F.1: Längenmaße der Objekte im Anwendungsfall der Verifizierung

Objekt	Maximales Längenmaß des konvexen Hüllkörpers [m]		
	x	y	z
Statische FTF	5	15	1
Dynamisches FTF	10	10	1
Flugzeugrumpf	5	50	13,5
Flugzeugflügel	20	12	5,5
Große Arbeitsbühne	20	20	7
Kleine Arbeitsbühne	11	11	3,5

Tabelle F.2: Koordinaten der Empfänger im Anwendungsfall der Verifizierung

Empfängernummer	Koordinaten im Koordinatensystem der Montagestation [m]		
	x	y	z
1	28	25,5	5,7
2	20	29,5	4,9
3	12	30,5	4,4
4	2,6	19	3,9
5	2,6	29	4,1
6	2,6	41	3,8
7	2,6	46	3,3

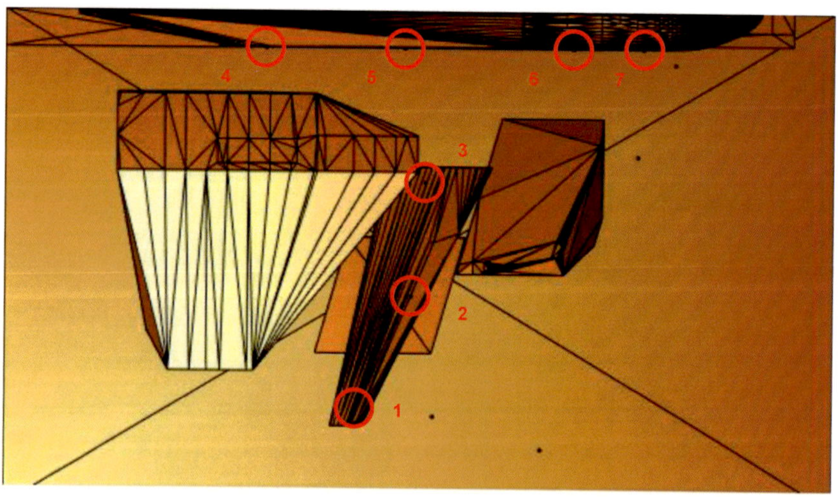

Abbildung F.4: Verteilung der Empfänger im Anwendungsfall der Verifizierung

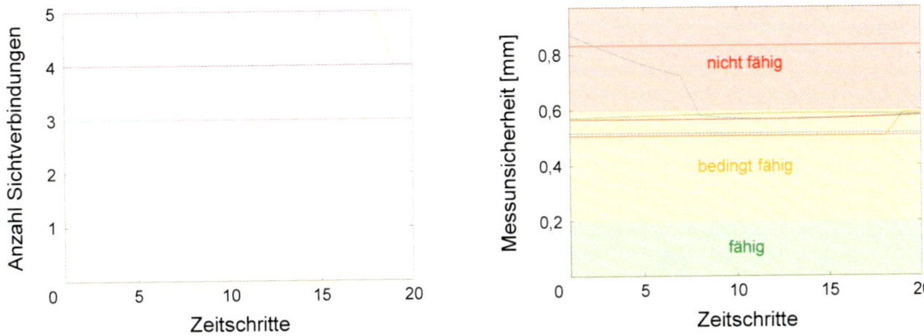

Abbildung F.5: Zusammenhang zwischen Anzahl der Sichtverbindungen und der Messunsicherheit bei der iGPS-Messung im Anwendungsfall der Verifizierung

Tabelle F. 3: Konfigurationen von iGPS und Lasertrackern in der Verifizierung

	Sender	1	2	3	4	5
iGPS	x [m]	7,550	3,659	9,987	28,398	30,569
	y [m]	23,554	48,426	45,638	31,167	38,756
	z [m]	0,700	4,707	7,526	6,826	7,486
Lasertracker	x [m]	3,834	18,579	27,131	-	-
	y [m]	31,899	34,181	23,966	-	-
	z [m]	3,943	5,080	6,547	-	-

G. Lösbarkeit bei zunehmender Komplexität des Lösungsraumes

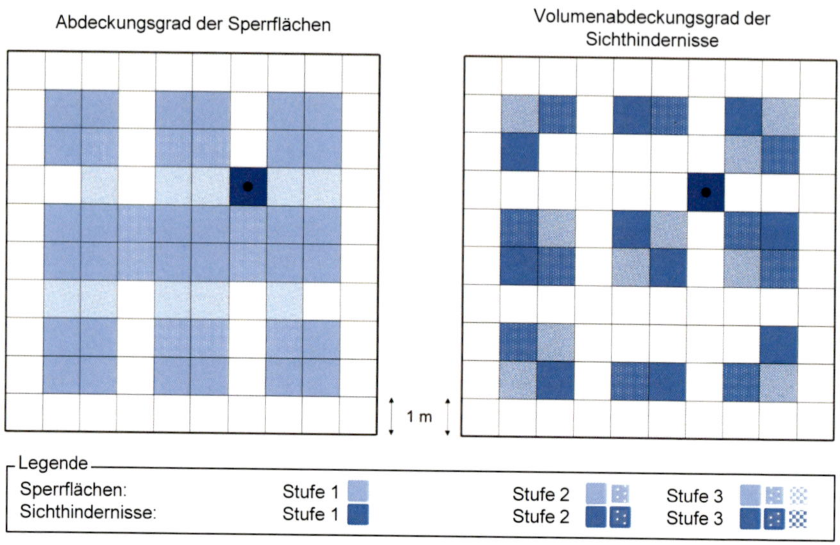

Abbildung G.1: Skalierung des Abdeckungsgrades der Sperrflächen und des Volumenabdeckungsgrades der Sichthindernisse über die Faktorstufen

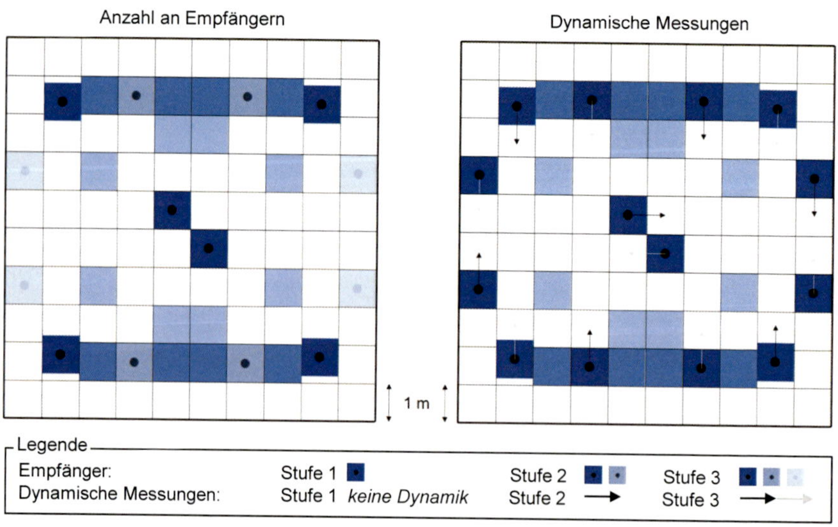

Abbildung G.2: Skalierung der Empfängeranzahl und des Anteils an dynamischen Messungen über die Faktorstufen

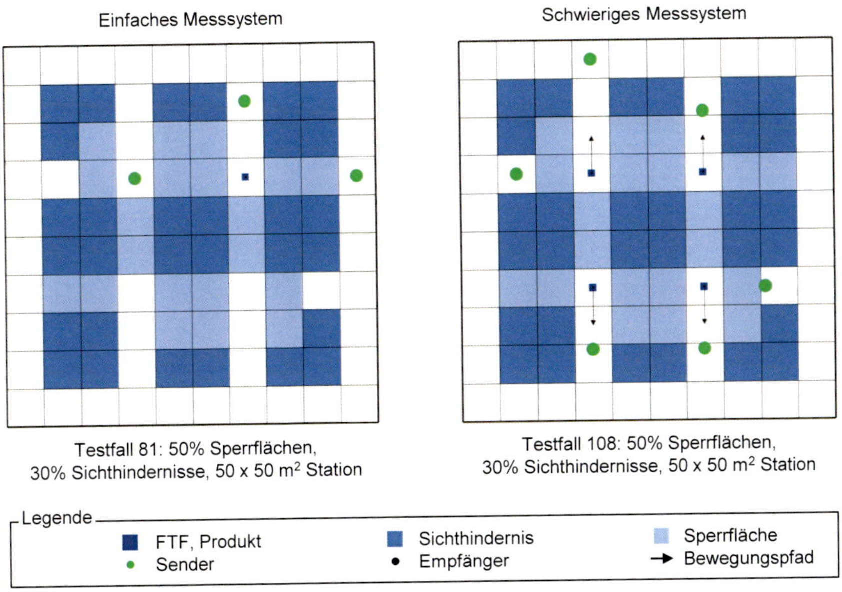

Abbildung G.3: Einfache Einstellung des Messsystems am Beispiel von Testfall 81 und schwierige Einstellung des Messsystems am Beispiel von Testfall 108

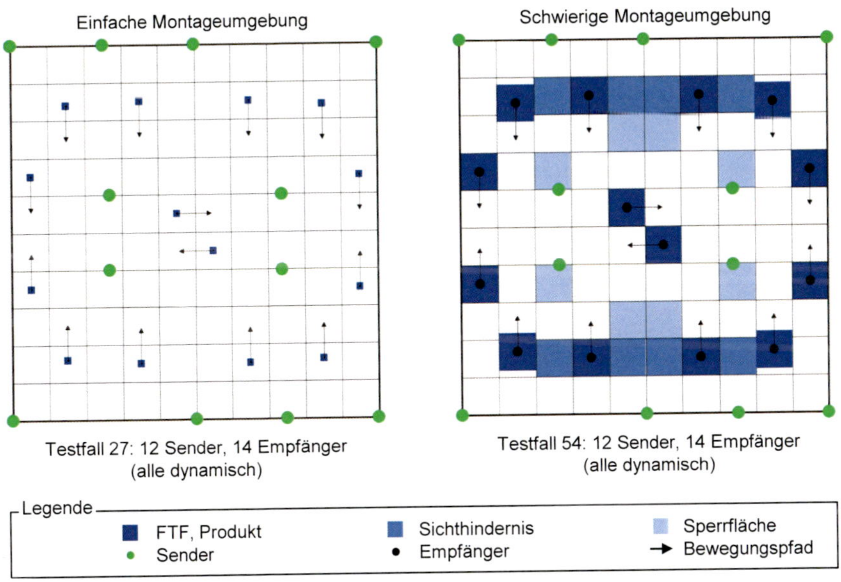

Abbildung G. 4: Einfache Einstellung der Montageumgebung am Beispiel von Testfall 27 und schwierige Einstellung der Montageumgebung am Beispiel von Testfall 54

H. Validierung der Konfigurationsoptimierung

Tabelle H.1: Messpunkte und Aufstellort des Lasertrackers im Stationskoordinatensystem der Validierung

Empfänger	Messpunkt	x [mm]	y [mm]	z [mm]
1	1	3856,883	3062,124	1110,035
	2	3856,334	3162,119	1109,520
	3	3855,948	3262,105	1108,890
	4	3855,616	3362,034	1108,262
	5	3855,137	3462,042	1107,624
	6	3854,694	3562,023	1106,922
	7	3954,929	3562,515	1106,655
	8	4054,840	3563,041	1106,435
	9	4154,939	3563,556	1106,175
	10	4255,062	3563,923	1105,683
	11	4355,132	3564,354	1105,277
	12	4455,077	3564,793	1105,029
	13	4555,144	3565,299	1104,597
	14	4655,188	3565,658	1104,083
	15	4755,307	3566,004	1103,592
	16	4855,291	3566,511	1103,093
	17	4855,698	3466,468	1103,804
	18	4856,249	3366,422	1104,389
	19	4856,762	3266,493	1104,992
	20	4857,244	3166,457	1105,621
	21	4857,710	3066,392	1106,058
2	22	4838,104	4604,035	964,058
3	23	3904,717	7367,692	983,606
Lasertracker		-124,755	5075,139	1374,080

Tabelle H.2: Vergleich von systematischen und zufälligen Messabweichungen zwischen Worst-Case und optimierter Konfiguration

		Worst-Case		Optimiert	
Empfänger	Messpunkt	$\overline{\Delta d}$ [mm]	$\sigma_{\Delta d}$ [mm]	$\overline{\Delta d}$ [mm]	$\sigma_{\Delta d}$ [mm]
1	1	0,430	0,045	0,175	0,032
	2	0,352	0,038	0,195	0,035
	3	0,326	0,039	0,228	0,055
	4	0,362	0,045	0,312	0,018
	5	0,396	0,040	0,300	0,014
	6	0,392	0,038	0,267	0,066
	7	0,434	0,042	0,245	0,012
	8	0,418	0,042	0,200	0,053
	9	0,379	0,038	0,338	0,014
	10	0,367	0,038	0,310	0,066
	11	0,410	0,037	0,271	0,064
	12	0,416	0,037	0,349	0,014
	13	0,363	0,039	0,375	0,013
	14	0,328	0,036	0,390	0,013
	15	0,427	0,035	0,314	0,054
	16	0,419	0,034	0,329	0,016
	17	0,388	0,033	0,325	0,017
	18	0,364	0,033	0,310	0,016
	19	0,438	0,036	0,304	0,016
	20	0,478	0,036	0,258	0,016
	21	0,383	0,041	0,227	0,017
2	22	0,402	0,034	0,307	0,126
3	23	0,552	0,016	0,495	0,011
Mittelwert		0,401	0,037	0,297	0,033

Tabelle H.3: Senderpositionen der Worst-Case und optimierten Konfiguration

	Sender	1	2	3	4	5	6
Worst-Case	x [mm]	435	1607	3778	5890	8495	8409
	y [mm]	7191	9081	9380	9252	8842	6625
	z [mm]	1209	1195	1210	1189	1205	1187
Optimiert	x [mm]	18	16	20	4175	6861	8476
	y [mm]	2542	6760	9664	9517	4775	2421
	z [mm]	1258	1287	1252	1259	1253	1254

Tabelle H.4: Untersuchung der Korrelation zwischen $\overline{\Delta d}$ und $\sigma_{\Delta d}$

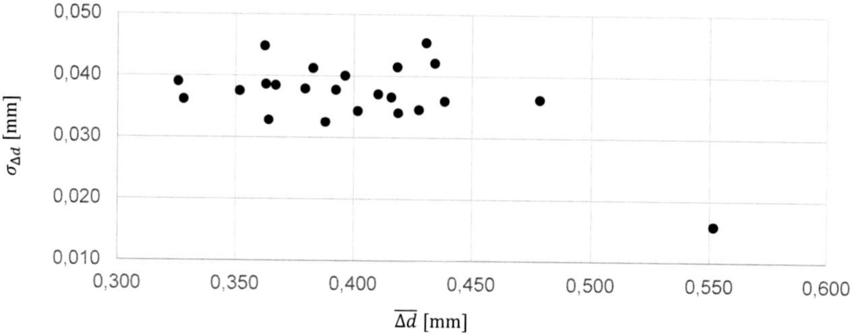

In der Reihe **Ergebnisse aus der Produktionstechnik** zuletzt erschienen:

Nicksch, Christoph:
Konfiguration verteilter Large-Scale Metrology Systeme in rekonfigurierbaren Montageumgebungen
ISBN: 978-3-98555-152-1
Erscheinungsdatum: 20.03.2023

Gipperich, Marius:
Untersuchung eines Zweistrahlprozesses als Ansatz zur Prozessstabilitätserhöhung des drahtbasierten Laserauftragschweißens
ISBN: 978-3-98555-151-4
Erscheinungsdatum: 15.03.2023

Ahmad, Mubarik:
Anregungsgerechte Auslegung und Tolerierung schnelllaufender Getriebe unter Berücksichtigung kurz- und langwelliger Verzahnungsabweichungen
ISBN: 978-3-98555-130-9
Erscheinungsdatum: 06.03.2023

Motschke, Tobias:
Analyse und Modellierung der Dämpfungseigenschaften von Spindellagern
ISBN: 978-3-98555-148-4
Erscheinungsdatum: 06.03.2023

Priwisch, Martin:
Kontaktfreie Bahnlaufregelung zur Herstellung funktionaler Mehrlagensysteme in einem kontinuierlichen Laminierprozess
ISBN: 978-3-98555-139-2
Erscheinungsdatum: 27.02.2023

Frye, Maik:
Recommending Data Preprocessing Pipelines for Machine Learning Applications in Production
ISBN: 978-3-98555-147-7
Erscheinungsdatum: 15.02.2023

Cremer, Sven:
Controlling der Migration in Produktionsnetzwerken
ISBN: 978-3-98555-145-3
Erscheinungsdatum: 09.02.2023

Schmidhuber, Matthias:
Sozio-technische Problemlösungsfähigkeit von PPS-Systemen
ISBN: 978-3-98555- 143-9
Erscheinungsdatum: 07.02.2023

Ohlert, Marius:
Contact between Abrasive Media and Workpiece in Robot-guided Centrifugal Finishing
ISBN: 978-3-98555- 144-6
Erscheinungsdatum: 07.02.2023

Schwarberg, Thomas:
Bestimmung der Logik von Innovationsideen für technische Systeme
ISBN: 978-3-98555- 142-2
Erscheinungsdatum: 07.02.2023

Edition Wissenschaft
Apprimus

Graberg, Tim:

Operationalisierung von digitalen Schatten im Werkzeugbau

ISBN: 978-3-98555-141-5
Erscheinungsdatum: 06.02.2023

Müller, Tobias:

Modellbildung mittels Symbolischer Regression zur Messunsicherheitsbestimmung komplexer Messprozesse

ISBN: 978-3-98555-146-0
Erscheinungsdatum: 30.01.2023

Kreß, Julian Maximilian:

Erbringung hybrider Leistungsangebote in Wertschöpfungsnetzwerken

ISBN: 978-3-98555-128-6
Erscheinungsdatum: 24.01.2023

Vierschilling, Sebastian Patrick:

Automatisierung der Standortauswahl in der Fabrikplanung

ISBN: 978-3-98555-134-7
Erscheinungsdatum: 09.01.2023

Wenning, Marius:

Kontextabhängige Anomaliedetektion zur visuellen Hinderniserkennung für automatisierte PKW im End-of-Line-Bereich

ISBN: 978-3-98555-121-7
Erscheinungsdatum: 19.12.2022

Nienheysen, Philipp:

Werkstattgerechte Schadensanalyse in CFK-Strukturbauteilen mit optisch georteter Ultraschallmesstechnik

ISBN: 978-3-98555-136-1
Erscheinungsdatum: 30.01.2023

Behrens, Jan:

Selbstkalibrierung von 5-Achs-Bearbeitungszentren mit Dreh-/Schwenktisch

ISBN: 978-3-98555-124-8
Erscheinungsdatum: 24.01.2023

Bickendorf, Philipp:

Tribologische und geometrische Auslegung von additiv hergestellten Werkzeug-einsätzen zur Feinblechumformung

ISBN: 978-3-98555-133-0
Erscheinungsdatum: 24.01.2023

Helbig, Jens:

Typisierung und Auswahl von Referenzstrategien für den Werkzeugeinkauf

ISBN: 978-3-98555-122-4
Erscheinungsdatum: 19.12.2022

Schlegel, Peter:

Bewertung und Optimierung der Vollständigkeit von Betriebsdaten im Kontext der Fehlerprädiktion

ISBN: 978-3-98555-120-0
Erscheinungsdatum: 18.11.2022

Edition Wissenschaft
Apprimus